Leçons
de
confitures
Christine
Ferber

果醬女王的經典果醬課

克莉絲汀・法珀

攝影 伯納・溫克曼（Bernhard Winkelmann）
風格設計 瑪琍法斯・米榭儂（Marie-France Michalon）

TK

獻給我的父母
瑪格莉特·法珀和莫里斯·法珀
À Marguerite et Maurice Ferber,
mes parents.

一整年的美味 UNE ANNEE GOURMANDE...

第一次製作塔和果醬時，我只有一個想法，就是重現我和妹妹及祖母的小天地。而今，我和妹妹已經長大，身旁是我們住在奧伯莫許威(Obermorschwihr)的祖母瑪特。

瑪特充滿了耐心和愛心，而且 ... 還擁有一座種滿花和蔬果的花園。我們曾跟著瑪特下田、播種、採收，同時幻想著她即將端出的各式佳餚。這就是幸福，芳香且色彩繽紛的幸福四季。

我的果醬循著季節變化、美食節慶與傳統的時程表，滿溢帶著可口香氣的漂亮食材，並用耐心、時間和愛，呈現出完美的成品。
一整年都充滿了吸引人的美味和幸福。

一月
大自然之母披上了閃亮的白色大衣，樹木也以水晶盛裝打扮。廚房在仙境般的世界中沉睡，直到發亮星體的第一道光芒，決定了春天的到來。

二、三月
唯有裹上肉桂的多拿滋、夏瓦(charvas)*¹和充滿柑橘芳香的香卡拉(chankalas)*²... 等的香氣令人憶起卡漢姆(Carême)的時代。
當嫩芽從雪中探出頭來，宣告了復活節的來臨。糕點師傅忙著為綿羊模型塗上奶油並撒上麵粉；這些漂亮的陶製模型終年在木箱裡沉睡，這正是它們甦醒並大顯身手的時刻。只要我觸碰並輕撫這些由爸爸挑選，而且在其整個麵包師傅生涯中都細心照顧的漂亮模型時，就感到非常愉悅 ......
製作這些奶油餅乾，打散漂亮的蛋、加糖，然後製成輕慕斯，用來妝點綿羊的身體，這就是幸福。
每天，大批為奶油餅乾撒上糖粉，精緻且金黃色的餅乾讓廚房充滿香氣，最後在商店的架上聚首。綿羊身旁還有巧克力製成的兔子、雞和鐘作伴。
巧克力 ...... 這道甜食讓大人小孩都嚼得津津有味，但卻需要耐心和大膽的技術，才能完成出色的作品！這高貴的食材相當反覆無常，光是融化後再進行塑型是不夠的。巧克力含有可可糊及可可脂，必須經過調溫才會凝固並產生光澤。用內含帕林內果仁糖夾心的貝殼和蛋來妝點復活節的母雞、蛋和兔子。這些糕點先是在我們的店裡使人神迷，接著才被收藏進繪有水仙和報春花的盒子裡 ......

三、四、五月
氣候日漸暖和，村子裡充滿了金合歡的香氣。這醉人的芳香帶有幸福的氣息，也讓我知道美好的季節真的回來了 ......
接骨木花盛開，廚房裡糕點師傅品嚐著由春天第一批花朵妝點的可麗餅。這是一項傳統，人們會保留一點花的雌蕊和花冠，用來為草莓大黃甜湯調味。而這也是製作第一批果醬的時節。節慶為我們標出了每星期的工作，總是有新的甜點以其外觀、香氣和顏色 ... 讓空間變得賞心悅目。我們的想法是一天讓母親們製作帶有玫瑰花瓣的甜食、水果軟糖、果醬和馬卡龍；一天讓結婚的新人在許下終身誓言後，品嚐上面以吹糖製成的鴿子，或拉糖製成玫瑰的焦糖泡芙塔(croque en bouche caramélisé)。這是披上白紗，分享並參與這些幸福時刻的季節。

六月
約翰(Jean)帶著他最漂亮的大黃前來；克瑞絲塔(Christa)為我摘下有咬勁的紅寶石色酸櫻桃；卡桑(Cassan)先生寄給我採自聖尚吉內特(St Jean la Gineste)的馬哈野莓 ... 但我總是焦慮：「還能像往年一樣製作出精美的果醬嗎？」
銅製平底深鍋已經備妥，閃閃發亮，木杓也已就位，許許多多的小樂趣聚集在這個時刻：在我準備水果，將水果去核或進行切割；當我呼吸著現採水果的香氣，或是水果細火慢燉的芳香；當我聽見平底鍋裡在沸騰，玻璃和漏勺叮噹作響的聲音時，種種美好的感受 ......
瑪特過去也曾製作一罐罐出色的果醬，以及顏色璀璨的糖漬水果。這些罐子被擺在食品櫃裡。第一批果醬做好時，我的焦慮才會消失。約翰細心摘下的大黃很棒，夠酸且多汁，而我的幸福就在於此：能夠從容地為漂亮且品質優良的蔬果加糖，稍微延長其美味的生命。
一種披滿溫柔想法的幸福，就像是土壤、水、太陽之於專心種植並採摘的耕作者。
這種重返、找回烹飪時刻、童年時期的渴望，為我開啟了一條熱情的道路。果醬是一種饗宴，我們加以品味、聆聽；它在視覺上也是一種幸福，而我每年都渴望有一天能重繪這幅在祖母瑪特地窖裡的景象 ......

七、八月
風和日麗收穫的季節，以耐心和愛心灌溉的水果像變魔術般，轉變為沁人心脾的冰沙、雪酪，或是各種口味的果醬　杏桃、

桃子、醋栗、覆盆子、藍莓和野生越橘，在夏季，當陽光輕撫一整排罐裝的果醬或酸甜水果時，那是一整面閃爍著半透明黃色、橙色和紅色的景象。

而瑪特的塔 …… 是多麼地甜美。她偏好榛果帕林內的法式塔皮麵團，並在塔底填入杏仁奶油醬和水果。各種節令的塔，用柳橙、檸檬皮與糖裝飾。她的甜點總是以覆蓋結晶糖的醋栗和漿果妝點，並為精緻的折疊派皮鋪上黃香李和蜜李，大量以肉桂調味的糖粒撒在熱騰騰的塔上，使廚房香氣四溢。這時候的我們，是迫不及待的小孩 …… 而蜜李塔始終是我的最愛。

九、十月

始於美麗與豐收的季節。為了冬季的到來而加以乾燥洋梨和蜜李。紅水蜜桃、無花果、洋梨、蘋果、檸檬和麝香葡萄佔領著廚房。白天從此變得較為涼爽，促使人製作一系列口味較為濃郁的巧克力甜點。同一時期，我用桑戴納許森林（forêts de Sondernach）的冷杉蜜來製作香料麵包。整間屋子瀰漫著香料的氣息 …… 香料麵包被製成各種星星、冷杉和糖果屋等形狀。其中一些麵包也填入精緻的杏桃或覆盆子果醬，並以脆皮黑巧克力包覆，製成帕林內薑餅，或以牛奶巧克力包裹，製成苦橙方塊蛋糕。

提到檸檬，多麼幸福啊！這種覆蓋著絨毛的水果在外觀上有時顯得相當樸素，但卻散發出又甜又辣的絕妙香氣；它預告著冬季的到來，氣候變得較為寒冷，也就是品嚐香料麵包的時刻。我們會以上等的冷杉蜜、柑橘皮、肉桂、小荳蔻和八角茴香來製作這些麵包。

在葡萄收穫季，紅水蜜桃已被裝罐，並加入了黑皮諾酒和小荳蔻。瑪特這時將最後的蜜李和神父梨放入燒材的石窯中乾燥。

秋季對她而言，是烹調聖誕佳餚漫長而絢麗的準備時期。不急不徐地醞釀著佳餚美饌：以無比的耐心切各種組成巴哈威卡（beraweka）的水果，當巴哈威卡切片構成一幅水果鑲嵌畫時，是何等的幸福啊。

十一月

第一批雪花代表著冬季的降臨，我為你們預留了最愛的美食：一種由神父梨、檸檬、柳橙和糖漬檸檬、無花果、蜜李和杏桃、當歸，以及香料麵包香料 … 等食材組成的神奇果醬。我還在當中加入了小荳蔻、肉桂、八角茴香和水果乾：對於深知如何慧點地調換水果麵包「巴哈威卡」組成次序的人來說，這是一種果醬中的果醬。這是一種整個聖誕節都會從這些小罐子裡洋溢出的香味，也是代表亞爾薩斯童年的各式香氣。

十二月

冬天已然到來，帶有微妙香氣的聖誕果醬回到了架上，商店裡滿是香料和帕林內巧克力的芳香，史多倫聖誕麵包穿上它的糖粉大衣，白雪也已準備好為聖誕木柴蛋糕進行裝飾。

說到下雪 … 又是一段美好的童年回憶。我們年幼時，房子總是被陶製的平底煎鍋烘得暖呼呼的。充滿涼意的清晨，這是種令人愉快的溫暖。我和妹妹瑟縮在鴨絨被裡，每晚都想像著白雪即將在我們窗戶上繪出什麼圖案？雖然，嚴寒難以抵擋，但我們知道隔天會發現小小的幸福。

聖誕老人帶來年終的甜蜜，柏達拉（bredala）*³、馬那拉（manalas）*⁴、史多倫聖誕麵包、巴哈威卡、栗子木柴蛋糕。整間屋子香氣四溢，迷人的香味飄到大街小巷，誘惑著路人，這就是亞爾薩斯的聖誕節 ……

一月

三王來朝宣告店裡的糕點師傅開始休假，一切就像冬季的樹木般靜止　這是甜點的休戰日，在這個月份，我也像樹木般休息，但這是寫作的時節，是我講述甜點的時刻，也是另一種分享的幸福。

分享食譜的幸福，就像我從父親身上學到的：

「一道食譜將從你的心中獲得生命，這活力將傳到你的身體、你的手臂、你的雙手。這條路 … 總是在嘗試、重新開始、塑造並組合，用耐心和溫柔製作，但不要沮喪，請從容以對，並花必要的時間等待。這也是一種幸福 … 為了即將品嚐的人而準備的甜蜜想法。」

今日在我的廚房裡，果醬和一罐罐的酸甜水果以璀璨的顏色唱和，在瑪特的「食品櫃」中閃閃發光，在我下莫施威爾（Niedermorschwihr）的店裡，各種的美味和幸福時刻永遠溫柔地醞釀著。

Christine FERBER
克莉絲汀·法珀

SOMMAIRE 摘要

LE
B.A.-BA
基本概念

QUELQUES DÉFINITIONS 一些定義

果醬 *confiture* 屬於糖漬藝術的範疇。

Confiture 果醬 為水果（整顆或切塊）、糖和些許檸檬汁煮沸後的混合物。經過一段時間的烹煮，水果所含的果膠會產生反應，讓果醬充分膠化。

Marmelade 果泥醬 是一種不含水果塊的果醬。以果泥和糖所製成，或是在烹煮過後再經過攪打的果醬。

Gelée 果凝 是以單一種果汁搭配糖和檸檬汁所調配而成。

Compote 果漬／糖煮水果 為水果和些許糖加以煮沸，並將果肉煮至軟爛的混合物。

Conserve 蜜餞 由水果或蔬菜所構成。擺放在罐中，用水或糖漿淹過，接著加以殺菌。

Soupe de fruits 水果湯 由水果和微量糖所構成的甜點，可生食或煮至微滾後享用。

Coulis 庫利 由果泥和些許的糖所構成。

Jus de fruits 果汁 為果泥和些許糖的混合物，有時會摻入碎冰（*glace pilée*）、茶、牛乳、香甜酒或水來加以稀釋。

Sirop 糖漿 以果汁或花草汁來調味的糖水。

Chutney 果菜酸甜醬 由水果和蔬菜經長時間細火慢燉而成，並用糖、醋和香料加以浸漬。

Confit aigre-doux 酸甜果醬 為含有微量糖、酒和醋的果醬。

Conserve aigre-douce 酸甜蜜餞 由水果或蔬菜所構成。擺放在玻璃器皿中，用酸甜湯汁淹過，以冷藏保存或加以殺菌。

LES FRUITS, LE SUCRE ET LE JUS DE CITRON 水果、糖和檸檬汁

為了製作可口的果醬，請挑選新鮮、漂亮且味道無懈可擊的水果。不論是在市場購買，於花園、果園或林園中摘採，這些水果都必須迅速處理。此外，請以少量進行烹煮，如此一來 ，水果的天然原色和口感都能因而保存。

請使用白色閃亮的優質結晶糖（*sucre cristallisé*）；或帶有辛香味和香草味的二砂糖（*sucre roux*），可用來為果醬調味，並賦予果醬淡淡的琥珀色。也別忘了加入檸檬汁；檸檬汁可為水果提味並保留顏色，有利於果醬的凝結和保存，同時避免果醬所含的糖分形成結晶。

LA CUISSON 烹煮

在烹煮果醬時，糖緩慢地融化並經由浸漬的方式滲進果肉中。煮沸時，水果中所含的部分水分蒸發，果汁經由果膠與果酸結合所產生的反應而轉化，因而帶出果醬特有的口感。這種煉金術使果醬達到保存的理想平衡；果醬的含糖量因而成為65%，以煮糖溫度計（*thermomètre à sucre*）測量應標示為105℃。若您沒有溫度計，請將幾滴果醬滴在冷的盤子上，果醬應會凝結並略為膠化。透過經驗，您將能夠判斷烹煮完成的時刻：果醬表面不再有泡沫，水果仍浸泡在糖漿中，滾沸的程度減小。

在本書的食譜中，我們挑選出不同的烹調技巧，教導傳授給您，都是為了盡可能保存水果的口感、味道及顏色。在以糖浸漬水果及預熱過程時，請覆蓋上一張烤盤紙，以便讓水果持續浸泡在糖漿中，更可避免在最後一次烹煮前變成褐色。

LE MATÉRIEL 器材

為了烹調水果，請備妥一把刀、一個砧板、一個秤、一個量杯、一個大碗，一個柑橘榨汁器（*presse-agrumes*）、一台果菜磨泥機（*moulin à légumes*）、一台電動攪拌器（*mixeur*）、一個濾器（*passoire*）或漏斗型網篩（*chinois*）、一塊濾布（*étamine*）和一塊方型細布（*mousseline*）或紗布（*gaze*）、烤盤紙（*papier sulfurisé*）。

為了煮果醬，請選擇一個寬度大於高度的銅盆。這讓果醬在煮沸時能獲得更良好的蒸散作用。

在烹煮時，請使用木杓來攪拌果醬。當果醬開始煮沸時，請使用漏勺（*écumoire*）撈去浮沫。

長柄大湯杓（*louche*）和果醬用漏斗（*entonnoir à confiture*）是裝罐時不可或缺的工具。

LA MISE EN POTS 裝罐

現在的螺旋式密封玻璃罐可以理想地保存果醬。將罐子和瓶蓋浸入沸水中殺菌，接著擺在潔淨的布巾上瀝乾。果醬一旦備妥，便以長柄大湯杓和果醬用漏斗填入每個罐中至與邊緣齊平。若果醬流至罐外，請以濕潤的小海綿小心擦拭。蓋上蓋子，旋緊，然後將罐子倒扣至果醬完全冷卻。請準備新的蓋子，因為舊蓋子的密封墊無法保證能將罐子完全密封。

將罐子擺在陰涼的房間以避免光照。當罐子破損時，將一張玻璃紙（papier Cellophane）蓋在果醬露出與空氣接觸的地方，存放於陰涼處。

PARFUMER LA CONFITURE 果醬的調味

於烹調初期加入磨碎的香料。香料在完整浸泡或趁新鮮搗碎時，其香味最為濃烈且細緻。

請趁新鮮使用草本植物。為了讓果醬獲得更佳的風味，請在烹煮的最後加入。無論如何都要將果醬再煮滾一次，接著才能裝罐。

趁新鮮時加入的鮮花賦予果醬清香。同草本植物，請在烹煮的最後加入。

蜂蜜可用來取代果醬中部分的糖。

可在果醬中加入幾滴味道清淡的醋來代替檸檬汁。

可用酒為果醬調味。最好選擇白酒來為黃色水果調味；以紅酒為黑色水果調味。

在烹煮的最後加入酒精，有利於果醬的膠化和保存。

可用堅果（fruit sec）杏仁、核桃、榛果 ... 為果醬增加風味：在最後一次沸騰時加入，請切碎而且最好去掉外皮以利保存。

切成細絲的水果乾（fruit séché），充滿了新鮮水果的汁液。將這些果乾加入像是大黃等果醬中，以獲得更佳的稠度；這時請減少糖的用量。若您選擇搭配汁液較少的果乾，請先以酒或柳橙汁加以浸漬。這種情況下，則請保留食譜中原有的用糖比例。

編註：
- sucre cristallisé 是法文中的結晶糖（英文 granulated sugar），也就是砂糖；sucre semoule（英文 caster sugar）細砂糖。sucre roux 法文中的紅糖；cassonade 法文中的粗粒紅糖，均是以甘蔗提煉的精製糖，粗細不同，可使用二砂糖製作。
- framboise des jardins 直譯為花園或果園覆盆子，表示為人工栽培所產，本書譯為「種植覆盆子」以與野生覆盆子 framboise sauvage 有所區別。
- 本書中若無特別標註 citron vert 綠檸檬，所有配方中的的「檸檬」皆為 citron 黃檸檬。
- 未經加工處理的檸檬（或柳橙），未經加工處理是指表皮未上蠟，也沒有農藥的疑慮。
- 香料麵包的香料是指 --- 混合了丁香、肉荳蔻、肉桂、薑四種香料而成。
- 去漬 déglacer 是指：嫩煎（sautée）食物後，將少量的液體倒入鍋內，與鍋底沾黏的焦香物質混合，並稀釋成醬汁。

EN CAS DE PROBLÈME 疑難排解？

發酵的果醬 --- 罐蓋因而略略鼓起，原因可能有：

・果醬煮得不夠熟；

・含糖量不足；

・玻璃罐和罐蓋沒有殺菌；

・選擇的水果過熟，酸度不夠；

・草本植物、花、堅果等材料沒有和果醬一起煮沸。

在略為發酵的情況下，您可加入些許酒精，將果醬再煮沸一次，並將烹煮的材料濃縮至膠化的程度。但不管如何，果醬仍會保有淡淡的發酵味。

發霉 --- 罐蓋因而略略鼓起，原因可能有：

・選擇的水果品質不佳；

・玻璃罐和罐蓋沒有殺菌；

・在冰冷的狀態下密封罐子：罐蓋下會有水氣凝結，導致果醬發霉。

這種情況最好不要食用。

當果醬過於稠厚 --- 水果呈糊狀質地且表面結晶，原因可能有：

・烹煮時間過長；

・配方中含糖量過高（秤量錯誤）；

・選擇的水果過熟，酸度不夠；

在這種情況下，仍可品嚐呈現糊狀的果醬，或是每公斤的果醬請用100毫升的檸檬汁、柳橙汁或醋，再次加以煮沸。

果醬仍為流質 --- 沒有變為凝膠，原因可能有：

・食譜中的含糖量不足（秤量錯誤）；

・烹煮時間不夠；

・水果所含的果膠量稀少；

・選擇的水果過熟，酸度不足；

在這種情況下，請搭配白乳酪（fromage blanc）、打發鮮奶油（crème battue）、冰淇淋 ... 等來品嚐果醬。您也可以加入蘋果薄片和糖；或是醋栗（groseilles）汁和糖，重新煮一次。

BAIES ET PETITS FRUITS DU JARDIN

種植莓果與小漿果

baies et petits fruits du jardin

草莓果醬
CONFITURE DE FRAISES

第1天
準備時間：10分鐘
浸漬時間：1個晚上

第2天
烹煮時間：直到食材微滾
靜置時間：1個晚上

第3天
將糖漿煮至105℃
烹煮時間：果醬煮沸後再煮5分鐘

220克的罐子6-7罐
草莓(fraises)1.1公斤，即淨重
1公斤
水100毫升
結晶糖(sucre cristallisé)900克
小顆檸檬的檸檬汁1/2顆

美味加倍的搭配法
一塊柳橙酥餅(sablé à l'orange)和一罐
小瑞士(譯註：petit-suisse，一種產自諾
曼地的法國乳酪品牌，包裝同一般市售
的優格，和白乳酪 fromage blanc 一樣
適合搭配甜點享用)，亦可混入打發鮮
奶油。

第1天
將草莓以冷水快速洗淨，用布擦乾後去梗，切成2半。
在大碗中混合草莓、水、糖和檸檬汁，蓋上烤盤紙，於陰涼處浸漬1個晚上。

第2天
將上述材料倒入果醬鍋(bassine à confiture)中，煮至微滾並輕輕攪拌。
將煮好的食材倒入大碗中，蓋上烤盤紙，於陰涼處保存1個晚上。

第3天
將上述食材倒入濾器中。保留浸漬的草莓，收集糖漿，然後將糖漿倒入果醬鍋中。
將糖漿煮沸並仔細地撈去浮沫。使糖漿濃縮並達到煮糖溫度計達105℃。這時加入草莓，再度煮沸，撈去浮沫，然後再沸騰約5分鐘，一邊輕輕攪拌。草莓這時會呈現如同糖漬(confit)般的半透明狀。
將幾滴果醬滴在冷的小盤上，檢查果醬的濃稠度：果醬應略為膠化。
將果醬鍋離火，立即裝罐並加蓋。

★ 讓成品更特別的小細節
請選擇味道強烈且質地堅硬的王冠草莓(fraise corona)，或散發出野莓香氣的馬哈野莓(mara des bois)。這兩種草莓品種很嬌弱，請迅速採下並處理。在暴風雨的時節，浸濕可能會導致水果發酵。
浸漬時，糖受到果汁的潤濕，在烹煮前便形成湯汁。水果受到糖所浸透，因而在烹煮時更能保存其質地。這樣的浸漬亦能減少果醬烹煮的時間，並保存水果的美味。

草莓果醬不易膠化，因為草莓是種水分較少的水果。
若您決定使用含有乾燥果膠的果膠糖(sucre gel)，果醬將如上述在2天內製作完成。
尤其務必要將草莓切成小塊，而且只要將果醬煮沸10分鐘。

baies et petits fruits du jardin

草莓大黃果醬
CONFITURE DE FRAISES ET RHUBARBE

第1天

準備時間：10分鐘

浸漬時間：15分鐘

烹煮時間：直到食材微滾

靜置時間：1個晚上

第2天

烹煮時間：果醬煮沸後
再煮5至10分鐘

220克的罐子6-7罐

草莓550克，即淨重500克

大黃(rhubarbe)600克，

即淨重500克

結晶糖(sucre cristallisé)950克

小顆檸檬的檸檬汁1/2顆

美味加倍的搭配法

可麗餅(*crêpe*)和些許的打發鮮奶油
(*crème fraîche battue*)。

第1天

用冷水沖洗大黃，將莖的兩端切去，然後將莖從長邊切成2半，接著切成小丁。以冷水快速沖洗草莓，用布擦乾後去梗，切成2半。

在大碗中混合草莓、大黃丁、糖和檸檬汁，蓋上烤盤紙，浸漬15分鐘。

將上述材料倒入果醬鍋(bassine à confiture)中，煮至微滾並輕輕攪拌。

將煮好的食材倒入大碗中，蓋上烤盤紙，於陰涼處保存1個晚上。

第2天

將上述食材倒入果醬鍋中，煮沸並輕輕攪拌。以旺火持續煮約5至10分鐘，同時不停攪拌。仔細撈去浮沫。

將幾滴果醬滴在冷的小盤上，檢查果醬的濃稠度：果醬應略為膠化。

將果醬鍋離火，立即裝罐並加蓋。

★ 讓成品更特別的小細節

分別燉煮草莓果醬和大黃果醬，在浮沫撈淨後混合，再度煮滾後將果醬裝罐。兩種水果的顏色和香味因此都能保存得更好，這種果醬的味道和質地也因而變得相當不同，香氣更為清新且細緻。

接骨木花草莓果醬
CONFITURE DE FRAISES AUX FLEURS DE SUREAU

第1天
準備時間：10分鐘
浸漬時間：1個晚上

第2天
烹煮時間：直到食材微滾
靜置時間：1個晚上

第3天
將糖漿煮至105℃
烹煮時間：果醬煮沸後再煮5分鐘

220克的罐子6-7罐
草莓1.1公斤，即淨重1公斤
水100毫升
結晶糖（sucre cristallisé）900克
小顆檸檬的檸檬汁1/2顆
新鮮接骨木花（fleurs de sureau）
5朵

美味加倍的搭配法
搭配微溫的鬆餅（gaufre），並佐以濃鮮
奶油（crème fraîche épaisse）。

第1天
以冷水快速沖洗草莓，用布擦乾後去梗，切成2半。
在大碗中混合草莓、糖和檸檬汁，蓋上烤盤紙，於陰涼處浸漬1個晚上。

第2天
將上述材料倒入果醬鍋（bassine à confiture）中，煮至微滾並輕輕攪拌。
將煮好的食材倒入大碗中，蓋上烤盤紙，於陰涼處保存1個晚上。

第3天
將上述食材倒入濾器中。保留浸漬的草莓，收集糖漿，然後將糖漿倒入果醬鍋中。
將糖漿煮沸並仔細撈去浮沫。將糖漿濃縮，並煮至煮糖溫度計顯示達105℃。這時加入草莓，再度煮沸，撈去浮沫，再沸騰約5分鐘，一邊輕輕攪拌。草莓這時會呈現如糖漬（confit）般的半透明狀。加入接骨木花，再度煮沸。
將幾滴果醬滴在冷的小盤上，檢查果醬的濃稠度：果醬應略為膠化。
將果醬鍋離火，立即裝罐並加蓋。

★ 讓成品更特別的小細節
於早晨採下接骨木花並保存於陰涼處。在炎熱的室溫下，花朵很可能會變為褐色，因此請在加入果醬的前一刻再將花朵摘下。雌蕊可為果醬增添芳香，白色小花則使果醬更加閃耀。

薄荷胡椒草莓醬
CONFITURE DE FRAISES À LA MENTHE FRAÎCHE ET AU POIVRE

第 1 天
準備時間：10分鐘
浸漬時間：1個晚上

第 2 天
烹煮時間：直到食材微滾
靜置時間：1個晚上

第 3 天
將糖漿煮至105℃
烹煮時間：果醬煮沸後再煮5分鐘

220克的罐子6-7罐
草莓1.1公斤，即淨重1公斤
結晶糖（sucre cristallisé）900克
新鮮薄荷葉（feuille de menthe fraîche）10片
新鮮現磨黑胡椒（poivre noir fraîchement moulu）5粒
小顆檸檬的檸檬汁1/2顆

美味加倍的搭配法
將100克的果醬與50毫升的鮮奶油（crème fleurette）及400毫升的牛乳混合，加入冰塊後即可享用這道清涼的飲品。

第 1 天
以冷水快速沖洗草莓，用布擦乾後去梗，切成2半。
在大碗中混合草莓、糖和檸檬汁，蓋上烤盤紙，於陰涼處浸漬1個晚上。

第 2 天
將上述材料倒入果醬鍋（bassine à confiture）中，煮至微滾並輕輕攪拌。
將煮好的食材倒入大碗中，蓋上烤盤紙，於陰涼處保存1個晚上。

第 3 天
將上述食材倒入濾器中。保留浸漬的草莓，收集糖漿，然後將糖漿倒入果醬鍋中。
將糖漿煮沸並仔細地撈去浮沫。將糖漿濃縮，並煮至煮糖溫度計顯示達105℃。這時加入草莓、新鮮薄荷葉和現磨黑胡椒。再度煮沸，撈去浮沫，接著再沸騰約5分鐘，同時輕輕攪拌。草莓這時會呈現如糖漬般的半透明狀。
將幾滴果醬滴在冷的小盤上，檢查果醬的濃稠度：果醬應略為膠化。
將果醬鍋離火，立即裝罐並加蓋。

★ 讓成品更特別的小細節
請使用胡椒薄荷（menthe poivrée）或檸檬薄荷（menthe bergamote）製作。這種果醬若加入檸檬百里香（thym citronné）也是同樣美味。

紅黑四果醬（草莓、覆盆子、黑莓與藍莓）

CONFITURE AUX QUATRE FRUITS ROUGES ET NOIRS (FRAISES, FRAMBOISES, MÛRES ET MYRTILLES)

第1天
準備時間：10分鐘
浸漬時間：1個晚上
烹煮時間：直到食材微滾
靜置時間：1個晚上

第2天
烹煮時間：果醬煮沸後
再煮5至10分鐘

220克的罐子6-7罐
覆盆子(framboises)250克
藍莓(myrtille)250克
黑莓(mûre)250克
草莓275克，即淨重250克
結晶糖(sucre cristallisé)800克
小顆檸檬的檸檬汁1/2顆

美味加倍的搭配法
新鮮的山羊乳酪或牛乳酪，或僅是鋪在塗有奶油的皮力歐許(brioche)上。

第1天
揀選黑莓，以冷水沖洗但不要浸泡；藍莓亦以同樣方式處理。用冷水快速沖洗草莓，用布擦乾後去梗，切成2半。有必要的話請揀選覆盆子，為保存其香味請避免沖洗。
在大碗中混合草莓、覆盆子、黑莓、藍莓、糖和檸檬汁，蓋上烤盤紙，於陰涼處浸漬1小時。
將上述材料倒入果醬鍋(bassine à confiture)中，煮至微滾並輕輕攪拌。
將煮好的食材倒入大碗中，蓋上烤盤紙，於陰涼處保存1個晚上。

第2天
將上述食材倒入果醬鍋中，煮沸並輕輕攪拌。以旺火持續煮約5至10分鐘，同時不停攪拌。仔細撈去浮沫。
將幾滴果醬滴在冷的小盤上，檢查果醬的濃稠度：果醬應略為膠化。
將果醬鍋離火，立即裝罐並加蓋。

★ 讓成品更特別的小細節
您可用黑櫻桃或黑醋栗(cassis)漿果來取代黑莓或藍莓。浸漬時，糖會吸收果汁，因此食材在烹煮前便已充滿水分。烹煮時，將水果輕輕混合以免壓碎。您可因此保留其質地口感。配製三種紅色水果(醋栗 groseille、草莓和覆盆子)的綜合果醬，並用葡萄柚皮或搗碎的黑胡椒來增添芳香。

矢車菊果醬
CONFITURE DE BLEUETS

第1天
準備時間：5分鐘
烹煮時間：直到食材微滾
靜置時間：1個晚上

第2天
烹煮時間：果醬煮沸後
再煮5至10分鐘

220克的罐子6-7罐
矢車菊（bleuet）1公斤
結晶糖（sucre cristallisé）800克
小顆檸檬的檸檬汁1/2顆

美味加倍的搭配法
新鮮的曼斯特乾酪（munster）和些許的櫻桃酒（kirsch）。

譯註
矢車菊 *Bleuet* 與藍莓 *Myrtille* 在品種上是近親，通常藍莓 *Myrtille* 是指歐洲本土所產；矢車菊 *Bleuet* 產自北美洲。

第1天
用冷水沖洗矢車菊而不要浸泡，有必要的話請加以揀選。將矢車菊、糖和檸檬汁，倒入果醬鍋（bassine à confiture）中，煮至微滾並輕輕攪拌。
將煮好的食材倒入大碗中，蓋上烤盤紙，於陰涼處保存1個晚上。

第2天
將上述食材倒入果醬鍋中，煮沸並輕輕攪拌。以旺火持續煮約5至10分鐘，同時不停攪拌。仔細地撈去浮沫。
將幾滴果醬滴在冷的小盤上，檢查果醬的濃稠度：果醬應略為膠化。
將果醬鍋離火，立即裝罐並加蓋。

★ 讓成品更特別的小細節
在第一次燉煮時加入百里香花可為這道果醬提味，這時搭配一塊野味（gibier）更是美味無比。

baies et petits fruits du jardin

準備時間：5分鐘
烹煮時間：果醬煮沸後
再煮5至10分鐘

220克的罐子6-7罐
覆盆子(framboises)1公斤
結晶糖(sucre cristallisé)800克
小顆檸檬的檸檬汁1/2顆

美味加倍的搭配法

過去在每個家庭裡，母親們都會製作聖誕木柴蛋糕(bûche de Noël)。這道甜點是由一塊烤盤大小的平坦蛋糕體，稍微以櫻桃酒浸潤後，再鋪上無籽的覆盆子果醬，接著將蛋糕體捲起，形成木柴的形狀。這時在蛋糕外鋪上由櫻桃酒調味的翻糖(fondant)，接著撒上糖粉。

準備時間：5分鐘
烹煮時間：果醬煮沸後
再煮5至10分鐘

220克的罐子6-7罐
覆盆子1公斤
結晶糖(sucre cristallisé)800克
小顆檸檬的檸檬汁1/2顆
菫菜香精(essence de violette)
3滴

美味加倍的搭配法

淋上濃鮮奶油(crème fraîche épaisse)的皮力歐許麵包片。

覆盆子果醬
CONFITURE DE FRAMBOISES

有必要的話請揀選覆盆子，為保存其香味請避免沖洗。
將覆盆子、糖和檸檬汁倒入果醬鍋(bassine à confiture)中，煮沸並輕輕攪拌。以旺火持續煮約5至10分鐘，同時不停攪拌。仔細地撈去浮沫。
將幾滴果醬滴在冷的小盤上，檢查果醬的濃稠度：果醬應略為膠化。
將果醬鍋離火，立即裝罐並加蓋。

★ 讓成品更特別的小細節

我們可在6月至10月底時摘採新鮮的覆盆子。個人尤其喜愛梅克(mecker)與威廉米特(williamette)品種的覆盆子。將覆盆子放入果菜磨泥機(moulin à légumes)中(以細網目)去籽。若磨好的果泥中仍含有籽，請用另一個精細的篩子過濾。取得的覆盆子果泥來製作果醬。
亦可用500克的草莓和500克的覆盆子來製作果醬。請選擇仍完整的小草莓，其中以馬哈野莓(mara des bois)最為理想，因其帶有野莓的味道，又有入口即化的細緻口感。

菫菜覆盆子果醬
CONFITURE DE FRAMBOISES À LA VIOLETTE

有必要的話請揀選覆盆子，為保存其香味請避免沖洗。將覆盆子放入果菜磨泥機(moulin à légumes)中(以細網目)去籽。若磨好的果泥中仍含有籽，請用另一個精細的篩子過濾。
將獲得的覆盆子泥、糖和檸檬汁倒入果醬鍋(bassine à confiture)中。煮沸並輕輕攪拌。接著以旺火持續煮約5至10分鐘，同時不停攪拌。仔細地撈去浮沫。加入菫菜香精，加以攪拌。
以上述同樣的方式檢查果醬的濃稠度。

★ 讓成品更特別的小細節

品嚐您所購買的覆盆子。某些覆盆子在充分成熟時便自然會散發出菫菜的香味；請選擇像這樣的覆盆子，尤其是梅克品種。

baies et petits fruits du jardin

玫瑰荔枝覆盆子果醬
CONFITURE DE FRAMBOISES ET LITCHIS À LA ROSE

第1天

有必要的話請揀選覆盆子，為保存其香味請避免沖洗。

將荔枝剝殼、去核，然後切成三塊。

將覆盆子、荔枝、糖和檸檬汁倒入果醬鍋（bassine à confiture）中，煮至微滾並輕輕攪拌。

將煮好的食材倒入大碗中，蓋上烤盤紙，於陰涼處保存1個晚上。

第1天
準備時間：10分鐘
烹煮時間：直到食材微滾
靜置時間：1個晚上

第2天
烹煮時間：果醬煮沸後
再煮5至10分鐘

第2天

將上述食材倒入果醬鍋中，煮沸並輕輕攪拌。以旺火持續煮約5至10分鐘，同時不停攪拌。仔細地撈去浮沫。

加入玫瑰花水並加以混合。將幾滴果醬滴在冷的小盤上，檢查果醬的濃稠度：果醬應略為膠化。

將果醬鍋離火，立即裝罐並加蓋。

220克的罐子6-7罐
覆盆子（framboise）600克
荔枝（litchis）600克，即淨重400克
結晶糖（sucre cristallisé）800克
小顆檸檬的檸檬汁1/2顆
玫瑰花水（eau de rose）50毫升

★ 讓成品更特別的小細節

在燉煮的最後，加入一把乾燥的玫瑰花瓣或幾片新鮮玫瑰花瓣，作為這道果醬與玫瑰冰淇淋的搭配裝飾。

美味加倍的搭配法
玫瑰冰淇淋（*crème glacée à la rose*）和蘭斯餅乾（*biscuits de Reims*）。

藍莓覆盆子果醬
CONFITURE DE FRAMBOISES ET MYRTILLES

第1天

有必要的話請揀選覆盆子，為保存其香味請避免沖洗。

以冷水沖洗藍莓但請勿浸泡。

將覆盆子、藍莓、糖和檸檬汁倒入果醬鍋（bassine à confiture）中。煮至微滾並輕輕攪拌。將煮好的食材倒入大碗中，蓋上烤盤紙，於陰涼處保存1個晚上。

第1天
準備時間：5分鐘
烹煮時間：直到食材微滾
靜置時間：1個晚上

第2天
烹煮時間：果醬煮沸後
再煮5至10分鐘

第2天

將上述食材倒入果醬鍋中，煮沸並輕輕攪拌。以旺火持續煮約5至10分鐘，同時不停攪拌。仔細撈去浮沫。檢查果醬的濃稠度，方法同玫瑰荔枝覆盆子果醬食譜。

220克的罐子6-7罐
覆盆子500克
野生藍莓（myrtille des bois）500克
結晶糖（sucre cristallisé）800克
小顆檸檬的檸檬汁1/2顆

★ 讓成品更特別的小細節

野生藍莓和野生覆盆子在同一季節採收。雨季過後的豔陽天，宣告著採收的美好時刻到來。此時使用野生覆盆子製作果醬，風味更佳。

美味加倍的搭配法
與新鮮或成熟的曼斯特乾酪（*munster blanc ou affiné*）一起享用。

櫻桃酒覆盆子果醬
CONFITURE DE FRAMBOISES AU KIRSCH

準備時間：5分鐘
烹煮時間：果醬煮沸後
再煮5至10分鐘

220克的罐子6-7罐
覆盆子1公斤
結晶糖（sucre cristallisé）800克
小顆檸檬的檸檬汁1/2顆
櫻桃酒（kirsch）60毫升

美味加倍的搭配法
小瑪德蓮蛋糕（madeleines）和楓丹白露
（fontainebleau）--- 白乳酪與打發鮮奶
油，佐以櫻桃酒覆盆子果醬是絕妙搭配。

有必要的話請揀選覆盆子，為保存其香味請避免沖洗。
將覆盆子、糖和檸檬汁倒入果醬鍋（bassine à confiture）中。
煮沸並輕輕攪拌。接著以旺火持續煮約5至10分鐘，同時不停攪拌。仔細地撈去浮沫。
加入櫻桃酒，再煮沸一次。將幾滴果醬滴在冷的小盤上，檢查果醬的濃稠度：果醬應
略為膠化。
將果醬鍋離火，立即裝罐並加蓋。

★ 讓成品更特別的小細節
可用覆盆子酒取代櫻桃酒，並加入些許現磨的爪哇胡椒 poivre à queue（編註：英
tailed pepper 或稱 Piper cubeba）。
加入少許櫻桃酒讓果醬更容易膠化，而且有利於保存。這種果醬很適合用來製作林茲
塔 tarte Linzer（佐以覆盆子果醬的巧克力法式塔皮麵糰 pâte sablée chocolatée）。

覆盆子果凝
GELÉE DE FRAMBOISE

準備時間：5分鐘
烹煮時間：煮沸後再煮10分鐘，
讓水果裂開
果凝煮沸後再煮10分鐘

220克的罐子6-7罐
覆盆子1.3公斤
水200毫升
結晶糖（sucre cristallisé）1公斤
小顆檸檬的檸檬汁1/2顆

美味加倍的搭配法
可在草莓、覆盆子和帶有醋栗（groseille）
的塔上，塗上這美味的果凝。

有必要的話請揀選覆盆子，為保存其香味請避免沖洗。
將水和覆盆子倒入果醬鍋（bassine à confiture）中並加以煮沸。接著將鍋子加蓋，以
文火煮10分鐘，讓水果裂開。
將上述材料倒入極細的漏斗型網篩（chinois）中，並用漏勺輕輕擠壓水果以收集汁液。
將覆盆子汁（約1公升）、糖和檸檬汁倒入果醬鍋中，煮沸並輕輕攪拌。以旺火持續煮
約10分鐘，不時攪拌。
仔細撈去浮沫。
將幾滴果醬滴在冷的小盤上，檢查果醬的濃稠度：果醬應略為膠化。
將果醬鍋離火，立即裝罐並加蓋。

★ 讓成品更特別的小細節
請選擇香味濃郁的覆盆子。雨天過後採下的覆盆子吸飽了水分，味道較淡，而且其果
汁也較難膠化。若您在低溫下製作覆盆子果凝，請選擇剛好成熟的覆盆子。

baies et petits fruits du jardin

檸檬馬鞭草覆盆子果醬
CONFITURE DE FRAMBOISES À LA VERVEINE CITRONNELLE

準備時間：5分鐘
烹煮時間：果醬煮沸後
再煮5至10分鐘

220克的罐子6-7罐
覆盆子1公斤
結晶糖(sucre cristallisé)800克
小顆檸檬的檸檬汁1/2顆
新鮮檸檬馬鞭草葉(feuille de verveine citronnelle)25片

美味加倍的搭配法
在裝有覆盆子冰沙(granité à la framboise)的高腳杯上淋些許果醬，再澆上粉紅香檳(champagne rosé)。

請避免沖洗覆盆子，以保存其香味。將覆盆子放入果菜磨泥機(細網目)中去籽。若覆盆子泥還有籽，請再以精細的網篩過濾。

將形成的果泥、糖、檸檬汁和檸檬馬鞭草葉倒入果醬鍋(bassine à confiture)中。煮沸並輕輕攪拌。接著以旺火持續煮約5至10分鐘，同時不停攪拌。仔細地撈去浮沫，並用漏勺撈去檸檬馬鞭草葉。

將幾滴果醬滴在冷的小盤上，檢查果醬的濃稠度：果醬應略為膠化。

將果醬鍋離火，立即裝罐並加蓋。

★ **讓成品更特別的小細節**
可用15片新鮮薄荷葉或6株檸檬百里香(thym citronné)來取代檸檬馬鞭草葉。

草莓覆盆子果醬
CONFITURE DE FRAISES ET FRAMBOISES

第1天
準備時間：10分鐘
浸漬時間：15分鐘
烹煮時間：直到食材微滾
靜置時間：1個晚上

第2天
烹煮時間：果醬煮沸後
再煮5至10分鐘

220克的罐子6-7罐
草莓550克，即淨重500克
覆盆子500克
結晶糖(sucre cristallisé)900克
小顆檸檬的檸檬汁1/2顆

美味加倍的搭配法
佐以小荳蔻酥餅(sablé à la cardamome)

第1天
有必要的話請揀選覆盆子，為保存其香味請避免沖洗。以冷水快速沖洗草莓，用布擦乾，去梗，然後切成2半。

在大碗中混合草莓、覆盆子、糖和檸檬汁，蓋上烤盤紙，浸漬15分鐘。將上述材料倒入果醬鍋(bassine à confiture)中，煮至微滾並輕輕攪拌。將煮好的食材倒入大碗中，蓋上烤盤紙，於陰涼處保存1個晚上。

第2天
步驟同草莓大黃果醬食譜(第18頁)。

★ **讓成品更特別的小細節**
請選擇小草莓來製作這道果醬，小草莓在製作過程中可完整保存。其中以馬哈野莓(mara des bois)最為理想，因其帶有野莓的味道，又有入口即化的細緻口感。

baies et petits fruits du jardin

醋栗果泥醬
MARMELADE DE GROSEILLES

第1天

準備時間：10分鐘

烹煮時間：直到食材微滾

靜置時間：1個晚上

第2天

烹煮時間：果醬煮沸後

再煮5至10分鐘

220克的罐子6-7罐

醋栗(groseilles)1.3公斤，即淨重

1.150公斤的漿果

結晶糖(sucre cristallisé)800克

小顆檸檬的檸檬汁1/2顆

美味加倍的搭配法

鋪在法式塔皮底部，接著再蓋上杏仁

或榛果奶油醬(crème d'amandes ou de

noisettes)。

第1天

以冷水沖洗醋栗，瀝乾並摘下果粒。

將漿果、糖和檸檬汁倒入果醬鍋(bassine à confiture)中，煮至微滾，接著將食材倒

入大碗中。

蓋上烤盤紙，於陰涼處保存1個晚上。

第2天

將上述食材倒入果菜磨泥機中(細網目)，以去除果皮和籽，得到果泥。

將果泥倒入果醬鍋中，煮沸並輕輕攪拌。以旺火持續煮約5至10分鐘，同時不停攪拌。

仔細地撈去浮沫。

將幾滴果泥醬滴在冷的小盤上，檢查濃稠度：果泥醬應略為膠化。

將果醬鍋離火，立即裝罐並加蓋。

★ 讓成品更特別的小細節

請選擇充分成熟的醋栗，可結合醋栗和草莓來製作您的果泥醬。醋栗的酸可為草莓提

味，並使果醬充分膠化。

若要製作甜度較低的醋栗果泥醬，每公斤的漿果請秤量500克的糖，並將這完成的果

泥醬冷藏保存。

醋栗是種含有較多果膠的紅色水果。

白醋栗較甜，而且也同樣美味。

baies et petits fruits du jardin

鵝莓果醬
CONFITURE DE GROSEILLES À MAQUEREAU

第1天
準備時間：15分鐘
烹煮時間：直到食材微滾
靜置時間：1個晚上

第2天
烹煮時間：果醬煮沸後
再煮5至10分鐘

220克的罐子6-7罐
鵝莓(groseilles à maquereau)
1.1公斤，即淨重1公斤的漿果
結晶糖(sucre cristallisé)800克
小顆檸檬的檸檬汁1/2顆

美味加倍的搭配法
一片塗有奶油的天然酵母法國麵包(*pain au levain*)。在麵包片上塗上紅醋栗果凝(*gelée de groseille rouge*)與鵝莓果醬。

第1天
以冷水沖洗鵝莓(groseilles à maquereau)，接著瀝乾並用布擦乾。用小刀去掉仍帶有花的梗。
將鵝莓、糖和檸檬汁倒入果醬鍋(bassine à confiture)中。煮至微滾並輕輕攪拌，接著將食材倒入大碗中。
蓋上烤盤紙，於陰涼處保存1個晚上。

第2天
隔天，將上述食材倒入果醬鍋中，煮沸並輕輕攪拌。以旺火持續煮約5至10分鐘，同時不停攪拌。仔細地撈去浮沫。
將幾滴果醬滴在冷的小盤上，檢查果醬的濃稠度：果醬應略為膠化。
將果醬鍋離火，立即裝罐並加蓋。

★ 讓成品更特別的小細節
鵝莓為粉紅色或金黃色。若鵝莓不夠成熟，味道會過酸。請選擇充分成熟且充滿汁液，外皮近乎半透明的鵝莓：這時風味最佳。

第1天
同上

第2天
烹煮時間：煮沸後再煮10分鐘

220克的罐子6-7罐
鵝莓(groseilles à maquereau)
1.1公斤
結晶糖(sucre cristallisé)
800克 +100克
水200毫升
未經加工處理的檸檬2顆
小顆檸檬的檸檬汁1/2顆

美味加倍的搭配法
乳牛或母羊的新鮮乳酪(*fromage frais*)、或串燒家禽肉：一塊香草布丁塔(*flan à la vanille*)、或貓舌餅(*langues de chat*)。

檸檬鵝莓果醬
CONFITURE DE GROSEILLES À MAQUEREAU AU CITRON

第1天
按照上述食譜的方式準備鵝莓(Groseille à maquereau)。預留備用。
以冷水沖洗並刷洗檸檬，然後切成極薄的圓形薄片。
在果醬鍋中加入檸檬薄片、100克的糖和水加熱。
持續煮沸至檸檬片變為半透明。
將鵝莓、800克糖和檸檬汁，倒入已煮好檸檬片的果醬鍋(bassine à confiture)中，煮至微滾並輕輕攪拌，接著將食材倒入大碗中。
蓋上烤盤紙，於陰涼處保存1個晚上。

第2天
步驟同上述的鵝莓果醬食譜。

★ 讓成品更特別的小細節
可在烹煮的最後加入1根從長邊剖開的香草莢，或10片新鮮薄荷葉作為裝飾。
亦可用厚2公釐的柳橙薄片來取代檸檬薄片。

醋栗冰果凝
GELÉE DE GROSEILLE À FROID

方法 1

準備時間：25分鐘

220克的罐子6-7罐
醋栗(groseilles)1.650公斤，
即淨重1.5公斤的漿果
結晶糖(sucre cristallisé)1.5公斤
檸檬汁1顆

美味加倍的搭配法

香草冰淇淋或紅果冰淇淋(crème glacée aux fruits rouges)。

方法 2

準備時間：10分鐘
烹煮時間：煮沸後再煮5分鐘，
讓水果裂開

220克的罐子6-7罐
醋栗(groseille)1.650公斤，
即淨重1.5公斤的漿果
結晶糖(sucre cristallisé)1公斤
水150毫升
檸檬汁1顆

方法 1

把結晶糖倒在烤盤上。以60℃(熱度2)烘烤15分鐘。以冷水沖洗醋栗，瀝乾並摘下果粒。

將醋栗放入離心機(centrifugeuse)中榨汁(得到1公升的醋栗汁)。

將醋栗汁和檸檬汁倒入大碗中，慢慢倒入糖，用攪拌器持續攪拌約20分鐘。

將果凝裝罐，蓋上玻璃紙。

將罐子擺放於乾燥通風處，如果可以的話，請置於光照處，約靜置12小時。接著冷藏保存。

★ 讓成品更特別的小細節

這道果凝，尤其是遵循方法1所做出來的非常清爽。重點是要以冷藏保存，因為果汁並沒有煮沸。您可根據方法2製作覆盆子果凝。這時請選擇秋末冬初的覆盆子，所含的水分較少。由於不如醋栗果凝來得酸，覆盆子果凝應冷藏保存。

在這道食譜中，將糖先加熱會比直接在醋栗汁中溶解得更快。

方法 2

以冷水沖洗醋栗，瀝乾並摘下果粒。

將水和漿果倒入果醬鍋中煮沸，接著蓋上蓋子，以文火煮5分鐘，讓漿果裂開。

將上述材料放入極精細的漏斗型網篩(chinois)中，並用漏勺輕輕擠壓水果以收集果汁。

將醋栗汁(1公升)和檸檬汁倒入大碗中，慢慢倒入糖，用攪拌器(fouet)持續攪拌約20分鐘。

將果凝裝罐，蓋上玻璃紙。

將罐子擺放於乾燥通風處，如果可以的話，請置於光照處，約靜置12小時。接著冷藏保存或置於乾燥陰涼處。

★ 讓成品更特別的小細節

按照這樣的方式，用一些水將醋栗煮沸，果汁因而經過消毒。如此一來，這果凝將可保存於乾燥陰涼處，有別於方法1製作，完全以冷藏所形成的果凝，必須以冷藏保存。

baies et petits fruits du jardin

醋栗果凝
GELÉE DE GROSEILLE

準備時間：10分鐘
烹煮時間：煮沸後再煮10分鐘，
讓水果裂開
果凝煮沸後再煮10分鐘

220克的罐子6-7罐
醋栗(groseilles)1.650公斤，
即淨重1.5公斤的漿果
結晶糖(sucre cristallisé)1公斤
水200毫升
小顆檸檬的檸檬汁1/2顆

以冷水沖洗醋栗，瀝乾並摘下果粒。
將水和醋栗倒入果醬鍋中煮沸。
將果醬鍋加蓋，再以文火煮10分鐘，讓漿果煮至裂開。
將上述材料放入極精細的漏斗型網篩(chinois)中，並用漏勺輕輕擠壓水果以收集果汁。
將醋栗汁(1公升)、糖和檸檬汁倒入果醬鍋中，煮沸並輕輕攪拌。以旺火持續煮約10分鐘，不時攪拌。仔細地撈去浮沫。
將幾滴果凝滴在冷的小盤上，檢查果凝的濃稠度：果凝應略為膠化。
將果醬鍋離火，立即裝罐並加蓋。

★ 讓成品更特別的小細節
無論如何都要將醋栗的果粒摘下，因為果柄會為果汁帶來酸味。
在缺乏果膠的果醬，例如櫻桃、歐洲酸櫻桃(griotte)或草莓果醬中加入200克的醋栗果凝。這道果凝可提供形成理想膠化所必需的果膠成分。
您亦能在草莓或覆盆子塔上淋上這道微酸的果凝。

美味加倍的搭配法
在小皇后蘋果(pommes reinettes)的中心填入一些奶油，接著放入烤箱，以180℃（熱度6）烘烤25分鐘。享用時，在蘋果中心填入些許醋栗果凝和濃鮮奶油(crème épaisse)。

波特覆盆子醋栗果凝
GELÉE DE GROSEILLE ET FRAMBOISE AU PORTO

準備時間：10分鐘
烹煮時間：同上

220克的罐子6-7罐
醋栗(groseilles)900克，即淨重
800克的漿果
覆盆子750克
結晶糖(sucre cristallisé)1公斤
水200毫升
波特酒(porto)60毫升
小顆檸檬的檸檬汁1/2顆

以冷水沖洗醋栗，瀝乾並摘下果粒。有必要的話請揀選覆盆子，為保存其香味請避免沖洗。
將水、醋栗和覆盆子倒入果醬鍋中並加以煮沸。
將果醬鍋加蓋，再以文火煮10分鐘並不時攪拌，讓漿果煮至裂開。
將上述材料放入極精細的漏斗型網篩(chinois)中，並用漏勺輕輕擠壓水果以收集果汁。
將果汁(1公升)、糖和檸檬汁倒入果醬鍋中，煮沸並輕輕攪拌。以旺火持續煮約10分鐘。仔細地撈去浮沫。
加入波特酒，再煮沸一次。檢查果凝的濃稠度，步驟同上述的醋栗果凝食譜。

★ 讓成品更特別的小細節
這道果凝相當精緻，其中的覆盆子汁更增添其甘甜。
若想獲得味道更有深度的果凝，可用黑醋栗(cassis)來取代覆盆子。

美味加倍的搭配法
與法國吐司(pain perdu)和些許的打發鮮奶油，或以淡糖漿燉煮的白桃一起享用。

baies et petits fruits du jardin

黑醋栗果泥醬
MARMELADE DE CASSIS

第1天

準備時間：5分鐘
烹煮時間：直到食材微滾
靜置時間：1個晚上

第2天

準備時間：5分鐘
烹煮時間：果泥醬煮沸後
再煮5至10分鐘

220克的罐子6-7罐
黑醋栗(cassis)1.3公斤，即淨重
1.150公斤的漿果
結晶糖(sucre cristallisé)800克
小顆檸檬的檸檬汁1/2顆

美味加倍的搭配法
搭配一塊檸檬蛋糕和一杯伯爵茶(thé
Earl Grey)品嚐。

第1天

以冷水沖洗黑醋栗，瀝乾並摘下果粒。
將黑醋栗漿果、糖和檸檬汁倒入果醬鍋(bassine à confiture)中。
煮至微滾並輕輕攪拌，接著將食材倒入大碗中。
蓋上烤盤紙，於陰涼處保存1個晚上。

第2天

將上述食材倒入果菜磨泥機中(細網目)，以去除果皮和籽，接著將材料倒入果醬鍋中。
煮沸並輕輕攪拌。以旺火持續煮約5至10分鐘，同時不停攪拌。仔細撈去浮沫。
將幾滴果泥醬滴在冷的小盤上，檢查果泥醬的濃稠度：果泥醬應略為膠化。
將果醬鍋離火，立即裝罐並加蓋。

★ 讓成品更特別的小細節
黑醋栗與菫菜(violette)的搭配為天作之合。可在烹煮的最後加入3滴菫菜香精。

黑皮諾黑醋栗果泥醬
MARMELADE DE CASSIS AU PINOT NOIR

第1天：同上

第2天

烹煮時間：果泥醬煮沸後再煮
10分鐘

220克的罐子6-7罐
黑醋栗(cassis)1.1公斤，即淨重
1公斤的漿果
結晶糖(sucre cristallisé)900克
黑皮諾(pinot noir)250毫升
小顆檸檬的檸檬汁1/2顆

美味加倍的搭配法
與香草冰淇淋和一塊薩瓦蛋糕(biscuit de
Savoie)是絕配。

第1天
步驟同上述的黑醋栗果泥醬食譜。

第2天

將煮過的黑醋栗等食材倒入果菜磨泥機中(細網目)，以去除果皮和籽，接著將材料
倒入果醬鍋中。煮沸並輕輕攪拌。以旺火持續煮約5分鐘，同時不停攪拌。仔細撈去
浮沫。
加入黑皮諾酒，再煮沸5分鐘，不停攪拌並再次撈去浮沫。
將幾滴果泥醬滴在冷的小盤上，檢查濃稠度：果泥醬應略為膠化。
將果醬鍋離火，立即裝罐並加蓋。

★ 讓成品更特別的小細節
在第一次燉煮時加入1克的甘草粉(réglisse moulue)，可使黑皮諾的丹寧更加強烈。

雙醋栗果泥醬
MARMELADE DE CASSIS ET GROSEILLES

第1天
準備時間：5分鐘
烹煮時間：直到食材微滾
靜置時間：1個晚上

第2天
準備時間：5分鐘
烹煮時間：果泥醬煮沸後
再煮5至10分鐘

220克的罐子6-7罐
黑醋栗(cassis)350克，即淨重
300克的漿果
醋栗(groseilles)900克，即淨重
800克的漿果
結晶糖(sucre cristallisé)800克
小顆檸檬的檸檬汁1/2顆

美味加倍的搭配法
灑上幾滴櫻桃酒的指形蛋糕(*biscuits à la cuillère*)，搭配上*100*克的果泥醬和*200*克打發鮮奶油混合的奶油醬一起品嚐。

第1天
以冷水沖洗黑醋栗，瀝乾並摘下果粒。
將黑醋栗漿果、糖和檸檬汁倒入果醬鍋(bassine à confiture)中。煮至微滾並輕輕攪拌，接著將這第一次燉煮的食材倒入大碗中。
蓋上烤盤紙，於陰涼處保存1個晚上。

第2天
將煮過的黑醋栗等食材和醋栗漿果一起倒入果菜磨泥機中(細網目)，以去除果皮和籽，接著將材料倒入果醬鍋中。煮沸並輕輕攪拌。以旺火持續煮約5至10分鐘，同時不停攪拌。
仔細撈去浮沫。
將幾滴果泥醬滴在冷的小盤上，檢查濃稠度：果泥醬應略為膠化。
將果醬鍋離火，立即裝罐並加蓋。

★ 讓成品更特別的小細節
您可用鵝莓來取代醋栗，味道會更為甘甜。這時便無須將果醬倒入果菜磨泥機中，因為鵝莓所含的籽相當細小。
若您想在果菜磨泥機中倒入更大量的果醬：可清除已乾燥的果皮和籽數次，以獲得最大量的果肉。不時朝反方向轉動，以免磨泥機阻塞。

baies et petits fruits du jardin

黑醋栗蘋果醬
CONFITURE DE CASSIS ET POMMES

第1天
準備時間：10分鐘
烹煮時間：直到食材微滾
靜置時間：1個晚上

第2天
準備時間：10分鐘
烹煮時間：果醬煮沸後
再煮5至10分鐘

220克的罐子6-7罐
黑醋栗(cassis)550克，即淨重
500克的漿果
蘋果700克，即淨重500克
結晶糖(sucre cristallisé)800克
小顆檸檬的檸檬汁1/2顆

美味加倍的搭配法
夏烏斯乳酪(fromage de chaource)和一
片烤麵包。

第1天
以冷水沖洗黑醋栗，瀝乾並摘下果粒。
將黑醋栗漿果、糖和檸檬汁倒入果醬鍋(bassine à confiture)中。
煮至微滾並輕輕攪拌，接著將這第一次燉煮的食材倒入大碗中。
蓋上烤盤紙，於陰涼處保存1個晚上。

第2天
將蘋果削皮，去梗後切成2半，挖去果核，然後切成厚2公釐的薄片。
將煮過的黑醋栗等食材倒入果菜磨泥機中(細網目)，以去除果皮和籽，接著將上述材料和蘋果片一起倒入果醬鍋中。煮沸並輕輕攪拌。
以旺火持續煮約5至10分鐘，同時不停攪拌。仔細撈去浮沫。
將幾滴果醬滴在冷的小盤上，檢查濃稠度：果醬應略為膠化。
將果醬鍋離火，立即裝罐並加蓋。

★ 讓成品更特別的小細節
您可用威廉洋梨(poire Williams)來取代蘋果，並在第二次燉煮時加入1根香草莢，使香味更加濃郁。

黑醋栗果凝
GELÉE DE CASSIS

準備時間：10分鐘
烹煮時間：煮沸後再煮10分鐘，
讓漿果裂開
果凝煮沸後再煮10分鐘

220克的罐子6-7罐
黑醋栗(cassis)1.8公斤，即淨重
1.550公斤的漿果
水200毫升
結晶糖(sucre cristallisé)1公斤
小顆檸檬的檸檬汁1/2顆

美味加倍的搭配法
塗上濃鮮奶油(*crème épaisse*)的杏仁小
酥餅(*petits sablés aux amandes*)。

以冷水沖洗黑醋栗，瀝乾並摘下果粒。

將黑醋栗漿果和水倒入果醬鍋(bassine à confiture)中煮沸。接著將鍋子加蓋，
以文火煮10分鐘，讓漿果裂開。

將上述材料倒入極細的漏斗型網篩中，並用漏勺輕輕擠壓水果以收集汁液。

將黑醋栗汁(約1公升)、糖和檸檬汁倒入果醬鍋中，煮沸並輕輕攪拌。以旺火持續煮
約10分鐘，不時攪拌。仔細撈去浮沫。

將幾滴果凝滴在冷的小盤上，檢查果凝的濃稠度：果凝應略為膠化。

將果醬鍋離火，立即裝罐並加蓋。

★ 讓成品更特別的小細節

在燉煮黑櫻桃時加入些許的黑醋栗果凝可使果醬更充分膠化；這兩種水果的搭配是
相當出色的組合。

以小型壓榨機壓榨冰冷的水果可獲得風味較佳的果汁。新一代的離心機可帶來品質
極佳的果汁，但卻喪失了大量的果肉。

我建議您用第二種方法，在果醬鍋裡放一些水，將漿果煮至裂開，接著用精細的漏斗
型網篩或濾布(*étamine*)收集果汁。

第三種方式是用榨汁機(*extracteur à jus*)來榨出果汁。水蒸氣使水果膨脹，然後裂開
並釋放出果汁。這種方式最為簡單，但會因而讓果汁中增加水分，倘若水果本身的
果膠不足，會難以形成果凝。

baies et petits fruits du jardin

黑莓果醬
CONFITURE DE MÛRES

第 1 天
準備時間：5 分鐘
烹煮時間：直到食材微滾
靜置時間：1 個晚上

第 2 天
烹煮時間：果醬煮沸後
再煮 5 至 10 分鐘

220 克的罐子 6-7 罐
黑莓(mûres)1 公斤
結晶糖(sucre cristallisé)800 克
小顆檸檬的檸檬汁 1/2 顆

美味加倍的搭配法
杏仁或榛果費南雪(financier)，和一塊以
牛乳或羊乳製成的飛司勒乳酪(faisselle)
最對味。

第 1 天
揀選黑莓，接著以冷水快速沖洗而不要浸泡。
將黑莓倒入果醬鍋(bassine à confiture)中，煮至微滾並輕輕攪拌。接著將煮好的
食材倒入大碗中。
蓋上烤盤紙，於陰涼處保存 1 個晚上。

第 2 天
將上述食材倒入果醬鍋中，煮沸並輕輕攪拌。以旺火持續煮約 5 至 10 分鐘，同時不停
攪拌。仔細地撈去浮沫。
將幾滴果醬滴在冷的小盤上，檢查果醬的濃稠度：果醬應略為膠化。
將果醬鍋離火，立即裝罐並加蓋。

★ 讓成品更特別的小細節
種植黑莓(mûre des jardins)比野生黑莓(mûre sauvage)更多肉，但後者可帶出更沁人
心脾且誘人的香味。若您在果醬中保留籽，果醬更能充分膠化。

黑莓果凝
GELÉE DE MÛRES

準備時間：10 分鐘
烹煮時間：煮沸後再煮 10 分鐘，
讓漿果裂開
果凝煮沸後再煮 10 分鐘

220 克的罐子 6-7 罐
黑莓(mûres)1.7 公斤
結晶糖(sucre cristallisé)1 公斤
水 200 毫升
小顆檸檬的檸檬汁 1/2 顆

美味加倍的搭配法
些許碎冰、黑莓果凝、些許香甜酒，
製成清涼可口的黑莓香甜酒(crème de
mûre)。

黑莓處理方式同上。
將水和黑莓倒入果醬鍋(bassine à confiture)中煮沸。接著將鍋子加蓋，以文火煮
10 分鐘，讓水果裂開。
將上述材料倒入極細的漏斗型網篩中，並用漏勺輕輕擠壓水果以收集汁液。
將黑莓汁(1 公升)、糖和檸檬汁倒入果醬鍋中，煮沸並輕輕攪拌。接著以旺火持續煮
約 10 分鐘，不時攪拌。仔細撈去浮沫。
將幾滴果凝滴在冷的小盤上，檢查果凝的濃稠度：果凝應略為膠化。
將果醬鍋離火，立即裝罐並加蓋。

★ 讓成品更特別的小細節
將正好成熟的黑莓摘下，加入一些略紅的漿果，如此可在烹煮時增加酸度，有利於
果膠凝結的效果。

baies et petits fruits du jardin

黑莓藍莓果醬
CONFITURE DE MÛRES ET MYRTILLES

第1天

準備時間：10分鐘

烹煮時間：直到食材微滾

靜置時間：1個晚上

第2天

烹煮時間：果醬煮沸後

再煮5至10分鐘

220克的罐子6-7罐

黑莓(mûres)500克

藍莓(myrtilles)500克

結晶糖(sucre cristallisé)800克

小顆檸檬的檸檬汁1/2顆

美味加倍的搭配法

佐以打發鮮奶油的覆盆子烤麵屑(crumble aux framboises)。

第1天

揀選黑莓，接著以冷水快速沖洗而不要浸泡。

以同樣方式處理藍莓。

將黑莓、藍莓、糖和檸檬汁倒入果醬鍋(bassine à confiture)中。煮至微滾並輕輕攪拌，接著將煮好的食材倒入大碗中。

蓋上烤盤紙，於陰涼處保存1個晚上。

第2天

將上述食材倒入果醬鍋中，煮沸並輕輕攪拌。以旺火持續煮約5至10分鐘，同時不停攪拌。仔細地撈去浮沫。

將幾滴果醬滴在冷的小盤上，檢查果醬的濃稠度：果醬應略為膠化。

將果醬鍋離火，立即裝罐並加蓋。

★ 讓成品更特別的小細節

將這道果醬放入果菜磨泥機中以去除外皮和籽，就成了味道細緻的精緻果泥醬(marmelade)。

FRUITS DES ARBRES DU JARDIN ET DU VERGER

花園和樹林的果樹水果

fruits des arbres du jardin

杏桃果醬
CONFITURE D'ABRICOTS

第1天
準備時間：10分鐘
浸漬時間：1小時
烹煮時間：直到食材微滾
靜置時間：1個晚上

第2天
烹煮時間：果醬煮沸後
再煮5至10分鐘

220克的罐子6-7罐
成熟但仍堅硬的杏桃(abricots)
1.150公斤，即淨重1公斤
結晶糖(sucre cristallisé)800克
小顆檸檬的檸檬汁1/2顆

美味加倍的搭配法
新鮮山羊乳酪或布亞沙瓦杭(brillat-savarin)乳酪和烤麵包；或是塗在捲餅裡；或作為奧地利糕點 --- 薩赫巧克力蛋糕(sachertorte)的內餡。

第1天
以冷水沖洗杏桃，接著用布擦乾，然後切成2半以去核。
在大碗中混合杏桃、糖和檸檬汁，蓋上烤盤紙，浸漬1小時。
將上述材料倒入果醬鍋(bassine à confiture)中，煮至微滾並輕輕攪拌。
將煮好的食材倒入大碗，蓋上烤盤紙，於陰涼處保存1個晚上。

第2天
將上述食材倒入果醬鍋中，煮沸並輕輕攪拌。以旺火持續煮約5至10分鐘，同時不停攪拌。仔細撈去浮沫。
將幾滴果醬滴在冷的小盤上，檢查果醬的濃稠度：果醬應略為膠化。
將果醬鍋離火，立即裝罐並加蓋。

★ 讓成品更特別的小細節
請選擇成熟但仍堅硬的貝杰宏(Le bergeron)杏桃。將小杏桃切2半，大杏桃切成4份。
第二天，在煮果醬之前，請將杏桃去皮，但仍保留塊狀；果醬將變得更加細緻。

杏桃仁果醬
CONFITURE D'ABRICOTS AUX AMANDES

第1天：同上
第2天：同上

220克的罐子6-7罐
食材同上
杏仁片100克

美味加倍的搭配法
在法式塔皮(tarte sablée)的底部鋪上薄薄一整層，並以加入香草籽的打發鮮奶油增添芳香。

第1天
這道食譜由上述杏桃果醬食譜變化而來。
只須在果醬鍋離火之前加入杏仁片，並將果醬再煮沸一次。

★ 讓成品更特別的小細節
用核桃夾(casse-noix)夾碎杏桃的核，取出杏仁。
將杏仁放入裝有沸水的平底深鍋(casserole)中浸泡數秒，用漏勺取出，然後擺在布巾上。
去皮，否則在保存果醬時可能會因此導致發酵或發霉。在加入杏仁片的同時加入杏仁，或是以從杏桃核中取出的杏仁來取代杏仁片。

香草杏桃果醬
CONFITURE D'ABRICOTS À LA VANILLE

第1天
準備時間：10分鐘
浸漬時間：1小時
烹煮時間：直到食材微滾
靜置時間：1個晚上

第2天
烹煮時間：果醬煮沸後
再煮5至10分鐘

220克的罐子6-7罐
成熟但仍堅硬的杏桃(abricots)
1.150公斤，即淨重1公斤
結晶糖(sucre cristallisé)800克
香草莢(gousse de vanille)1根
小顆檸檬的檸檬汁1/2顆

美味加倍的搭配法
搭配以小荳蔻(cardamome)調味的蛋白
霜(blancs à la neige)，以及榛果費南雪
(financiers aux noisettes)小點心最對味。

第1天
杏桃的處理方式同先前所述的杏桃果醬食譜。在大碗中混合去核杏桃、糖、從長邊剖開的香草莢和檸檬汁，蓋上烤盤紙，浸漬1小時。
將上述材料倒入果醬鍋(bassine à confiture)中，煮至微滾並輕輕攪拌。
將煮好的食材倒入大碗，蓋上烤盤紙，於陰涼處保存1個晚上。

第2天
將上述食材倒入果醬鍋中，煮沸並輕輕攪拌。以旺火持續煮約5至10分鐘，同時不停攪拌。仔細撈去浮沫。
將幾滴果醬滴在冷的小盤上，檢查果醬的濃稠度：果醬應略為膠化。
將香草莢撈出，切段，然後放入罐子內部作為裝飾。將果醬鍋離火，立即裝罐並加蓋。

★ 讓成品更特別的小細節
這道果醬去皮後更美味。第二天，在煮果醬之前，先將香草莢取出，接著將材料倒入果菜磨泥機中(細網目)去皮。再加入剖開的香草莢，照原方法烹煮。

fruits des arbres du jardin

第1天
準備時間：10分鐘
烹煮時間：直到食材微滾
靜置時間：1個晚上

第2天
烹煮時間：果醬煮沸後
再煮5至10分鐘

220克的罐子6-7罐
油桃(brugnon)1.3公斤，即淨重
1公斤
結晶糖(sucre cristallisé)800克
10株薰衣草花(lavande en fleur)
小顆檸檬的檸檬汁1/2顆

美味加倍的搭配法
淋上些許濃鮮奶油(crème épaisse)的飛司
勒白乳酪(faisselle de fromage blanc)；佐
以打發鮮奶油(crème fraîche battue)的火
燒可麗餅(crêpe flambée)；或是少糖的香
草奶油布蕾(crème brulée)。

薰衣草油桃果醬
CONFITURE DE BRUGNONS À LA LAVANDE

第1天
將油桃浸泡在沸水中1分鐘，接著以冰水冰鎮。剝皮、去核並切成2半，接著切成厚
2公釐的薄片。
將薰衣草花包入細布(mousseline)中，小心地繫緊開口。
將油桃薄片、糖、包有薰衣草花的細布和檸檬汁倒入果醬鍋(bassine à confiture)中。
煮至微滾並輕輕攪拌，接著將煮好的食材倒入大碗，蓋上烤盤紙，於陰涼處保存1個
晚上。

第2天
將上述食材倒入果醬鍋中，煮沸並輕輕攪拌。以旺火持續煮約5至10分鐘，同時不停
攪拌。仔細撈去浮沫。
將幾滴果醬滴在冷的小盤上，檢查果醬的濃稠度：果醬應略為膠化。
移去內含薰衣草的細布。將果醬鍋離火，立即裝罐並加蓋。

★ 讓成品更特別的小細節
油桃果醬不易膠化：為了獲得較濃稠的質地，請加入150克，切成厚2公釐條狀的杏桃
乾。若要製作油桃杏桃果醬(confiture de brugnons et d'abricots)，請秤出淨重500克
的貝杰宏杏桃(abricots bergeron)和500克的油桃來使用。
浸入果醬中的薰衣草可以是鮮花或乾燥花。然而為了裝飾罐子內部，只能使用1株株
的乾燥薰衣草。鮮花所含的水分會使果醬迅速發霉。
您亦可製作油桃覆盆子果醬(confiture de brugnons et de framboises)：覆盆子或醋栗
(groseille)的酸可為油桃提味。此外，這些紅水果所含的果膠可使果醬充分膠化。

黑櫻桃果醬
CONFITURE DE CERISES NOIRES

第1天

準備時間：20分鐘

烹煮時間：直到食材微滾

靜置時間：1個晚上

第2天

烹煮時間：果醬煮沸後

再煮5至10分鐘

220克的罐子6-7罐

黑櫻桃(cerises noires)

1.250公斤，即淨重1公斤

結晶糖(sucre cristallisé)900克

小顆檸檬的檸檬汁1/2顆

美味加倍的搭配法

巴斯克地區(Pays basque)的羊乳酪，或僅塗在一片烤過並塗有奶油的天然酵母法國麵包(pain au levain)上享用。

第1天

以冷水沖洗櫻桃，用布擦乾，接著去梗並去核。

將櫻桃、糖和檸檬汁倒入果醬鍋(bassine à confiture)中。煮至微滾並輕輕攪拌，接著將煮好的食材倒入大碗中。蓋上烤盤紙，於陰涼處保存1個晚上。

第2天

將上述食材倒入果醬鍋中，煮沸並輕輕攪拌。以旺火持續煮約5至10分鐘，同時不停攪拌。仔細撈去浮沫。

將幾滴果醬滴在冷的小盤上，檢查果醬的濃稠度：果醬應略為膠化。

將果醬鍋離火，立即裝罐並加蓋。

★ 讓成品更特別的小細節

個人偏好韋斯托芬(Westhoffen)黑櫻桃，較小，可帶出淡淡的杏仁味。在烹煮的最後加入一些櫻桃酒(kirsch)有利於果醬的膠化。若櫻桃所含水分過多，為獲得較佳的膠化效果，可在第二天進行以下步驟：將第一次烹煮的材料倒入濾器(passoire)中，保留櫻桃並收集糖漿。將糖漿倒入果醬鍋中煮沸。將糖漿濃縮，並煮至煮糖溫度計顯示達105°C。這時加入櫻桃並停止果醬的烹煮。

fruits des arbres du jardin

醋栗黑櫻桃果醬
CONFITURE DE CERISES NOIRES
AU JUS DE GROSEILLE

準備時間：20分鐘
烹煮時間：煮5分鐘，讓漿果裂開
果醬煮沸後再煮15分鐘

220克的罐子6-7罐
黑櫻桃(cerises noires)
1.900公斤，即淨重750克
醋栗(groseilles)550克
水100毫升
結晶糖(sucre cristallisé)900克
小顆檸檬的檸檬汁1/2顆

以冷水沖洗櫻桃，用布擦乾。去梗並去核。

以冷水沖洗醋栗，瀝乾並摘下果粒。

將水和醋栗漿果倒入小型平底深鍋(casserole)中煮沸。將平底鍋加蓋，以文火煮5分鐘，將漿果煮至裂開。將上述材料放入極精細的漏斗型網篩(chinois)中，並用漏勺輕輕擠壓水果以收集果汁。

將櫻桃、糖和檸檬汁倒入果醬鍋中，煮沸並輕輕攪拌。以旺火持續煮約5分鐘，同時不停攪拌。仔細撈去浮沫。

加入醋栗汁(250-300毫升)並再度煮沸。

以旺火持續煮約10分鐘，不停攪拌，並仔細撈去浮沫。

將幾滴果醬滴在冷的小盤上，檢查果醬的濃稠度：果醬應略為膠化。

將果醬鍋離火，立即裝罐並加蓋。

美味加倍的搭配法
一份微甜的義式杏仁奶酪(panacotta au lait d'amande)和小酥餅(petits sablés)。

★ 讓成品更特別的小細節
醋栗汁的酸可襯托出黑櫻桃的味道，而且讓這道果醬更容易膠化。這道果醬若使用拿破崙(napoléon)櫻桃、粉頰白櫻桃(cerises blanches aux joues rosées)來製作也是同樣美味。

藍莓黑醋栗櫻桃果醬
CONFITURE DE CERISES NOIRES, MYRTILLES ET CASSIS

第1天
準備時間：15分鐘
烹煮時間：直到食材微滾
靜置時間：1個晚上

第2天
烹煮時間：果醬煮沸後
再煮5至10分鐘

220克的罐子6-7罐
黑櫻桃（cerise noire）500克，
即淨重400克
野生藍莓（myrtilles sauvages）
400克
黑醋栗（cassis）200克
結晶糖（sucre cristallisé）800克
小顆檸檬的檸檬汁1/2顆

美味加倍的搭配法
填入裝有打發鮮奶油（*crème fraîche battue*）或無糖卡士達奶油醬（*crème pâtissière sans sucre*）的泡芙裡。

第1天
以冷水沖洗櫻桃，用布擦乾，接著去梗並去核。以冷水沖洗藍莓而不要浸泡。
以冷水沖洗黑醋栗，瀝乾並摘下果粒。
將櫻桃、藍莓、黑醋栗、糖和檸檬汁倒入果醬鍋（bassine à confiture）中。煮至微滾並輕輕攪拌，接著將煮好的食材倒入大碗中。蓋上烤盤紙，於陰涼處保存1個晚上。

第2天
將上述食材倒入果醬鍋中，煮沸並輕輕攪拌。以旺火持續煮約5至10分鐘，同時不停攪拌。仔細撈去浮沫。
將幾滴果醬滴在冷的小盤上，檢查果醬的濃稠度：果醬應略為膠化。
將果醬鍋離火，立即裝罐並加蓋。

★ 讓成品更特別的小細節
藍莓和黑醋栗的酸與所含的籽及果膠，可讓這道果醬充分膠化。
為避免深黑色果汁留下痕跡，請迅速沖洗您的手，並擦上檸檬汁。請在當天沖洗布巾，以免留下污點。

榅桲果泥醬
MARMELADE DE COINGS

第1天

準備時間：20分鐘
烹煮時間：直到食材微滾
靜置時間：1個晚上

第2天

烹煮時間：果醬煮沸後
再煮5至10分鐘

220克的罐子6-7罐
蘋果形或梨形榅桲（coings-
pommes ou poires）1公斤，
即淨重600克
榅桲汁（jus de coing）400毫升
結晶糖（sucre cristallisé）900克
小顆檸檬的檸檬汁1顆

美味加倍的搭配法

搭配孔德乳酪（comté）、羊奶或牛乳製成
的多姆乳酪（tome）最美味。

第1天

用布擦拭榅桲，去除覆蓋的細絨毛，接著以冷水沖洗。去掉仍保有花的梗及堅硬部分。
將榅桲切成4塊，去核及籽，接著再將每塊切成厚2公釐的薄片。榅桲的果核、外皮
和籽可用來製作榅桲汁（見下一頁的榅桲果凝食譜）。
將榅桲薄片和榅桲汁、糖和檸檬汁倒入果醬鍋（bassine à confiture）中。煮至微滾，
接著將食材倒入大碗中。
蓋上烤盤紙，於陰涼處保存1個晚上。

第2天

將材料倒入果醬鍋中，煮沸並輕輕攪拌。以旺火持續煮約5至10分鐘，同時不停攪拌。
仔細撈去浮沫。
用電動攪拌器（mixeur）將材料搗成細碎的果泥，接著再度煮沸。
將幾滴果泥醬滴在冷的小盤上，檢查濃稠度：果泥醬應略為膠化。
將果醬鍋離火，立即裝罐並加蓋。

★ 讓成品更特別的小細節

加入1刀尖未經上蠟或化學處理且切成細碎的柳橙皮和檸檬皮、1克香料麵包的香料
（épices à pain d' épice）和1粒丁香（clou de girofle），此時請勿使用電動攪拌器來研磨
這道果醬。如此經過香料的調味後，果醬將流露散發出聖誕節的味道。

榅桲果凝
GELÉE DE COINGS

第1天

準備時間：20分鐘

烹煮時間：1小時

靜置時間：1個晚上

第2天

烹煮時間：果凝煮沸後再煮10分鐘

220克的罐子6-7罐

蘋果形或梨形榅桲(coings-
pommes ou poires)1.5公斤，
以獲得1公升的果汁

結晶糖(sucre cristallisé)1公斤

小顆檸檬的檸檬汁1顆

美味加倍的搭配法

微甜的焗烤蘋果或洋梨(gratin de pommes
ou de poires)，並搭配瑪斯卡邦乳酪或
優格冰淇淋(crème glacée au mascar-
pone ou au yaourt)品嚐；或是搭配
抹上香草奶油並經過烘烤的棍狀麵包
(baguette)塊。

第1天

用布擦拭榅桲，去除覆蓋的細絨毛，接著以冷水沖洗。去掉仍帶有花的梗及堅硬的部分。將榅桲切成4塊。

將榅桲塊放入不鏽平底深鍋中，以大量的水淹過，加以煮沸。將平底鍋加蓋，以文火持續燉煮1小時，並用木杓不停攪拌。

將上述材料放入極精細的漏斗型網篩(chinois)中，並用漏勺輕輕擠壓水果以收集榅桲汁。

我建議您讓榅桲汁於陰涼處靜置1個晚上。為了獲得明亮的果凝，請務必在使用前讓果肉沉澱，僅用上層果汁。

第2天

將榅桲汁(1公升)、糖和檸檬汁倒入果醬鍋(bassine à confiture)中，煮沸並輕輕攪拌。以旺火持續煮約10分鐘，同時不停攪拌。仔細撈去浮沫。

將幾滴果凝滴在冷的小盤上，檢查果凝的濃稠度：果凝應略為膠化。

將果醬鍋離火，立即裝罐並加蓋。

★ 讓成品更特別的小細節

蘋果形榅桲含有大量的果膠，而且質地較為柔軟。若您想製作有果粒的榅桲醬，請選擇像這樣的榅桲。

梨形榅桲較香，請和蘋果形榅桲混合，用來製作果汁。

為了收集榅桲汁，您亦能將水果倒入裝有濾布(étamine)--- 一種編織精細的棉布濾器中，讓果汁過濾一整晚。

將榅桲的果肉放入果菜磨泥機中(細網目)，然後依您個人喜好加入糖和香料來製作成果漬(compote)。

請使用這道果凝淋在黃水果塔(柳橙、桃子、杏桃)上享用。

小荳蔻柳橙榲桲果醬
CONFITURE DE COINGS ET D'ORANGES À LA CARDAMOME

第1天

準備時間：20分鐘

烹煮時間：煮沸後再煮5分鐘以燉煮
柳橙片

接著煮至食材微滾

靜置時間：1個晚上

第2天

烹煮時間：果醬煮沸後
再煮5至10分鐘

220克的罐子6-7罐

蘋果形或梨形榲桲（coings-
pommes ou poires）1公斤，
即淨重600克

榲桲汁400毫升

結晶糖（sucre cristallisé）
800克+100克

未經加工處理的柳橙1顆（250克）

柳橙汁200毫升
（即2顆柳橙的果汁）

小荳蔻粉（cardamome moulue）
1克

小顆檸檬的檸檬汁1顆

美味加倍的搭配法

以柳橙汁浸透的指形蛋糕和小瑞士（petits-
suisses）乳酪。

第1天

用布擦拭榲桲，去除覆蓋的細絨毛，接著以冷水沖洗。去掉仍保有花的梗及堅硬部分。
將榲桲切成4塊，去核及籽，接著再將每塊切成厚2公釐的薄片。榲桲的果核、外皮
和籽可用來製作榲桲汁（見55頁的榲桲果凝食譜）。用冷水沖洗並刷洗柳橙，然後切成
極薄的圓形薄片。
在果醬鍋（bassine à confiture）中燉煮柳橙片、100克的糖及柳橙汁。持續以文火煮
至柳橙片變為半透明。
將柳橙薄片、榲桲汁、800克的糖、小荳蔻粉和檸檬汁倒入果醬鍋（bassine à
confiture）中，煮至微滾並輕輕攪拌，接著將食材倒入大碗中。
蓋上烤盤紙，於陰涼處保存1個晚上。

第2天

將材料倒入果醬鍋中，煮沸並輕輕攪拌。以旺火持續煮約5至10分鐘，同時不停攪拌。
務必要讓榲桲塊經過充分糖漬。仔細撈去浮沫。
將幾滴果醬滴在冷的小盤上，檢查果醬的濃稠度：果醬應略為膠化。
將果醬鍋離火，立即裝罐並加蓋。

★ 讓成品更特別的小細節

榲桲是一種不含果汁的水果。當您直接生嚼時，會散發出某種酸澀味。此外，無論如
何都要製作榲桲汁，並以小製冰盒（bac）冷凍保存。若您想製作有果粒的榲桲果醬，
榲桲汁可使榲桲塊在燉煮時仍保有漂亮的質地與口感。

fruits des arbres du jardin

無花果果醬
CONFITURE DE FIGUES

第1天

準備時間：10分鐘

浸漬時間：1小時

烹煮時間：直到食材微滾

靜置時間：1個晚上

第2天

烹煮時間：果醬煮沸後

再煮5至10分鐘

220克的罐子6-7罐

波傑森無花果（figues bourjasotte）

1公斤

結晶糖（sucre cristallisé）850克

小顆檸檬的檸檬汁1/2顆

美味加倍的搭配法

濃鮮奶油（crème épaisse）和甜的千層酥（allumettes feuilletées et sucrées）；或是塗在抹有成熟曼斯特乾酪（munster）的烤麵包片。

第1天

以冷水沖洗無花果，用布擦乾並去梗。

將無花果切成厚2公釐的薄片。

在大碗中混合無花果、糖和檸檬汁。為食材蓋上烤盤紙，浸漬1小時。

將上述材料倒入果醬鍋（bassine à confiture）中，煮至微滾並輕輕攪拌。將食材倒入大碗中，蓋上烤盤紙，於陰涼處保存1個晚上。

第2天

將材料倒入果醬鍋中，煮沸並輕輕攪拌。以旺火持續煮約5至10分鐘，同時不停攪拌。仔細撈去浮沫。

將幾滴果醬滴在冷的小盤上，檢查果醬的濃稠度：果醬應略為膠化。

將果醬鍋離火，立即裝罐並加蓋。

★ 讓成品更特別的小細節

個人尤其喜愛索利耶（Solliès）品種紫紅色的無花果。請選擇充分成熟的使用，這些無花果將會一如預期地柔軟甜美。

可在這道果醬中加入肉桂、八角茴香（anis étoilé）或香料麵包的香料。

譯註：香料麵包的香料是指 --- 混合了丁香、肉荳蔻、肉桂、薑四種香料而成。

fruits des arbres du jardin

格烏茲塔明那無花果果醬
CONFITURE DE FIGUES AU GEWURZTRAMINER

第1天

以冷水沖洗無花果，用布擦乾並去梗。

將無花果切成厚2公釐的薄片。

在大碗中混合無花果、糖、格烏茲塔明那酒和檸檬汁。為食材蓋上烤盤紙，浸漬1小時。

將上述材料倒入果醬鍋(bassine à confiture)中，煮至微滾並輕輕攪拌。

將食材倒入大碗中，蓋上烤盤紙，於陰涼處保存1個晚上。

第1天
準備時間：10分鐘
浸漬時間：1小時
烹煮時間：直到食材微滾
靜置時間：1個晚上

第2天
烹煮時間：果醬煮沸後
再煮5至10分鐘

第2天

將材料倒入果醬鍋中，煮沸並輕輕攪拌。以旺火持續煮約5至10分鐘，同時不停攪拌。

仔細撈去浮沫。

將幾滴果醬滴在冷的小盤上，檢查果醬的濃稠度：果醬應略為膠化。

將果醬鍋離火，立即裝罐並加蓋。

220克的罐子6-7罐
波傑森無花果(figues bourjasotte)
1公斤
結晶糖(sucre cristallisé)1公斤
小顆檸檬的檸檬汁1/2顆
格烏茲塔明那酒
(gewurztraminer)250毫升

★ 讓成品更特別的小細節

用黑皮諾(pinot noir)來取代格烏茲塔明那酒也同樣美味，並加入1/4顆的柳橙皮或半顆未經加工處理的檸檬皮。

美味加倍的搭配法

在柳橙沙拉中混入些許果醬，並搭配核桃炸丸(croquettes aux noix)和一杯格烏茲塔明那酒 (gewurztraminer)一起品嚐。

百香無花果果醬
CONFITURE DE FIGUES ET FRUITS DE LA PASSION

第1天

無花果的處理方式同上述的格烏茲塔明那無花果果醬食譜。將百香果切成2半，並收集果汁和籽。

在大碗中混合無花果、百香果汁和籽、糖和檸檬汁。為食材蓋上烤盤紙，浸漬1小時。

接下來的步驟同格烏茲塔明那無花果果醬做法。

第1天：同上

第2天：同上

第2天

步驟同格烏茲塔明那無花果果醬做法。

220克的罐子6-7罐
波傑森無花果(figues bourjasotte)
800克
百香果10顆，即帶籽果汁200毫升
結晶糖(sucre cristallisé)900克
小顆檸檬的檸檬汁1/2顆

★ 讓成品更特別的小細節

可用切成片狀的柳橙或葡萄柚來取代百香果。

這些略帶酸味的水果將有利於無花果果醬的保存。

美味加倍的搭配法

杏仁瓦片餅(tuiles aux amandes)或加入榛果的瓦片餅。

蜜桃無花果果醬
CONFITURE DE FIGUES ET PÊCHES DE VIGNE

第1天

準備時間：20分鐘

浸漬時間：1小時

烹煮時間：直到食材微滾

靜置時間：1個晚上

第2天

烹煮時間：果醬煮沸後

再煮5至10分鐘

220克的罐子6-7罐

波傑森無花果(figues bourjasotte)

500克

紅水蜜桃(pêches de vigne)

650克，即淨重500克

結晶糖(sucre cristallisé)850克

小顆檸檬的檸檬汁1/2顆

美味加倍的搭配法

巧克力貓舌餅(langues de chat au chocolat)

和些許的濃鮮奶油(crème épaisse)。

第1天

以冷水沖洗無花果，用布擦乾並去梗。

將無花果切成厚2公釐的薄片。

讓紅水蜜桃在沸水中浸泡1分鐘，接著用冷水降溫。剝皮，切成2半，去核，再將每半顆桃子切成8片。

在大碗中混合無花果片、桃子片、糖和檸檬汁。為食材蓋上烤盤紙，浸漬1小時。

將上述材料倒入果醬鍋(bassine à confiture)中，煮至微滾並輕輕攪拌。

將食材倒入大碗中，蓋上烤盤紙，於陰涼處保存1個晚上。

第2天

將材料倒入果醬鍋中，煮沸並輕輕攪拌。以旺火持續煮約5至10分鐘，同時不停攪拌。仔細撈去浮沫。

將幾滴果醬滴在冷的小盤上，檢查果醬的濃稠度：果醬應略為膠化。

將果醬鍋離火，立即裝罐並加蓋。

★ 讓成品更特別的小細節

可用切成薄片的蘋果或洋梨，或是無籽的麝香葡萄(muscat)來取代紅水蜜桃。

fruits des arbres du jardin

醋栗酸櫻桃果醬
CONFITURE DE GRIOTTES AU JUS DE GROSEILLE

準備時間：15分鐘

烹煮時間：煮5分鐘讓醋栗漿果裂開
果醬煮沸後再煮15分鐘

220克的罐子6-7罐
歐洲酸櫻桃(griottes)900克，
即淨重750克
醋栗(groseilles)550克
水100毫升
結晶糖(sucre cristallisé)900克
小顆檸檬的檸檬汁1/2顆

以冷水沖洗酸櫻桃，用布擦乾，去梗並去核備用。以冷水沖洗醋栗，瀝乾並摘下果粒。
將水和醋栗漿果倒入小型平底深鍋中煮沸。為平底鍋加蓋，以文火煮5分鐘，讓漿果煮至裂開。
將上述材料放入極精細的漏斗型網篩(chinois)中，並用漏勺輕輕擠壓水果以收集醋栗汁。
將酸櫻桃、糖和檸檬汁倒入果醬鍋(bassine à confiture)中，煮沸並輕輕攪拌。
以旺火持續煮約5分鐘，同時不停攪拌。
加入醋栗汁(250-300毫升)並再度煮沸。
以旺火持續煮約10分鐘，同時不停攪拌。
仔細撈去浮沫。
將幾滴果醬滴在冷的小盤上，檢查果醬的濃稠度：果醬應略為膠化。
將果醬鍋離火，立即裝罐並加蓋。

美味加倍的搭配法
巧克力軟心蛋糕(moelleux au chocolat)
搭配香草冰淇淋與醋栗酸櫻桃果醬一起
享用。

★ 讓成品更特別的小細節
歐洲酸櫻桃(griottes)僅含少量果膠。可用覆盆子汁或黑醋栗(cassis)汁來取代醋栗汁。
亦可用1克的小荳蔻粉(cardamome moulue)來為這道果醬提味。在這道食譜中，醋栗汁讓果醬得以充分膠化。

酸櫻桃覆盆子果醬
CONFITURE DE GRIOTTES ET FRAMBOISES

第1天

準備時間：20分鐘

浸漬時間：1小時

烹煮時間：直到食材微滾

靜置時間：1個晚上

第2天

烹煮時間：果醬煮沸後再煮10分鐘

220克的罐子6-7罐

歐洲酸櫻桃(griottes)600克，

即淨重500克

覆盆子500克

結晶糖(sucre cristallisé)900克

小顆檸檬的檸檬汁1/2顆

美味加倍的搭配法

無糖或僅用香草籽調味的米布丁(*riz au lait*)。

第1天

以冷水沖洗酸櫻桃，用布擦乾，去梗並去核。有必要的話請揀選覆盆子，為保存其香味請避免沖洗。

在大碗中混合酸櫻桃、覆盆子、糖和檸檬汁。為食材蓋上烤盤紙，浸漬1小時。

將上述材料倒入果醬鍋(bassine à confiture)中，煮至微滾並輕輕攪拌。

將食材倒入大碗中，蓋上烤盤紙，於陰涼處保存1個晚上。

第2天

將材料倒入果醬鍋中，煮沸並輕輕攪拌。以旺火持續煮約10分鐘，同時不停攪拌。

仔細撈去浮沫。

將幾滴果醬滴在冷的小盤上，檢查果醬的濃稠度：果醬應略為膠化。

將果醬鍋離火，立即裝罐並加蓋。

★ 讓成品更特別的小細節

歐洲酸櫻桃(*griottes*)所含水分尤其多。若與藍莓(*myrtilles*)、醋栗或覆盆子結合，將為這道果醬賦予更理想的質地。

將覆盆子放入果菜磨泥機中(細網目)去籽，這道果醬會變得更加細緻。

若要製作單純的酸櫻桃果醬，可在第二天去掉部分的果汁，然後如同上述步驟般烹煮。

將未使用的酸櫻桃汁冷藏保存，這是種美味的糖漿，可用來為飛司勒乳酪(*faisselle*)或優格調味。

fruits des arbres du jardin

杏仁蘋果酸櫻桃醬
CONFITURE DE GRIOTTES ET POMMES AUX AMANDES

第1天

準備時間：20分鐘

浸漬時間：1小時

烹煮時間：直到食材微滾

靜置時間：1個晚上

第2天

烹煮時間：果醬煮沸後再煮10分鐘

220克的罐子6-7罐

蘋果700克，即淨重500克

歐洲酸櫻桃（griottes）600克，

即淨重500克

結晶糖（sucre cristallisé）800克

小顆檸檬的檸檬汁1/2顆

杏仁片（amandes effilées）50克

美味加倍的搭配法

將很酸的蘋果切成薄片或小丁。倒入大碗中，加入杏仁蘋果酸櫻桃果醬和幾片剪成細碎的薄荷葉，輕輕混合。搭配青蘋果冰淇淋（crème glacée à la pomme verte）享用。

第1天

以冷水沖洗酸櫻桃，用布擦乾，去梗並去核。將蘋果削皮，去梗，切成2半。接著將蘋果挖去果核，切成厚2公釐的薄片。

在大碗中混合酸櫻桃、蘋果、糖和檸檬汁。為食材蓋上烤盤紙，浸漬1小時。

將上述材料倒入果醬鍋（bassine à confiture）中，煮至微滾並輕輕攪拌。

將食材倒入大碗中，蓋上烤盤紙，於陰涼處保存1個晚上。

第2天

將材料倒入果醬鍋中，煮沸並輕輕攪拌。以旺火持續煮約10分鐘，同時不停攪拌。

仔細撈去浮沫。

加入杏仁片並再度煮沸。

將幾滴果醬滴在冷的小盤上，檢查果醬的濃稠度：果醬應略為膠化。

將果醬鍋離火，立即裝罐並加蓋。

★ 讓成品更特別的小細節

保留酸櫻桃的果核，加以搗碎，用細布（mousseline）包起，和果醬一同燉煮。這樣的浸泡可為果醬帶來淡淡的苦杏味。若要製作薄荷味的酸櫻桃果醬，可在烹煮的最後，加入15片的新鮮薄荷葉，用以取代杏仁片。

在浸漬時，用湯匙攪拌食材數次，因為糖往往會沉澱在碗底。在這種情況下，水果若沒有充分為糖所浸透，將無法釋放出所有的汁液。

fruits des arbres du jardin

黃香李果醬
CONFITURE DE MIRABELLES

第1天

準備時間：15分鐘

浸漬時間：1小時

烹煮時間：直到食材微滾

靜置時間：1個晚上

第2天

烹煮時間：果醬煮沸後

再煮5至10分鐘

220克的罐子6-7罐

黃香李(mirabelles)1.2公斤，

即淨重1公斤

結晶糖(sucre cristallisé)800克

小顆檸檬的檸檬汁1/2顆

美味加倍的搭配法

香草冰淇淋(crème glacée à la vanille)：
或是塗在一片烤過的庫克洛夫(kou-gelhof)上享用。

第1天

以冷水沖洗黃香李，用布擦乾，切開以便去核。

在大碗中混合黃香李、糖和檸檬汁。為食材蓋上烤盤紙，浸漬1小時。

將上述材料倒入果醬鍋(bassine à confiture)中，煮至微滾並輕輕攪拌。

將食材倒入大碗中，蓋上烤盤紙，於陰涼處保存1個晚上。

第2天

將材料倒入果醬鍋中，煮沸並輕輕攪拌。以旺火持續煮約5至10分鐘，同時不停攪拌。

仔細撈去浮沫。

將幾滴果醬滴在冷的小盤上，檢查果醬的濃稠度：果醬應略為膠化。

將果醬鍋離火，立即裝罐並加蓋。

★ 讓成品更特別的小細節

當黃香李非常成熟時，果肉會變成半透明狀，而且很甜，這時請減少糖的用量，每公斤去核的水果請使用700克的糖。在烹煮時，尤其別忘了加入檸檬汁：黃香李並不會帶來任何的酸味，而且在保存一段時間後，果醬中的糖可能會再度結晶。

若果醬結晶，請在每公斤的果醬中加入100毫升的檸檬汁、葡萄柚汁，或是蜂蜜醋(vinaigre de miel)。將食材煮沸，若有浮沫產生，請撈去浮沫，接著裝罐。

香草格烏茲塔明那黃香李果醬
CONFITURE DE MIRABELLES
AU GEWURZTRAMINER ET À LA VANILLE

第1天
準備時間：15分鐘
浸漬時間：1小時
烹煮時間：直到食材微滾
靜置時間：1個晚上

第2天
烹煮時間：果醬煮沸後再煮10分鐘

220克的罐子6-7罐
黃香李（mirabelles）1.2公斤，
即淨重1公斤
結晶糖（sucre cristallisé）1公斤
檸檬汁1/2顆
香草莢（gousse de vanille）1根
格烏茲塔明那酒
（gewurztraminer）250毫升

美味加倍的搭配法
搭配嘉普隆奶酪（gaperon），一種含有大
蒜和香辛蔬菜的乳酪享用。

第1天
以冷水沖洗黃香李，用布擦乾。切開以去核。
在大碗中混合黃香李、從長邊剖開的香草莢、糖和檸檬汁，蓋上烤盤紙，浸漬1小時。
將上述材料倒入果醬鍋（bassine à confiture）中，煮至微滾並輕輕攪拌。
將食材倒入大碗中，蓋上烤盤紙，於陰涼處保存1個晚上。

第2天
將材料倒入果醬鍋中，煮沸並輕輕攪拌。以旺火持續煮約5分鐘，同時不停攪拌。
仔細撈去浮沫。
加入格烏茲塔明那酒 （gewurztraminer），再煮沸5分鐘，不停攪拌。若有必要的話，
請再度撈去浮沫。
將幾滴果醬滴在冷的小盤上，檢查果醬的濃稠度：果醬應略為膠化。
移去香草莢，將香草莢切段，放入罐中作為裝飾。
將果醬鍋離火，立即裝罐並加蓋。

★ 讓成品更特別的小細節
為了這道食譜，請選擇成熟但仍堅硬的黃香李。個人尤其喜愛所謂來自南錫（Nancy）
的品種，豐滿的粉紅果肉，是一種肉質肥厚的黃香李。

蜜橙黃香李果醬
CONFITURE DE MIRABELLES ET ORANGES AU MIEL DE FLEURS

第1天
準備時間：15分鐘
烹煮時間：煮沸後再煮5分鐘以燉煮
柳橙片
然後直到食材微滾
靜置時間：1個晚上

第2天
烹煮時間：果醬煮沸後再煮10分鐘

220克的罐子6-7罐
黃香李(mirabelles)1.2公斤，
即淨重1公斤
結晶糖(sucre cristallisé)
500克+100克
花蜜(miel de fleurs)200克
未經加工處理的柳橙1顆(250克)
柳橙汁200毫升，即2顆柳橙的果汁
小顆檸檬的檸檬汁1顆

美味加倍的搭配法
香草小酥餅(petits sablés à la vanille)和
一份米布丁(riz au lait)。

第1天
以冷水沖洗並刷洗柳橙，然後切成厚2公釐的圓形薄片。以冷水沖洗黃香李，用布擦乾，切開以去核。

在果醬鍋中，用100克的糖和柳橙汁燉煮柳橙片，以文火持續煮沸至柳橙片變為半透明。

將黃香李、500克的糖、花蜜和檸檬汁倒入煮好柳橙片的果醬鍋(bassine à confiture)中，接著煮至微滾並輕輕攪拌。

將煮好的食材倒入大碗中，蓋上烤盤紙，於陰涼處保存1個晚上。

第2天
將上述材料倒入果醬鍋中，煮沸並輕輕攪拌。以旺火持續煮約10分鐘，同時不停攪拌。仔細撈去浮沫。

將幾滴果醬滴在冷的小盤上，檢查果醬的濃稠度：果醬應略為膠化。

將果醬鍋離火，立即裝罐並加蓋。

★ 讓成品更特別的小細節
過熟的黃香李在烹煮時難以保存其漂亮的顏色。此外，果肉會與果皮分離；為了製作這道食譜，請選擇正好成熟且呈現金黃色的黃香李。

若您的黃香李過熟，請在第一次烹煮過後放入果菜磨泥機中(細網目)去皮，製成果泥醬。在烹煮的最後，加入些許的黃香李酒。在這道食譜中，可用蜂蜜來取代部分的糖。

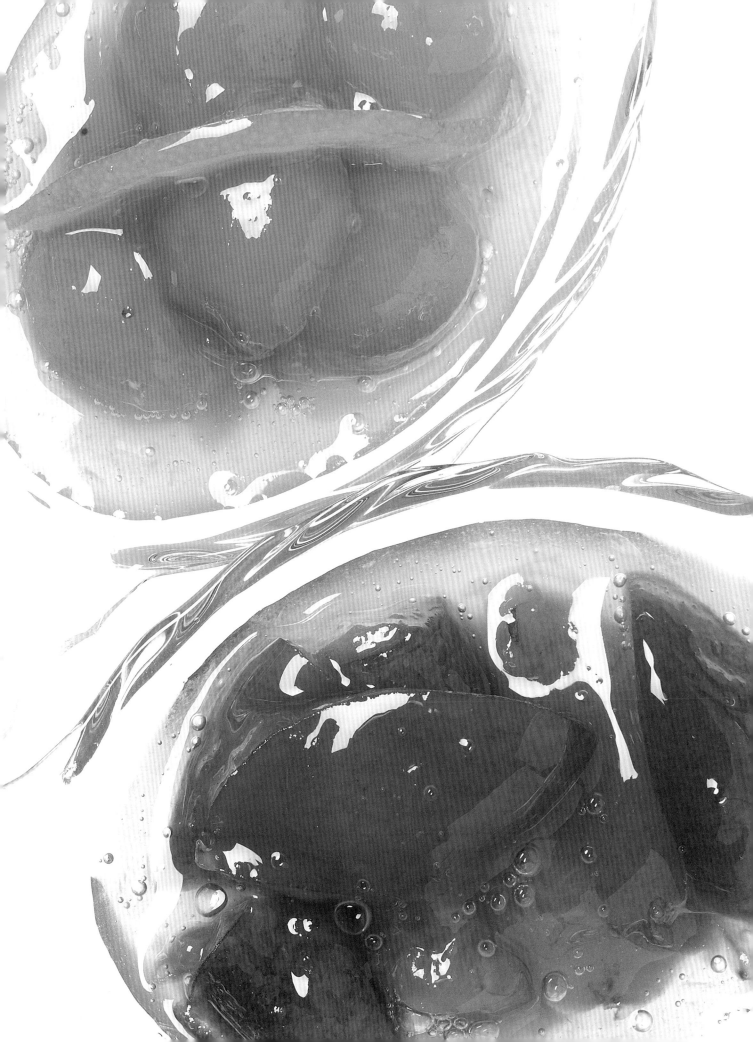

fruits des arbres du jardin

三黃果醬（黃桃、蘋果和洋梨）
CONFITURE AUX TROIS FRUITS JAUNES
（PÊCHES JAUNES, POMMES ET POIRES）

第1天
準備時間：20分鐘
烹煮時間：直到食材微滾
靜置時間：1個晚上

第2天
烹煮時間：果醬煮沸後
再煮5至10分鐘

220克的罐子6-7罐
黃桃(pêches jaunes)550克，
即淨重400克
蘋果450克，即淨重300克
洋梨(poires)450克，即淨重300克
結晶糖(sucre cristallisé)800克
小顆檸檬的檸檬汁1/2顆

美味加倍的搭配法
硬熟乳酪(fromage à pâte cuite)。

第1天
讓桃子在沸水中浸泡1分鐘，接著以冷水降溫。剝皮，去核，然後切成2半，接著切成厚2公釐的薄片。將洋梨去皮，去梗，切成2半，接著挖去果核，切成厚2公釐的薄片。蘋果亦以同樣方式處理。
將桃子、洋梨、蘋果、糖和檸檬汁倒入果醬鍋(bassine à confiture)中，煮至微滾並輕輕攪拌。
將食材倒入大碗中，蓋上烤盤紙，於陰涼處保存1個晚上。

第2天
將材料倒入果醬鍋中，煮沸並輕輕攪拌。以旺火持續煮約5至10分鐘，同時不停攪拌。仔細撈去浮沫。
將幾滴果醬滴在冷的小盤上，檢查果醬的濃稠度：果醬應略為膠化。
將果醬鍋離火，立即裝罐並加蓋。

★ 讓成品更特別的小細節
選擇八月中桃子的季節，也是第一批蘋果和洋梨剛上市時的水果製作，將如您所願地豐碩甜美，而且水分較少。

第1天
準備時間：15分鐘
烹煮時間：同上
靜置時間：1個晚上

第2天：同上

220克的罐子6-7罐
白桃(pêches blanches)650克
與黃桃(pêches jaunes)650克，
兩者即淨重1公斤
結晶糖(sucre cristallisé)800克
小顆檸檬的檸檬汁1/2顆

美味加倍的搭配法
些許碎冰(glace pilée)，搭配一小球的薰衣草冰淇淋(crème glacée à la lavande)享用。

白黃桃果醬
CONFITURE DE PÊCHES BLANCHES ET JAUNES

第1天
兩種桃子的處理方式同上述的三黃果醬食譜。
將桃子片、糖和檸檬汁倒入果醬鍋(bassine à confiture)中，煮至微滾並輕輕攪拌。
將上述食材倒入大碗中，蓋上烤盤紙，於陰涼處保存1個晚上。

第2天
步驟同上述的三黃果醬食譜。

★ 讓成品更特別的小細節
可用醋栗汁(jus de groseille)來取代黃桃。在這樣的組合中，桃子的甜度可緩和醋栗的酸。

柳橙黃桃果醬
CONFITURE DE PÊCHES JAUNES À L'ORANGE

第1天
準備時間：20分鐘
烹煮時間：煮沸後再煮5分鐘以燉煮
柳橙片
然後煮至食材微滾
靜置時間：1個晚上

第2天
烹煮時間：果醬煮沸後
再煮5至10分鐘

220克的罐子6-7罐
黃桃（pêches jaunes）1.3公斤，
即淨重1公斤
未經加工處理的柳橙1顆（250克）
結晶糖（sucre cristallisé）
800克＋100克
柳橙汁200毫升
（即2顆柳橙的果汁）
小顆檸檬的檸檬汁1/2顆

美味加倍的搭配法
辛香家禽肉凍派（terrine de volaille épicée）
和烤麵包。

第1天
用冷水沖洗並刷洗柳橙，然後切成厚2公釐的薄片。讓桃子在沸水中浸泡1分鐘，接著以冷水降溫。然後剝皮，去核，切成2半，接著切成厚2公釐的薄片。放在碗裡預留備用，並拌入檸檬汁，以免變黑。
在果醬鍋（bassine à confiture）中燉煮柳橙片和100克的糖及柳橙汁。持續以文火煮至柳橙片變為半透明，接著在果醬鍋中加入桃子片和糖。
煮至微滾並輕輕攪拌，接著將食材倒入大碗中。蓋上烤盤紙，於陰涼處保存1個晚上。

第2天
將材料倒入果醬鍋中，煮沸並輕輕攪拌。以旺火持續煮約5至10分鐘，同時不停攪拌。
仔細撈去浮沫。
將幾滴果醬滴在冷的小盤上，檢查果醬的濃稠度：果醬應略為膠化。
將果醬鍋離火，立即裝罐並加蓋。

★ 讓成品更特別的小細節
若您有家用火腿切片機（trancheuse à jambon à domicile），請用這機器來將柳橙切成薄片。精確切出的薄片可加速糖漬的過程。

fruits des arbres du jardin

番紅花白桃果醬
CONFITURE DE PÊCHES BLANCHES AU SAFRAN

第1天
準備時間：15分鐘
烹煮時間：直到食材微滾
靜置時間：1個晚上

第2天
烹煮時間：果醬煮沸後
再煮5至10分鐘

220克的罐子6-7罐
白桃(pêches blanches)1.3公斤，
即淨重1公斤
結晶糖(sucre cristallisé)800克
番紅花雌蕊(pistil de safran)15根
小顆檸檬的檸檬汁1/2顆

美味加倍的搭配法
塗上薄薄一層奶油，並以切成細碎的柳
橙皮調味的皮力歐許(brioche)。

第1天
讓桃子在沸水中浸泡1分鐘，接著用冷水降溫。剝皮，去核，切成2半，接著切成厚
4公釐的薄片。
將桃子片、糖、番紅花和檸檬汁倒入果醬鍋(bassine à confiture)中，煮至微滾並
輕輕攪拌。
將上述食材倒入大碗中。蓋上烤盤紙，於陰涼處保存1個晚上。

第2天
將材料倒入果醬鍋中，煮沸並輕輕攪拌。以旺火持續煮約5至10分鐘，同時不停攪拌。
仔細撈去浮沫。
將幾滴果醬滴在冷的小盤上，檢查果醬的濃稠度：果醬應略為膠化。
將果醬鍋離火，立即裝罐並加蓋。

★ 讓成品更特別的小細節
請選擇蓋甜(cap sweet)或農神(saturne)等品種的白蟠桃(pêches blanches plates)。
這些品種的白桃味道極佳，而且水分不會太多，不論是切塊或切成薄片都能在果醬中
保存良好。

fruits des arbres du jardin

香草洋梨果醬
CONFITURE DE POIRES À LA VANILLE

第 1 天

準備時間：10分鐘

浸漬時間：1小時

烹煮時間：直到食材微滾

靜置時間：1個晚上

第 2 天

烹煮時間：果醬煮沸後再煮10分鐘

220克的罐子6-7罐

威廉洋梨(poires Williams)

1.4公斤，即淨重1公斤

結晶糖(sucre cristallisé)800克

香草莢1根

小顆檸檬的檸檬汁1/2顆

美味加倍的搭配法

孔德(comté)或伯堡乳酪(beaufort)，再搭配香草冰淇淋(crème glacée à la vanille)或檸檬冰沙(granité au citron)。

第 1 天

將洋梨削皮、去梗，切成2半，接著挖去果核，切成厚2公釐的薄片。

在大碗中混合洋梨片、糖、從長邊剖開的香草莢和檸檬汁，蓋上烤盤紙，浸漬1小時。

將上述材料倒入果醬鍋(bassine à confiture)中，煮至微滾並輕輕攪拌。

將食材倒入大碗中，蓋上烤盤紙，於陰涼處保存1個晚上。

第 2 天

將材料倒入果醬鍋中，煮沸並輕輕攪拌。以旺火持續煮約10分鐘，同時不停攪拌。

仔細撈去浮沫。

將幾滴果醬滴在冷的小盤上，檢查果醬的濃稠度：果醬應略為膠化。

將香草莢撈出，切段，然後放入罐子內部作為裝飾。

將果醬鍋離火，立即裝罐並加蓋。

★ 讓成品更特別的小細節

您亦能用刨絲器(râpe)將洋梨刨成絲。在這種情況下，請選擇成熟但仍堅硬的洋梨。

使用帕斯卡桑梨(passe-crassanes)所製作出的果醬亦同樣美味。1月時您仍可在法國的市場上找到這些洋梨。

覆盆子洋梨果醬
CONFITURE DE POIRES ET FRAMBOISES

第1天
準備時間：10分鐘
烹煮時間：直到食材微滾
靜置時間：1個晚上

第2天
烹煮時間：果醬煮沸後再煮10分鐘

220克的罐子6-7罐
威廉洋梨(poires Williams)700克，
即淨重500克
覆盆子500克
結晶糖(sucre cristallisé)800克
小顆檸檬的檸檬汁1/2顆

美味加倍的搭配法
像吃糕點般用小湯匙品嚐。

第1天
將洋梨削皮、去梗，切成2半，接著挖去果核，切成厚2公釐的薄片。有必要的話請揀選覆盆子，為保存其香味請避免沖洗。
將洋梨片、覆盆子、糖和檸檬汁倒入果醬鍋(bassine à confiture)中，煮至微滾並輕輕攪拌。
將食材倒入大碗中，蓋上烤盤紙，於陰涼處保存1個晚上。

第2天
將材料倒入果醬鍋中，煮沸並輕輕攪拌。以旺火持續煮約10分鐘，同時不停攪拌。仔細撈去浮沫。
將幾滴果醬滴在冷的小盤上，檢查果醬的濃稠度：果醬應略為膠化。
將果醬鍋離火，立即裝罐並加蓋。

★ 讓成品更特別的小細節
燉煮覆盆子果醬，然後填入罐中至半滿。讓果醬凝固，接著煮洋梨果醬，然後將罐子填滿。
這雙層果醬的製作既有趣又獨特，但較費時。

fruits des arbres du jardin

薑梨果醬
CONFITURE DE POIRES AU GINGEMBRE

第1天

準備時間：10分鐘

浸漬時間：1小時

烹煮時間：直到食材微滾

靜置時間：1個晚上

第2天

烹煮時間：果醬煮沸後再煮10分鐘

220克的罐子6-7罐

威廉洋梨(poires Williams)

1.4公斤，即淨重1公斤

結晶糖(sucre cristallisé)800克

生薑碎末(gingembre frais râpé)

3克

小顆檸檬的檸檬汁1/2顆

美味加倍的搭配法

搭配秋季的洋梨和蘋果沙拉，以稍微烤
過的松子(pignon de pin)和去皮核桃進
行裝飾。堅果請在最後加入。

第1天

將洋梨削皮、去梗，切成2半，接著挖去果核，切成厚2公釐的薄片。

在大碗中混合洋梨片、糖、生薑碎末和檸檬汁，蓋上烤盤紙，浸漬1小時。

將上述材料倒入果醬鍋(bassine à confiture)中，煮至微滾並輕輕攪拌。

將食材倒入大碗中，蓋上烤盤紙，於陰涼處保存1個晚上。

第2天

將材料倒入果醬鍋中，煮沸並輕輕攪拌。以旺火持續煮約10分鐘，同時不停攪拌。
仔細撈去浮沫。

將幾滴果醬滴在冷的小盤上，檢查果醬的濃稠度：果醬應略為膠化。

將果醬鍋離火，立即裝罐並加蓋。

★ 讓成品更特別的小細節

以切成細條的30克糖漬薑來取代生薑製作，果醬也同樣美味。還可加入些許未經加工
處理、切成細碎的檸檬皮或柳橙皮。

fruits des arbres du jardin

白蘭地蘋果果醬
CONFITURE DE POMMES AU CALVADOS

第1天
準備時間：15分鐘
浸漬時間：1小時
烹煮時間：直到食材微滾
靜置時間：1個晚上

第2天
烹煮時間：果醬煮沸後再煮10分鐘

220克的罐子6-7罐
蘋果1.4公斤，即淨重1公斤
結晶糖(sucre cristallisé)850克
小顆檸檬的檸檬汁1/2顆
蘋果白蘭地(calvados)60毫升

美味加倍的搭配法
以蘋果白蘭地火燒，仍微溫的烤蘋果，並佐以些許的濃鮮奶油(crème fraîche épaisse)與蘋果果醬一起享用。

第1天
將蘋果削皮、去梗，切成2半，接著在挖去果核後，切成厚2公釐的條狀。
在大碗中混合蘋果條、糖和檸檬汁，蓋上烤盤紙，浸漬1小時。
將上述材料倒入果醬鍋(bassine à confiture)中，煮至微滾並輕輕攪拌。
將食材倒入大碗中，蓋上烤盤紙，於陰涼處保存1個晚上。

第2天
將材料倒入果醬鍋中，煮沸並輕輕攪拌。以旺火持續煮約10分鐘，同時不停攪拌。
撈去浮沫。加入蘋果白蘭地，混合。
將幾滴果醬滴在冷的小盤上，檢查果醬的濃稠度：果醬應略為膠化。
將果醬鍋離火，立即裝罐並加蓋。

★ 讓成品更特別的小細節
若您想在果醬中保留果粒，請選擇較酸的蘋果，例如愛達紅(idared)品種。若您喜愛較軟熟的果醬，請選擇小皇后(reinette)或加拿大(canada)品種。

焦糖蘋果果醬
CONFITURE DE POMMES AU CARAMEL

第1天和第2天
同上

220克的罐子6-7罐
蘋果1.4公斤，即淨重1公斤
結晶糖(sucre cristallisé)
850克＋250克(用以製作焦糖)
熱水250毫升
小顆檸檬的檸檬汁1/2顆

美味加倍的搭配法
搭配以肉桂調味的打發鮮奶油(crème fraîche battue)與核桃酥餅(sablés aux noix)一起享用。

第1天
蘋果處理方式同上。在大碗中混合蘋果條、糖和檸檬汁，蓋上烤盤紙，浸漬1小時。
在果醬鍋中，將250克的糖乾煮至漸漸融化，輕輕搖晃鍋子，直到進入金黃焦糖(caramel doré)階段，接著將熱水倒入焦糖中以中止烹煮，然後再煮沸1次。
將蘋果等材料加入焦糖中，煮至微滾並輕輕攪拌。
將食材倒入大碗中，接下來的步驟同白蘭地蘋果果醬。

第2天
步驟同白蘭地蘋果果醬。

★ 讓成品更特別的小細節
當融化的糖到達金黃焦糖階段時，為中止烹煮，倒入的水都必須是熱的，如此才能更快速混合，而且也不會有濺出的危險。您亦能在食材中加入蘋果白蘭地、阿爾馬涅克酒(armagnac)或干邑白蘭地(cognac)，都能讓這道帶有焦糖味的果醬同樣美味。

香料麵包蜂蜜蘋果果醬
CONFITURE DE POMMES AU MIEL
ET AUX ÉPICES À PAIN D'ÉPICE

第1天

準備時間：15分鐘

浸漬時間：1小時

烹煮時間：直到食材微滾

靜置時間：1個晚上

第2天

烹煮時間：果醬煮沸後

再煮5至10分鐘

220克的罐子6-7罐

蘋果1.4公斤，即淨重1公斤

結晶糖(sucre cristallisé)600克

栗樹蜜(miel de châtaignier)
200克

香料麵包用香料(épices à pain
d'épice)1克

小顆檸檬的檸檬汁1/2顆

美味加倍的搭配法

與史地頓(Stilton)乳酪，一種來自奧弗
涅(Auvergne)的藍乳酪一起享用。

編註

香料麵包的香料是指 --- 混合了丁香、肉
荳蔻、肉桂、薑四種香料而成。

第1天

將蘋果削皮、去梗，切成2半，接著在挖去果核後，切成厚2公釐的條狀。

在大碗中混合蘋果條、糖、蜂蜜、香料麵包用香料和檸檬汁，蓋上烤盤紙，浸漬1小時。

將上述材料倒入果醬鍋(bassine à confiture)中，煮至微滾並輕輕攪拌。

將食材倒入大碗中，蓋上烤盤紙，於陰涼處保存1個晚上。

第2天

將材料倒入果醬鍋中，煮沸並輕輕攪拌。以旺火持續煮約5至10分鐘，同時不停攪拌。

仔細撈去浮沫。

將幾滴果醬滴在冷的小盤上，檢查果醬的濃稠度：果醬應略為膠化。

將果醬鍋離火，立即裝罐並加蓋。

★ 讓成品更特別的小細節

您可在這道果醬中加入堅果(fruit séché)：松子、開心果、杏仁、核桃。請務必待這些
堅果乾燥後再混入果醬，否則其水分會使果醬發霉或發酵。

亞爾薩斯蜜李醬
CONFITURE DE QUETSCHES D'ALSACE

第1天
準備時間：10分鐘
浸漬時間：1小時
烹煮時間：直到食材微滾
靜置時間：1個晚上

第2天
烹煮時間：果醬煮沸後
再煮5至10分鐘

220克的罐子6-7罐
亞爾薩斯蜜李（quetsches
d'Alsace）1.2公斤，即淨重1公斤
結晶糖（sucre cristallisé）850克
小顆檸檬的檸檬汁1/2顆

美味加倍的搭配法
傳統上在嘉年華會時製作的多拿滋（bei-
gnets），會填入這道果醬作為餡料。

第1天
以冷水沖洗蜜李，用布擦乾。剖開並去核。
在大碗中混合蜜李、糖和檸檬汁，蓋上烤盤紙，浸漬1小時。
將上述材料倒入果醬鍋（bassine à confiture）中，煮至微滾並輕輕攪拌。
將食材倒入大碗中，蓋上烤盤紙，於陰涼處保存1個晚上。

第2天
將材料倒入果醬鍋中，煮沸並輕輕攪拌。以旺火持續煮約5至10分鐘，同時不停攪拌。
仔細撈去浮沫。
將幾滴果醬滴在冷的小盤上，檢查果醬的濃稠度：果醬應略為膠化。
將果醬鍋離火，立即裝罐並加蓋。

★ 讓成品更特別的小細節
8月初，較酸的布爾（Buhl）蜜李已在市場上販售。9月時，帶有金黃色果肉和焦糖味的
亞爾薩斯蜜李已經採收。後者所含的水分較早熟的蜜李要少，更適合製作果醬。

櫻桃酒核桃八角茴香亞爾薩斯蜜李醬
CONFITURE DE QUETSCHES D'ALSACE
À L'ANIS ÉTOILÉ, AUX NOIX ET AU KIRSCH

第1天
準備時間：15分鐘
浸漬時間：1小時
烹煮時間：直到食材微滾
靜置時間：1個晚上

第2天
烹煮時間：果醬煮沸後
再煮5至10分鐘

220克的罐子6-7罐
亞爾薩斯蜜李(quetsches
d'Alsace)1.2公斤，即淨重1公斤
結晶糖(sucre cristallisé)850克
八角茴香(étoiles de badiane/anis
étoilé)2個
小顆檸檬的檸檬汁1/2顆
敲碎的核桃仁(cerneau de noix)
50克
櫻桃酒60毫升

美味加倍的搭配法
微溫的無糖小麥糕點(semoule)。

第1天
以冷水沖洗蜜李，用布擦乾。剖開並去核。
在大碗中混合蜜李、糖、八角茴香和檸檬汁，蓋上烤盤紙，浸漬1小時。
將上述材料倒入果醬鍋(bassine à confiture)中，煮至微滾並輕輕攪拌。
將食材倒入大碗中，蓋上烤盤紙，於陰涼處保存1個晚上。

第2天
將材料倒入果醬鍋中，煮沸並輕輕攪拌。以旺火持續煮約5至10分鐘，同時不停攪拌。
仔細撈去浮沫。
加入櫻桃酒，加以混合，然後將八角撈去。加入核桃仁，接著再煮沸1次。
將幾滴果醬滴在冷的小盤上，檢查果醬的濃稠度：果醬應略為膠化。
將果醬鍋離火，立即裝罐並加蓋。

★ 讓成品更特別的小細節
在這些燉煮的食材中加入酒精可以為八角茴香蜜李醬提味，並讓果醬更容易保存。
所使用的核桃仁必須充分乾燥；若使用的是新鮮核桃，請去除外皮，果醬會變得更加
可口。

fruits des arbres du jardin

松子亞爾薩斯新鮮與乾燥蜜李醬
CONFITURE DE QUETSCHES D'ALSACE FRAÎCHES ET SÈCHES AUX PIGNONS DE PIN

第1天
準備時間：15分鐘
蜜李乾燥時間：8小時
浸漬時間：1小時
烹煮時間：直到食材微滾
靜置時間：1個晚上

第2天
烹煮時間：5至10分鐘

220克的罐子8-9罐
用以乾燥的亞爾薩斯蜜李
(quetsches d'Alsace)600克
新鮮的亞爾薩斯蜜李(quetsches
d'Alsace)1.2公斤，淨重1公斤
結晶糖(sucre cristallisé)700克
松子(pignons de pin)50克
小顆檸檬的檸檬汁1/2顆

美味加倍的搭配法
烤過的白麵包片和濃鮮奶油(crème
épaisse)；一塊卡門貝爾(camembert)或
布里(brie)乳酪。

第1天
為將蜜李乾燥，請以冷水快速沖洗蜜李，然後擺在網架上，放入烤箱，以70℃(熱度2)烘烤共約8小時。
持續烘乾5小時後，只要按壓蜜李凸起的部分，就能為蜜李去核，然後繼續烘乾3小時。冷卻後，將蜜李切成2半。
以冷水沖洗新鮮的蜜李，然後用布擦乾。剖開並去核。
在大碗中混合新鮮蜜李、乾燥蜜李、糖和檸檬汁，蓋上烤盤紙，浸漬1小時。
將上述材料倒入果醬鍋(bassine à confiture)中，煮至微滾並輕輕攪拌。
將食材倒入大碗中，蓋上烤盤紙，於陰涼處保存1個晚上。

第2天
將材料倒入果醬鍋中，煮沸並輕輕攪拌。以旺火持續煮約5至10分鐘，同時不停攪拌。
仔細撈去浮沫，接著加入松子並再煮沸1次。
將幾滴果醬滴在冷的小盤上，檢查果醬的濃稠度：果醬應略為膠化。
將果醬鍋離火，立即裝罐並加蓋。

★ 讓成品更特別的小細節
若您無法將蜜李乾燥，請使用切成薄片的阿讓黑李乾(pruneaux d'Agen)或無花果乾(figues séchées)替代。

fruits des arbres du jardin

克羅蒂皇后李醬
CONFITURE DE REINES-CLAUDES

第1天
準備時間：15分鐘
浸漬時間：1小時
烹煮時間：直到食材微滾
靜置時間：1個晚上

第2天
烹煮時間：果醬煮沸後
再煮5至10分鐘

220克的罐子6-7罐
克羅蒂皇后李(reines-claudes)
1.2公斤，即淨重1公斤
結晶糖(sucre cristallisé)850克
小顆檸檬的檸檬汁1/2顆

美味加倍的搭配法
一如往昔地搭配曼斯特山谷的曼斯特乾
酪(munster)，當人們享用這道乳酪時，
總是佐以克羅蒂皇后李醬。

第1天
以冷水沖洗克羅蒂皇后李，用布擦乾。剖開並去核，接著將水果切成2半或4片。
在大碗中混合克羅蒂皇后李、糖和檸檬汁，蓋上烤盤紙，浸漬1小時。
將上述材料倒入果醬鍋(bassine à confiture)中，煮至微滾並輕輕攪拌。
將食材倒入大碗中，蓋上烤盤紙，於陰涼處保存1個晚上。

第2天
將材料倒入果醬鍋中，煮沸並輕輕攪拌。以旺火持續煮約5至10分鐘，同時不停攪拌。
仔細撈去浮沫。
將幾滴果醬滴在冷的小盤上，檢查果醬的濃稠度：果醬應略為膠化。
將果醬鍋離火，立即裝罐並加蓋。

★ 讓成品更特別的小細節
當克羅蒂皇后李由青轉成淡紫色並露出一點點黃色的果肉，而其他較小的則仍為綠色
時最好。當克羅蒂皇后李的果核和果肉很容易分離時，就表示成熟了。

克羅蒂皇后李與黃香李醬
CONFITURE DE REINES-CLAUDES ET MIRABELLES

第1天

準備時間：15分鐘

浸漬時間：1小時

烹煮時間：直到食材微滾

靜置時間：1個晚上

第2天

烹煮時間：果醬煮沸後

再煮5至10分鐘

220克的罐子6-7罐

黃香李(mirabelles)600克，

即淨重500克

克羅蒂皇后李(reines-claudes)

600克，即淨重500克

結晶糖(sucre cristallisé)800克

小顆檸檬的檸檬汁1/2顆

美味加倍的搭配法

塗有香草奶油的皮力歐許(brioche)：混合香草籽和軟化的奶油(beurre ramolli)，並將奶油存放在陰涼處。

第1天

以冷水沖洗克羅蒂皇后李和黃香李，用布擦乾。剖開並去核，接著將水果切成2半或4片。

在大碗中混合克羅蒂皇后李、黃香李、糖和檸檬汁，蓋上烤盤紙，浸漬1小時。

將上述材料倒入果醬鍋(bassine à confiture)中，煮至微滾並輕輕攪拌。

將食材倒入大碗中，蓋上烤盤紙，於陰涼處保存1個晚上。

第2天

將材料倒入果醬鍋中，煮沸並輕輕攪拌。以旺火持續煮約5至10分鐘，同時不停攪拌。仔細撈去浮沫。

將幾滴果醬滴在冷的小盤上，檢查果醬的濃稠度：果醬應略為膠化。

將果醬鍋離火，立即裝罐並加蓋

★ 讓成品更特別的小細節

為了完成漂亮的果醬，請選擇成熟度相當的克羅蒂皇后李和黃香李。在黃色水果的果醬中加入白桃、黃桃或杏桃，其酸度可為李子提味。

檸檬乾克羅蒂皇后李醬
CONFITURE DE REINES-CLAUDES ET CITRONS SÉCHÉS

第1天

準備時間：15分鐘

檸檬乾燥時間：8小時

浸漬時間：1小時

烹煮時間：直到食材微滾

靜置時間：1個晚上

第2天

烹煮時間：果醬煮沸後
再煮5至10分鐘

220克的罐子6-7罐

克羅蒂皇后李(reines-claudes)
1.2公斤，即淨重1公斤

結晶糖(sucre cristallisé)850克

未經加工處理的檸檬2顆

小顆檸檬的檸檬汁2顆

美味加倍的搭配法

杏仁蛋糕(gâteaux aux amandes)、微甜的白乳酪奶油布蕾(crème brûlée au fromage blanc)。

第1天

為了將檸檬片乾燥，請用冷水沖洗並刷洗未經加工處理的檸檬，並切成圓形薄片。將這些檸檬片擺在網架或鋪有烤盤紙的烤盤上，放入烤箱，以50-60°C (熱度2)烘烤約8小時。

以冷水沖洗克羅蒂皇后李，用布擦乾。剖開並去核，接著將水果切成2半或4片。

在大碗中混合克羅蒂皇后李、糖和檸檬汁，蓋上烤盤紙，浸漬1小時。

將上述材料倒入果醬鍋(bassine à confiture)中，煮至微滾並輕輕攪拌。

將食材倒入大碗中，蓋上烤盤紙，於陰涼處保存1個晚上。

第2天

將材料倒入果醬鍋中，加入每片切成4份的乾燥檸檬片，煮沸並輕輕攪拌。以旺火持續煮約5至10分鐘，同時不停攪拌。仔細撈去浮沫。

將幾滴果醬滴在冷的小盤上，檢查果醬的濃稠度：果醬應略為膠化。

將果醬鍋離火，立即裝罐並加蓋。

★ 讓成品更特別的小細節

在這份食譜中加入1克的小荳蔻粉(cardamome moulue)，或以柳橙取代檸檬，這時請加入1克的肉桂粉(cannelle moulue)。

準備用來乾燥的檸檬或柳橙薄片的厚度約為1至2公釐。

FRUITS DES BOIS ET DES BOSQUETS

樹林和樹叢水果

fruits des bois et des bosquets

第1天
準備時間：5分鐘
烹煮時間：直到食材微滾
靜置時間：1個晚上

第2天
烹煮時間：果醬煮沸後
再煮5至10分鐘

220克的罐子6-7罐
野生越橘(airelles des bois)1公斤
結晶糖(sucre cristallisé)800克
小顆檸檬的檸檬汁1/2顆

美味加倍的搭配法
烤蘋果和烤洋梨：將水果切成2半，挖去果核，然後擺在焗烤盤(plat à gratin)上。為水果塗上些許的融化奶油，以烤箱進行烘烤。在烤至3/4時，在水果的中心填入一些越橘果醬。請搭配一塊野味(gibier)來享用。

越橘果醬
CONFITURE D'AIRELLES DES BOIS

第1天
以冷水沖洗越橘，瀝乾。
將越橘、糖和檸檬汁倒入果醬鍋(bassine à confiture)中。
煮至微滾並輕輕攪拌，接著將食材倒入大碗中，蓋上烤盤紙，於陰涼處保存1個晚上。

第2天
將材料倒入果醬鍋中。
煮沸並輕輕攪拌。以旺火持續煮約5至10分鐘，同時不停攪拌。仔細撈去浮沫。
將幾滴果醬滴在冷的小盤上，檢查果醬的濃稠度：果醬應略為膠化。
將果醬鍋離火，立即裝罐並加蓋。

★ **讓成品更特別的小細節**
在烹煮初期加入些許迷迭香(romarin)和100毫升的黑皮諾(pinor noir)。這時可用充分熟成的曼斯特乾酪(munster)來搭配這道果醬。
若要製作越橘藍莓果醬(confiture d' airelles et myrtilles)，請將兩種水果各秤500克，處理方式同上。在樹林中或高山牧場上，越橘與藍莓的苗床混雜在一起；這些水果較小、味道較淡，顏色為紫紅色。
將水果倒在桌上，在以冷水沖洗前，請先去掉所有的葉子和小梗。

fruits des bois et des bosquets

香料麵包洋梨越橘醬
CONFITURE D'AIRELLES DES BOIS ET POIRES AUX ÉPICES À PAIN D'ÉPICE

第1天
準備時間：10分鐘
烹煮時間：直到食材微滾
靜置時間：1個晚上

第2天
烹煮時間：果醬煮沸後
再煮5至10分鐘

220克的罐子6-7罐
野生越橘（airelles des bois）500克
洋梨700克，即淨重500克
結晶糖（sucre cristallisé）800克
香料麵包用香料粉（épices à pain d'épice moulues）1克
小顆檸檬的檸檬汁1/2顆

美味加倍的搭配法
以鵝或鴨油油封（confite）製作的肉類。

編註
香料麵包的香料是指 --- 混合了丁香、肉荳蔻、肉桂、薑四種香料而成。

第1天
以冷水沖洗越橘，瀝乾。
將洋梨削皮，去梗，切成2半，挖去果核後切成厚2公釐的薄片。
將越橘、洋梨片、糖、香料麵包用香料和檸檬汁倒入果醬鍋（bassine à confiture）中。
煮至微滾並輕輕攪拌，接著將食材倒入大碗中，蓋上烤盤紙，於陰涼處保存1個晚上。

第2天
將材料倒入果醬鍋中。煮沸並輕輕攪拌。
以旺火持續煮約5至10分鐘，同時不停攪拌。仔細撈去浮沫。
將幾滴果醬滴在冷的小盤上，檢查果醬的濃稠度：果醬應略為膠化。
將果醬鍋離火，立即裝罐並加蓋。

★ 讓成品更特別的小細節
選擇白桃來取代洋梨，這道果醬也同樣美味。

百里香蘋果越橘醬
CONFITURE D'AIRELLES DES BOIS
ET POMMES AU THYM

第1天
準備時間：10分鐘
烹煮時間：直到食材微滾
靜置時間：1個晚上

第2天
烹煮時間：果醬煮沸後
再煮5至10分鐘

220克的罐子6-7罐
野生越橘(airelles des bois)500克
蘋果700克，即淨重500克
結晶糖(sucre cristallisé)800克
開花百里香(thym en fleur)2枝
小顆檸檬的檸檬汁1/2顆

美味加倍的搭配法
塞餡鴿子或鵪鶉，和秋季的蘋果及洋梨
一起燉烤。

第1天
以冷水沖洗越橘，瀝乾。
將蘋果削皮，去梗，切成2半，挖去果核後切成厚2公釐的薄片。
將越橘、蘋果片、糖、百里香花和檸檬汁倒入果醬鍋(bassine à confiture)中。煮至微滾並輕輕攪拌，接著將食材倒入大碗中，蓋上烤盤紙，於陰涼處保存1個晚上。

第2天
將材料倒入果醬鍋中。煮沸並輕輕攪拌。
以旺火持續煮約5至10分鐘，同時不停攪拌。仔細撈去浮沫。
將幾滴果醬滴在冷的小盤上，檢查果醬的濃稠度：果醬應略為膠化。
將果醬鍋離火，立即裝罐並加蓋。

★ 讓成品更特別的小細節
在這道果醬配方中僅加入300克的糖，並搭配甜味的皮力歐許(brioche)品嚐，例如蜂巢(nid d'abeille)、酥頂碎麵屑(streusel)或葡萄乾奶油麵包(cramique)。
請將這道含糖量極低的果醬冷藏保存。

fruits des bois et des bosquets

栗子醬
CONFITURE DE CHÂTAIGNES

準備時間：1小時
烹煮時間：燉煮栗子約30分鐘
果醬煮沸後再煮10分鐘

220克的罐子6-7罐
栗子(châtaignes)2公斤，即淨重
1公斤
水1.5公升＋200毫升
結晶糖(sucre cristallisé)1公斤

用剪刀尖將栗子深深剪開，以便剪開2層皮。將栗子泡在裝有沸水的平底深鍋約3分鐘，接著去除外殼和第二層皮。為了能輕易剝皮，重點是不能等栗子冷卻。
在不鏽鋼平底鍋中將1.5公升的水煮沸。倒入剝皮的栗子，以文火持續煮沸，直到栗子變軟。用漏勺將栗子撈出，接著將栗子放入果菜磨泥機中(細網目)磨泥。
將栗子泥(1公斤)、200毫升的水和糖倒入果醬鍋(bassine à confiture)中。
煮沸並輕輕攪拌。
以旺火持續煮約10分鐘，同時不停攪拌。
檢查果醬的濃稠度：應呈現栗子糊的外觀。
將果醬鍋離火，立即裝罐並加蓋。

美味加倍的搭配法
為了聖誕節享用，我的祖母會以蘭姆酒將糖漿調味，再用被這糖漿約略浸透的海綿蛋糕來製作聖誕木柴蛋糕，搭配上這道混入些許打發鮮奶油的栗子醬，味道非常可口。

★ 讓成品更特別的小細節
在烹煮的最後加入50毫升的蘭姆酒。蘭姆酒可為栗子提味，並讓這道栗子醬更能長久保存。

香草栗子醬
CONFITURE DE CHÂTAIGNES À LA VANILLE

準備和烹煮時間：同上

220克的罐子6-7罐
栗子(châtaignes)2公斤，即淨重
1公斤
水1.5公升＋200毫升
結晶糖(sucre cristallisé)1公斤
香草莢2根

這道香草栗子醬由栗子醬變化而來。只須在果醬鍋(bassine à confiture)中加入從長邊剖開的香草莢，並在裝罐之前移除即可。

★ 讓成品更特別的小細節
為了不讓栗子太快冷卻，請將栗子浸泡在熱水中，然後以漏勺一一撈出剝皮。

美味加倍的搭配法
略帶焦糖的蛋白霜貝殼(coquille de meringue)，些許的打發鮮奶油和香草栗子醬：就是一道被稱為蒙布朗(Mont-Blanc)的美味甜點。

新鮮核桃栗子醬
CONFITURE DE CHÂTAIGNES ET NOIX FRAÎCHES

準備時間：1小時
烹煮時間：燉煮栗子約30分鐘
果醬煮沸後再煮10分鐘

220克的罐子6-7罐
栗子(châtaignes)2公斤，即淨重
1公斤
水1.5公升＋200毫升
香草莢1根
結晶糖(sucre cristallisé)1公斤
新鮮核桃100克

用剪刀尖將栗子深深剪開，以便剪開2層皮。將栗子泡在裝有沸水的平底深鍋約3分鐘，接著去除外殼和第二層皮。為了能輕易剝皮，重點是不能等栗子冷卻。在不鏽鋼平底鍋中將1.5公升的水煮沸。倒入剝皮的栗子，以文火持續煮沸，直到栗子變軟。用漏勺將栗子撈出，接著將栗子放入果菜磨泥機中(細網目)磨泥。

去除新鮮核桃仁的外皮並將核桃仁敲成小塊。

將栗子泥(1公斤)、香草莢、200毫升的水和糖倒入果醬鍋(bassine à confiture)中。煮沸並輕輕攪拌。加入核桃仁。

以旺火持續煮約10分鐘，同時不停攪拌。

檢查栗子醬的濃稠度：應呈現出栗子糊(pâte de châtaigne)的外觀。將香草莢撈出，切段，然後放入罐子內部作為裝飾。

將果醬鍋離火，立即裝罐並加蓋。

美味加倍的搭配法

在法式塔皮底部填入些許瑪斯卡邦乳酪奶油醬(crème mascarpone)和這道新鮮核桃栗子醬...以新鮮核桃仁進行裝飾。

★ 讓成品更特別的小細節

您可在前一天製作栗子泥，然後在隔天完成栗子醬的烹煮。為了烹煮這道栗子醬，請不停攪拌，否則平底鍋底部會形成焦糖。

fruits des bois et des bosquets

洋梨栗子醬
CONFITURE DE CHÂTAIGNES ET POIRES

準備時間：1小時
烹煮時間：燉煮栗子約30分鐘
果醬煮沸後再煮10分鐘

220克的罐子6-7罐
栗子(châtaignes)1公斤，即淨重
500克
威廉洋梨(poires Williams)
700克，即淨重500克
水1公升
結晶糖(sucre cristallisé)800克

美味加倍的搭配法
鬆餅(gaufres)或可麗餅(crêpes)、巧克
力風凍(fondant au chocolat)和打發鮮
奶油。

用剪刀尖將栗子深深剪開，以便剪開2層皮。將栗子泡在裝有沸水的平底深鍋約3分鐘，接著去除外殼和第二層皮。為了能輕易剝皮，重點是不能等栗子冷卻。在不鏽鋼平底鍋中將1.5公升的水煮沸。倒入剝皮的栗子，以文火持續煮沸，直到栗子變軟。用漏勺將栗子撈出，接著將栗子放入果菜磨泥機中(細網目)磨泥。

將洋梨削皮、去梗，切成2半，挖去果核後切成厚2公釐的薄片。

將栗子泥(500克)、洋梨薄片、水和糖倒入果醬鍋(bassine à confiture)中。

煮沸並輕輕攪拌。

以旺火持續煮約10分鐘，同時不停攪拌。

檢查栗子醬的濃稠度：果醬應呈現栗子糊的外觀。

將果醬鍋離火，立即裝罐並加蓋。

★ **讓成品更特別的小細節**
請選擇威廉洋梨(poires Williams)或帕斯卡桑梨(passe-crassane)。在最後一次燉煮前將這道栗子醬以電動攪拌器攪碎，接著加入烘烤並切碎的榛果。若您想搭配一塊油煎野禽肉(gibier poêlée)來品嚐這道果醬，請用500克的糖來煮這道栗子醬即可，並以冷藏保存。

野生黑莓果醬
CONFITURE DE MÛRES SAUVAGES

第1天
準備時間：5分鐘
烹煮時間：直到食材微滾
靜置時間：1個晚上

第2天
烹煮時間：果醬煮沸後
再煮5至10分鐘

220克的罐子6-7罐
野生黑莓(mûres sauvages)1公斤
結晶糖(sucre cristallisé)800克
小顆檸檬的檸檬汁1/2顆

美味加倍的搭配法
嘉年華會的多拿滋(beignets)或貓耳朵
(bugnes)；或檸檬熱內亞蛋糕(pain de
Gênes au citron)。

第1天
揀選黑莓。以冷水快速沖洗而不要浸泡。
將黑莓、糖和檸檬汁倒入果醬鍋(bassine à confiture)中。
煮至微滾並輕輕攪拌，接著將食材倒入大碗中，蓋上烤盤紙，於陰涼處保存1個晚上。

第2天
將材料倒入果醬鍋中，煮沸並輕輕攪拌。
以旺火持續煮約5至10分鐘，同時不停攪拌。仔細撈去浮沫。
將幾滴果醬滴在冷的小盤上，檢查果醬的濃稠度：果醬應略為膠化。
將果醬鍋離火，立即裝罐並加蓋。

★ **讓成品更特別的小細節**
野生黑莓散發出一種誘人的香氣。請在雨天過後的晴天採收，這時的黑莓充滿了水分。別忘了撿拾一些略帶紅色的黑莓，在烹煮時，這些黑莓可提供酸度，有利於果醬的凝結。在第二天將果醬放入果菜磨泥機中去籽，這道果醬的口感將變得極細緻。過小且乾的黑莓無法提供果汁，其果醬會含有特別多的籽。

野生黑莓果凝
GELÉE DE MÛRE SAUVAGE

準備時間：5分鐘
烹煮時間：煮沸後再煮10分鐘，
讓水果裂開
果凝煮沸後再煮10分鐘

220克的罐子6-7罐
野生黑莓(mûres sauvages)
1.8公斤
結晶糖(sucre cristallisé)1公斤
水150毫升
小顆檸檬的檸檬汁1/2顆

美味加倍的搭配法
一塊布亞沙瓦杭(brillat-savarin)乳酪，
一塊極新鮮的山羊乳酪，以及烤過的皮
力歐許(brioche)。

揀選黑莓。以冷水快速沖洗而不要浸泡。

將150毫升的水和黑莓倒入果醬鍋(bassine à confiture)中煮沸。將鍋子加蓋，以文火煮10分鐘，讓水果裂開。

將上述材料倒入極細的漏斗型網篩中，並用漏勺輕輕擠壓水果以收集汁液。

將黑莓汁(約1公升)、糖和檸檬汁倒入果醬鍋中，煮沸並輕輕攪拌。以旺火持續煮約10分鐘，不時攪拌。仔細地撈去浮沫。

將幾滴果凝滴在冷的小盤上，檢查果凝的濃稠度：果凝應略為膠化。

將果醬鍋離火，立即裝罐並加蓋。

★ 讓成品更特別的小細節
採下正好成熟、充滿水分的水果，而且別忘了加入一些略帶紅色，可提供酸度的漿果。
若要製作黑莓與野生覆盆子果凝，請取850克的黑莓和850克的野生覆盆子。若您的果凝煮得過久，將略帶焦糖味。

野生覆盆子黑莓果醬
CONFITURE DE MÛRES ET FRAMBOISES SAUVAGES

第1天
準備時間：10分鐘
烹煮時間：直到食材微滾
靜置時間：1個晚上

第2天
烹煮時間：果醬煮沸後
再煮5至10分鐘

220克的罐子6-7罐
野生黑莓(mûres sauvages)500克
野生覆盆子(framboises
sauvages)500克
結晶糖(sucre cristallisé)800克
小顆檸檬的檸檬汁1/2顆

美味加倍的搭配法
一片烤過的皮力歐許(brioche)與白乳酪
(fromage blanc)，或僅搭配烤過並塗上
奶油的皮力歐許。

第1天
有必要的話請揀選覆盆子，為保存其香味請避免沖洗。
揀選黑莓。以冷水快速沖洗而不要浸泡。
將黑莓、覆盆子、糖和檸檬汁倒入果醬鍋(bassine à confiture)中。
煮至微滾並輕輕攪拌，接著將食材倒入大碗中，蓋上烤盤紙，於陰涼處保存1個晚上。

第2天
將材料倒入果醬鍋中，煮沸並輕輕攪拌。
以旺火持續煮約5至10分鐘，同時不停攪拌。仔細撈去浮沫。
將幾滴果醬滴在冷的小盤上，檢查果醬的濃稠度：果醬應略為膠化。
將果醬鍋離火，立即裝罐並加蓋。

★ 讓成品更特別的小細節
第2天，將果醬放入果菜磨泥機中(細網目)去籽，果醬會變得更加細緻。若要製作
野生三紅果醬，請秤300克的黑莓、300克的覆盆子和400克的藍莓。

蜜桃黑莓果醬
CONFITURE DE MÛRES ET PÊCHES DE VIGNE

第1天

準備時間：25分鐘

烹煮時間：直到食材微滾

靜置時間：1個晚上

第2天

烹煮時間：果醬煮沸後

再煮5至10分鐘

220克的罐子6-7罐

野生黑莓(mûres sauvages)500克

小顆紅水蜜桃(pêches de vignes)

700克，即淨重500克

結晶糖(sucre cristallisé)

400克＋400克

小顆檸檬的檸檬汁1顆

美味加倍的搭配法

一塊薩瓦蛋糕(biscuit de Savoie)，鋪上薄薄一層瑪斯卡邦乳酪(mascarpone)，接著是一層蜜桃黑莓果醬。您也能用幾滴櫻桃酒(kirsch)來為瑪斯卡邦乳酪奶油醬提味。

第1天

揀選黑莓。以冷水快速沖洗而不要浸泡。

將黑莓、400克的糖和1/2顆檸檬的檸檬汁倒入果醬鍋(bassine à confiture)中。

煮至微滾並輕輕攪拌，接著將食材倒入大碗中，蓋上烤盤紙，於陰涼處保存1個晚上。

讓紅水蜜桃在沸水中浸泡1分鐘。以冷水降溫後剝皮、去核、切半，再將每半顆桃子切成8片。

將桃子片、400克的糖和1/2顆檸檬的檸檬汁倒入果醬鍋(bassine à confiture)中。

煮至微滾並輕輕攪拌，接著將食材倒入大碗中，蓋上烤盤紙，於陰涼處保存1個晚上。

第2天

將黑莓等食材放入果菜磨泥機(moulin à légumes)中(用細網目)去籽。

將桃子片和黑莓等材料倒入果醬鍋中。

煮沸並輕輕攪拌。

以旺火持續煮約5至10分鐘，同時不停攪拌。仔細撈去浮沫。

將幾滴果醬滴在冷的小盤上，檢查果醬的濃稠度：果醬應略為膠化。

將果醬鍋離火，立即裝罐並加蓋。

★ 讓成品更特別的小細節

黑莓採收的季節同紅水蜜桃。為了其香氣和細緻的果肉，請選擇充分成熟的黑莓。

若您選擇連籽一起品嚐黑莓，請在第1天就將黑莓及紅水蜜桃一同燉煮。

fruits des bois et des bosquets

野生藍莓果醬
CONFITURE DE MYRTILLES DES BOIS

第1天
準備時間：5分鐘
烹煮時間：直到食材微滾
靜置時間：1個晚上

第2天
烹煮時間：果醬煮沸後
再煮5至10分鐘

220克的罐子6-7罐
野生藍莓(myrtilles des bois)
1公斤
結晶糖(sucre cristallisé)800克
小顆檸檬的檸檬汁1/2顆

美味加倍的搭配法
成熟的曼斯特乾酪(munster affiné)或埃普瓦斯乳酪(époisses)。

第1天
以冷水沖洗藍莓但請勿浸泡。
將藍莓、糖和檸檬汁倒入果醬鍋(bassine à confiture)中。
煮至微滾並輕輕攪拌。將煮好的食材倒入大碗中，蓋上烤盤紙，於陰涼處保存1個晚上。

第2天
將上述食材倒入果醬鍋中，煮沸並輕輕攪拌。
以旺火持續煮約5至10分鐘，同時不停攪拌。仔細撈去浮沫。
將幾滴果醬滴在冷的小盤上，檢查果醬的濃稠度：果醬應略為膠化。
將果醬鍋離火，立即裝罐並加蓋。

★ 讓成品更特別的小細節
在法國的孚日山脈(massifs vosgiens)，藍莓的採收始於6月海拔800公尺處，並於9月初左右，在海拔1300公尺以上的山脊結束。採收過後，將莓果的葉子和小梗去掉。
個人偏好讓這道果醬含有完整的果粒：也就是藍莓存於厚皮和果肉間的好滋味。

黑皮諾野生藍莓果醬
CONFITURE DE MYRTILLES DES BOIS
AU PINOT NOIR

第1天和第2天：同上

220克的罐子6-7罐
食材同上
黑皮諾(pinot noir)250毫升

美味加倍的搭配法
舒芙蕾或巧克力軟心蛋糕(moelleux au chocolat)，搭配苦甜巧克力甘那許(ganache au chocolat amer)。

這道食譜由上述的野生藍莓果醬變化而來。在將果醬煮沸5至10分鐘後，加入黑皮諾酒，再度煮沸5分鐘，同時不停攪拌。
仔細撈去浮沫，接著的裝罐步驟同上。

★ 讓成品更特別的小細節
您可用隆河谷(côtes-du-rhône)所產的酒來取代黑皮諾酒。請選擇高品質的葡萄酒，並加入1克的八角茴香粉和磨碎的黑胡椒，以製作較具辛香味的果醬。

fruits des bois et des bosquets

櫻桃酒覆盆子藍莓果醬
CONFITURE DE MYRTILLES DES BOIS ET FRAMBOISES AU KIRSCH

第1天

準備時間：5分鐘

烹煮時間：直到食材微滾

靜置時間：1個晚上

第2天

烹煮時間：果醬煮沸後

再煮5至10分鐘

220克的罐子6-7罐

野生藍莓(myrtilles des bois)
500克

種植覆盆子(framboises des jardins)500克

結晶糖(sucre cristallisé)800克

櫻桃酒(kirsch)60毫升

小顆檸檬的檸檬汁1/2顆

美味加倍的搭配法

一塊檸檬蛋糕(cake au citron)和一份用這道果醬提味的紅果沙拉(salade de fruits rouges)；或是一塊微甜(peu sucré)的巧克力或榛果蛋糕。

第1天

以冷水沖洗藍莓但請勿浸泡。

有必要的話請揀選覆盆子，為保存其香味請避免沖洗。

將藍莓、覆盆子、糖和檸檬汁倒入果醬鍋(bassine à confiture)中。

煮至微滾並輕輕攪拌，接著將煮好的食材倒入大碗中，蓋上烤盤紙，於陰涼處保存1個晚上。

第2天

將上述食材倒入果醬鍋中。煮沸並輕輕攪拌。

以旺火持續煮約5至10分鐘，同時不停攪拌。仔細撈去浮沫。

將幾滴果醬滴在冷的小盤上，檢查果醬的濃稠度：果醬應略為膠化。

將果醬鍋離火，立即裝罐並加蓋。

★ 讓成品更特別的小細節

您可用覆盆子酒(alcool de framboise)來取代櫻桃酒，以野生覆盆子取代人工種植覆盆子，或是在烹煮的最後加入幾片新鮮薄荷葉。

製作檸檬皮野生藍莓果醬(confiture de myrtilles des bois aux zestes de citron)：用削皮刀(couteau économe)取下1顆檸檬的皮，小心地去除果皮的白色部分。將檸檬皮放入沸水中燙煮，接著以冷水沖洗，切成薄片，在第1天時加入果醬中。

野生藍莓果凝
GELÉE DE MYRTILLES DES BOIS

準備時間：5分鐘
烹煮時間：煮沸後再煮10分鐘，
讓水果裂開
果凝煮沸後再煮10分鐘

220克的罐子6-7罐
藍莓1.8公斤
結晶糖(sucre cristallisé)1公斤
水250毫升
小顆檸檬的檸檬汁1/2顆

美味加倍的搭配法
指形蛋糕(biscuits à la cuillère)和含糖量
極低的香草布丁塔(flan à la vanille)。

以冷水沖洗藍莓但請勿浸泡。
將藍莓和250毫升的水倒入果醬鍋(bassine à confiture)中煮沸。
將鍋子加蓋，以文火煮10分鐘，讓水果裂開。
將上述材料倒入極細的漏斗型網篩中，並用漏勺輕輕擠壓水果以收集汁液。
將藍莓汁(約1公升)、糖和檸檬汁倒入果醬鍋中。
煮沸並輕輕攪拌。
以旺火持續煮10分鐘，不時攪拌。仔細地撈去浮沫。
將幾滴果凝滴在冷的小盤上，檢查果凝的濃稠度：果凝應略為膠化。
將果醬鍋離火，立即裝罐並加蓋。

★ **讓成品更特別的小細節**
請採下充分成熟的深色藍莓，因其果皮最為細緻，且果肉含有較多水分。為了讓這道果凝更能充分凝結，請在烹煮的最後加入30毫升的櫻桃酒(kirsch)。

甘草野生藍莓果醬
CONFITURE DE MYRTILLES DES BOIS
À LA RÉGLISSE

第1天和第2天：同前一頁

220克的罐子6-7罐
野生藍莓(myrtilles des bois)
1公斤
結晶糖(sucre cristallisé)800克
小顆檸檬的檸檬汁1/2顆
切開的甘草(réglisse)2根
或甘草粉(réglisse moulue)1克

美味加倍的搭配法
新鮮乳酪，如夏烏斯(chaource)、布
亞沙瓦杭；山羊乳酪或飛司勒白乳酪
(faisselle de fromage blanc)。

第1天
以冷水沖洗藍莓但請勿浸泡。
將藍莓、糖、甘草根和檸檬汁倒入果醬鍋(bassine à confiture)中。
煮至微滾並輕輕攪拌。將煮好的食材倒入大碗中，蓋上烤盤紙，於陰涼處保存1個晚上。

第2天
步驟同野生藍莓果醬食譜(102頁)。
在將果醬裝罐前將甘草根取出。

★ **讓成品更特別的小細節**
可用八角茴香或肉桂、百里香或迷迭香來取代甘草根。
加入香料的藍莓果醬可用來搭配一塊佐以烤蘋果和洋梨的野味。

fruits des bois et des bosquets

草莓與野莓果醬
CONFITURE DE FRAISES ET FRAISES DES BOIS

第1天
準備時間：10分鐘
浸漬時間：1個晚上

第2天
烹煮時間：直到食材微滾
靜置時間：1個晚上

第3天
果醬煮沸後再煮5分鐘

220克的罐子6-7罐
草莓825克，即淨重750克
野生草莓(fraises des bois)250克
結晶糖(sucre cristallisé)800克
小顆檸檬的檸檬汁1/2顆

美味加倍的搭配法
在迷你法式塔皮的塔底填入1大匙以檸檬
汁和些許檸檬皮調味的打發鮮奶油，再
鋪上草莓與野莓果醬。

第1天
以冷水快速沖洗草莓。用布擦乾，去梗，並切成2半。在大碗中混合草莓、糖和檸檬汁，
蓋上烤盤紙，於陰涼處浸漬1個晚上。

第2天
將上述材料倒入果醬鍋(bassine à confiture)中。加入野莓，煮至微滾並輕輕攪拌。
將煮好的食材倒入大碗中，蓋上烤盤紙，於陰涼處保存1個晚上。

第3天
將上述食材倒入濾器中。保留草莓及野莓，收集糖漿並倒入果醬鍋中。煮沸。
仔細撈去浮沫。將糖漿濃縮，並煮至煮糖溫度計顯示達105℃。
這時加入草莓、野莓，再度煮沸。
撈去浮沫，再沸騰約5分鐘，一邊輕輕攪拌。草莓、野莓這時會呈現如同糖漬般的
半透明狀。
將幾滴果醬滴在冷的小盤上，檢查果醬的濃稠度：果醬應略為膠化。
將果醬鍋離火，立即裝罐並加蓋。

★ 讓成品更特別的小細節
野生草莓的表面充滿了小籽。僅用野生草莓製作的果醬會因這大量的籽而帶有苦澀味。

野生蘋果凝
GELÉE DE POMME SAUVAGE

第1天
準備時間：20分鐘
烹煮時間：蘋果煮沸後再煮1小時
靜置時間：1個晚上

第2天
烹煮時間：果凝煮沸後再煮10分鐘

220克的罐子6-7罐
野生蘋果(pommes sauvages)
1.5公斤
水2公升
結晶糖(sucre cristallisé)1公斤
小顆檸檬的檸檬汁1/2顆

美味加倍的搭配法
我將這道果凝抹在黃色水果塔、煮過或新鮮的水果塔上，水果因而保留其鮮度和漂亮的顏色。您也能用柳橙汁或百香果汁來為這道果凝增添芳香。

第1天
以冷水沖洗蘋果。去梗後將水果切成4片，但不要削皮。將蘋果和水(2公升)倒入不鏽鋼平底深鍋中。
煮沸。以文火持續煮1小時，同時用木杓不停攪拌。
將上述材料倒入極細的漏斗型網篩中，並用漏勺輕輕擠壓水果以收集汁液。
讓這果汁於陰涼處靜置1個晚上。為了獲得清澈的果凝，務必不要使用沉澱在容器底部的蘋果果肉。

第2天
將蘋果汁(約1公升)、糖和檸檬汁倒入果醬鍋中。
煮沸並輕輕攪拌。
以旺火持續煮約10分鐘，不時攪拌。仔細撈去浮沫。
將幾滴果凝滴在冷的小盤上，檢查果凝的濃稠度：果凝應略為膠化。
將果醬鍋離火，立即裝罐並加蓋。

★ 讓成品更特別的小細節
您可在樹林邊找到野生蘋果。野生蘋果富含果膠，可做出細緻芳香的果凝。可在缺乏果膠的果醬中加入這道果凝200克，例如甜瓜果醬(confiture de melon)、南瓜果醬(confiture de potimarron)、油桃果醬(confiture de brugnons)。請在7月快結束時採收野生蘋果，這時的蘋果還很酸，可讓果凝更充分凝結。
請用瀝乾的蘋果果肉製作蘋果果漬／糖煮水果(compote de pommes)。
用肉桂、八角茴香或香料麵包的香料來調味，讓蘋果果漬／糖煮水果同樣美味。

若您擔心果凝無法凝固：
可用濕潤的玻璃紙來取代螺旋式密封蓋，並用橡皮圈栓緊。將罐子擺在乾燥且無光照處。經過幾天後，果凝中含有的水分會蒸散，果凝將會凝固。
其他方法：將罐子填滿，不蓋上蓋子，讓果凝冷卻。
隔天檢查果凝的凝固情形，在每個罐子內加入5滴預先加熱的酒精，點燃酒精，立刻將罐子封好。熱度會使蓋子的密封墊膨脹，並打造出真空狀態。

fruits des bois et des bosquets

伯爵茶野生蘋果果凝
GELÉE DE POMME SAUVAGE AU THÉ EARL GREY

第1天
準備時間：20分鐘
烹煮時間：蘋果煮沸後再煮1小時
靜置時間：1個晚上

第2天
烹煮時間：果凝煮沸後再煮15分鐘

220克的罐子6-7罐
野生蘋果（pommes sauvages）
1.5公斤
水2公升＋200毫升
結晶糖（sucre cristallisé）1公斤
伯爵茶（thé Earl Grey）15克
小顆檸檬的檸檬汁1/2顆

美味加倍的搭配法
如海蓮娜•達荷絲（Hélène Darroze）的品
嚐方式，抹上濃鮮奶油（crème épaisse）
的司康（scone）；小多拿滋、貓耳朵
（bugnes）或是榛果帕林內小酥餅（petits
sablés aux noisettes et au pralin）。

編註
海蓮娜・達荷絲 Hélène Darroze 英國籍
米其林星級女主廚。

第1天
以冷水沖洗蘋果。去梗後將水果切成4片，但不要削皮。將蘋果和水（2公升）倒入
不鏽鋼平底深鍋中。
煮沸。以文火持續煮1小時，同時用木杓不停攪拌。
將上述材料倒入極細的漏斗型網篩中，並用漏勺輕輕擠壓水果以收集汁液。
讓這果汁於陰涼處靜置1個晚上。為了獲得清澈的果汁，務必不要使用沉澱在容器
底部的蘋果果肉。

第2天
將蘋果汁（約1公升）、糖和檸檬汁倒入果醬鍋中。
煮沸並輕輕攪拌。
以旺火持續煮約10分鐘。仔細撈去浮沫。
在這段時間內，用200毫升的熱水泡茶：讓茶浸泡3分鐘後過濾。
將茶液加進蘋果果凝中。
再煮沸1次，持續以旺火煮約5分鐘，不時攪拌。
將幾滴果凝滴在冷的小盤上，檢查果凝的濃稠度：果凝應略為膠化。
將果醬鍋離火，立即裝罐並加蓋。

★ **讓成品更特別的小細節**
這道果凝若以茉莉花茶或玫瑰花茶來調味亦同樣美味。若要製作柑橘皮蘋果果凝，請
加入未經加工處理、切成細碎的半顆檸檬和1/4顆柳橙的皮。若想讓果凝具有聖誕節風
味，可加入1刀尖的肉桂、小荳蔻、丁香（clou de girofle）、胡椒和八角茴香 ... 等香料
調味。

肉桂野生蘋果果凝
GELÉE DE POMME SAUVAGE À LA CANNELLE

第1天
準備時間：20分鐘
烹煮時間：蘋果煮沸後再煮1小時
靜置時間：1個晚上

第2天
烹煮時間：果凝煮沸後再煮10分鐘

220克的罐子6-7罐
野生蘋果（pommes sauvages）
1.5公斤
水2公升
結晶糖（sucre cristallisé）1公斤
肉桂棒2根
小顆檸檬的檸檬汁1/2顆

美味加倍的搭配法
塗在抹有含鹽奶油的烤麵包片上，並搭配一杯伯爵茶。

第1天
步驟同前述的伯爵茶野生蘋果果凝食譜。

第2天
將蘋果汁（約1公升）、糖、肉桂棒和檸檬汁倒入果醬鍋中。煮沸並輕輕攪拌。
以旺火持續煮約10分鐘，不時攪拌。仔細撈去浮沫。
將幾滴果凝滴在冷的小盤上，檢查果凝的濃稠度：果凝應略為膠化。
將肉桂棒取出。切成2段後放入罐中作為裝飾。
將果醬鍋離火，立即裝罐並加蓋。

★ 讓成品更特別的小細節
第2天，秤600毫升的蘋果汁、400克切成厚2公釐薄片的威廉洋梨（poires Williams），並加入1克的小荳蔻粉，以煮果醬的方式燉煮這些食材。亦可用2根香草莢來取代肉桂棒，如此製成的果凝也會同樣美味。

FRUITS ET LÉGUMES DU POTAGER

菜園蔬果

胡椒甜菜柳橙果醬
CONFITURE DE BETTERAVES ET ORANGES AU POIVRE

第1天
準備時間：20分鐘
烹煮時間：直到食材微滾
靜置時間：1個晚上

第2天
烹煮時間：果醬煮沸後再煮10分鐘

220克的罐子6-7罐
煮熟並削皮的甜菜（betteraves cuites et épluchées）500克
柳橙1.2公斤，即淨重500克的去皮果瓣
結晶糖（sucre cristallisé）900克
小顆檸檬的檸檬汁1/2顆
新鮮現磨的黑胡椒（poivre noir）8粒

美味加倍的搭配法
胡蘿蔔或番茄酸甜沙拉（salade de carottes ou de tomates aigres-douces），搭配烤過並塗上蒜味鹹奶油的鄉村麵包（pain de campagne）。

第1天
將柳橙的果皮切下，務必去除外皮和白色的中果皮，接著用小刀將水果的內膜切開，以取出果瓣。為了收集所有的果汁，務必要仔細按壓內膜。
將甜菜切成厚2公釐的薄片。
將甜菜薄片、柳橙果瓣、糖、胡椒和檸檬汁倒入果醬鍋（bassine à confiture）中。
煮至微滾並輕輕攪拌，接著將煮好的食材倒入大碗中，蓋上烤盤紙，於陰涼處保存1個晚上。

第2天
將上述食材倒入果醬鍋中。煮沸並輕輕攪拌。
以旺火持續煮約10分鐘，同時不停攪拌。仔細撈去浮沫。
將幾滴果醬滴在冷的小盤上，檢查果醬的濃稠度：果醬應略為膠化。
將果醬鍋離火，立即裝罐並加蓋。

★ 讓成品更特別的小細節
若要製作較不甜的果醬，請用冷水沖洗並刷洗2顆柳橙，切成厚2公釐的薄片，然後和300毫升的水和200克的糖，一起放入果醬鍋中燉煮。當柳橙片變為半透明時，加入第1天烹煮的食材中。亦能用粉紅葡萄柚（pamplemousse rose）來取代柳橙，同樣可製成出色的果醬。
另一種用來搭配烤紅肉的果醬：250克煮熟並切碎的胡蘿蔔、250克煮熟並切碎的甜菜和500克的草莓或覆盆子、胡椒和新鮮薄荷。
最好購買煮熟的甜菜，去不去皮皆可，全年皆可在市面上找到。甜菜通常在5月至10月時採收。若您選擇新鮮的甜菜，請連皮用鹽水燉煮，煮至甜菜心變軟。

胡蘿蔔果醬
CONFITURE DE CAROTTES

準備時間：15分鐘

烹煮時間：燉煮胡蘿蔔約20分鐘

果醬煮沸後再煮15分鐘

220克的罐子6-7罐

帶莖葉的胡蘿蔔1.4公斤，即淨重
1公斤

水2公升和鹽1撮

結晶糖(sucre cristallisé)800克

小顆檸檬的檸檬汁1/2顆

蘋果或榲桲(coing)果凝200克

美味加倍的搭配法

芒果和百香果沙拉(salade de mangues
et fruits de la passion)，搭配鬆脆的瓦
片餅(tuiles)。

以冷水沖洗胡蘿蔔，將胡蘿蔔削皮，去掉與莖葉相連的綠色堅硬部分。

用細網目將胡蘿蔔刨成碎末。

在不鏽鋼平底深鍋中將2公升的水和1撮的鹽煮沸。

倒入胡蘿蔔碎末，以文火持續煮約20分鐘，直到胡蘿蔔變軟。瀝乾。

將煮熟的胡蘿蔔、糖和檸檬汁倒入果醬鍋(bassine à confiture)中。

煮沸並輕輕攪拌。

以旺火持續煮約10分鐘，同時不停攪拌。

加入蘋果或榲桲果凝。再煮沸5分鐘。

將幾滴果醬滴在冷的小盤上，檢查果醬的濃稠度：果醬應略為膠化。

將果醬鍋離火，立即裝罐並加蓋。

★ **讓成品更特別的小細節**

春季園中的胡蘿蔔更甜。若您在市場上購買，請選擇帶有新鮮綠葉且表皮光滑的硬胡
蘿蔔。切去莖葉，然後在胡蘿蔔的頂端稍微切出凹槽，去除綠色、堅硬且略為苦澀的
頭部。蘋果果凝可讓這道果醬更充分膠化。您亦能在烹煮結束後以電動攪拌器攪打這
道果醬，讓口感更細緻。

肉桂胡蘿蔔果醬
CONFITURE DE CAROTTES À LA CANNELLE

準備和烹煮時間：同前頁

220克的罐子6-7罐
帶莖葉的胡蘿蔔1.4公斤，即淨重
1公斤
水2公升和鹽1撮
結晶糖(sucre cristallisé)800克
肉桂棒2根
小顆檸檬的檸檬汁1/2顆

美味加倍的搭配法

一片烤過並塗上奶油的麵包片、莫城
(Meaux)或默倫(Melun)的卡門貝爾
(camembert)；或布里(brie)乳酪。

胡蘿蔔的處理方式同胡蘿蔔果醬食譜(116頁)。

在不鏽鋼平底深鍋中將2公升的水和1撮的鹽煮沸。倒入胡蘿蔔碎末和肉桂棒，
以文火持續煮約20分鐘，直到胡蘿蔔變軟。瀝乾。

將煮熟的胡蘿蔔、糖、肉桂棒和檸檬汁倒入果醬鍋(bassine à confiture)中。

煮沸並輕輕攪拌。以旺火持續煮約10分鐘，同時不停攪拌。

取出肉桂棒。以電動攪拌器攪打果醬。再煮沸5分鐘。

將幾滴果醬滴在冷的小盤上，檢查果醬的濃稠度：果醬應略為膠化。

將果醬鍋離火，立即裝罐並加蓋。

★ 讓成品更特別的小細節

預留1/3的生胡蘿蔔碎末，和煮熟的胡蘿蔔碎末、糖和檸檬汁一起加入烹煮的食材中。
在烹煮結束後用電動攪拌器將果醬攪打至極細。果醬將保留我個人認為，品嚐起來
可口、且略帶口感的質地。

薑味肉桂胡蘿蔔果醬
CONFITURE DE CAROTTES À LA CANNELLE ET AU GINGEMBRE

準備和烹煮時間：同前頁

220克的罐子6-7罐
帶莖葉的胡蘿蔔1.4公斤，即淨重
1公斤
水2公升和鹽1撮
結晶糖(sucre cristallisé)800克
肉桂棒1根
小荳蔻粉(cardamome moulue)
1克
搗碎的胡椒(poivre pilés)8粒
生薑碎末(gingembre frais râpé)
3克
小顆檸檬的檸檬汁1/2顆
蘋果或榅桲(coing)果凝200克

美味加倍的搭配法

辣烤豬排(travers de porc grillés et bien
épicés)，或抹上濃鮮奶油(crème épaisse)
的胡蘿蔔蛋糕(cake aux carottes)。

胡蘿蔔的處理方式同胡蘿蔔果醬食譜(116頁)。

將煮熟的胡蘿蔔、糖、肉桂棒、小荳蔻、胡椒、薑和檸檬汁倒入果醬鍋(bassine à
confiture)中。煮沸並輕輕攪拌。以旺火持續煮約10分鐘，同時不停攪拌。

加入蘋果或榅桲果凝。再煮沸5分鐘。

取出肉桂棒。

將幾滴果醬滴在冷的小盤上，檢查果醬的濃稠度：果醬應略為膠化。

將果醬鍋離火，立即裝罐並加蓋。

★ 讓成品更特別的小細節

以冷水沖洗並刷洗1顆柳橙，切成圓形薄片，然後和胡蘿蔔同時入水中煮。

fruits et légumes du potager

花蜜蘋果芹菜果醬
CONFITURE DE CÉLERI
ET POMMES AU MIEL DE FLEURS

第1天

準備時間：20分鐘

烹煮時間：芹菜在煮沸後

再煮10分鐘

浸漬時間：1小時

烹煮時間：直到食材微滾

靜置時間：1個晚上

第2天

烹煮時間：果醬煮沸後再煮10分鐘

220克的罐子6-7罐

芹菜(céleris)500克，即淨重

250克

愛達紅蘋果(pommes idared)

1公斤，即淨重750克

水400毫升和鹽1撮

結晶糖(sucre cristallisé)750克

花蜜100克

小顆檸檬的檸檬汁1/2顆

美味加倍的搭配法

搭配聖馬塞蘭(saint-marcellin)或聖費利
西安乳酪(saint-félicien)和鄉村麵包。

第1天

以冷水沖洗芹菜。去除不要的部分後用刨絲器(râpe à légumes)刨成細絲。

在小型的不鏽鋼平底深鍋中，將400毫升的水和1撮的鹽煮沸。倒入芹菜絲，以文火
持續煮約10分鐘，直到芹菜變軟。以濾器瀝乾。

將蘋果削皮，去梗，切成2半，挖去果核後切成細條。

在大碗中混合煮熟的芹菜絲、蘋果條、糖、花蜜和檸檬汁。

蓋上烤盤紙，浸漬1小時。

將上述材料倒入果醬鍋(bassine à confiture)中，煮至微滾並輕輕攪拌。

將煮好的食材倒入大碗中，蓋上烤盤紙，於陰涼處保存1個晚上。

第2天

將上述食材倒入果醬鍋中。煮沸並輕輕攪拌。以旺火持續煮約10分鐘，同時不停攪拌。
仔細撈去浮沫。

將幾滴果醬滴在冷的小盤上，檢查果醬的濃稠度：果醬應略為膠化。

將果醬鍋離火，立即裝罐並加蓋。

★ 讓成品更特別的小細節

可用切成極薄片的茴香(fenouil)來取代芹菜，以同樣的方式烹調，並在燉煮的食材中
加入幾粒八角茴香(étoile de badiane)。

用淨重600克的鳳梨、10顆百香果的果汁和籽，以及1株迷迭香(romarin)來取代蘋果，
所製成的果醬也同樣美味。

胡椒櫛瓜洋梨果醬
CONFITURE DE COURGETTES ET POIRES AU POIVRE

第1天

準備時間：20分鐘

浸漬時間：1小時

烹煮時間：直到食材微滾

靜置時間：1個晚上

第2天

烹煮時間：果醬煮沸後再煮15分鐘

220克的罐子7-8罐

櫛瓜（courgettes）600克，即淨重
500克

威廉洋梨（poires Williams）
750克，即淨重500克

結晶糖（sucre cristallisé）800克

磨碎的黑胡椒5粒

蘋果或榅桲（coing）果凝200克

小顆檸檬的檸檬汁1/2顆

陳年葡萄酒醋（vinaigre
balsamique）100毫升

美味加倍的搭配法

搭配烤家禽、野味凍派（terrine de gibier）、
肉派（pâté）或餡餅（tourte）。

第1天

將櫛瓜削皮，切成很小的丁。將洋梨削皮，去梗，切成2半，挖去果核後切成2公釐
的薄片。

在大碗中混合櫛瓜丁、洋梨片、胡椒、糖和檸檬汁，蓋上烤盤紙，浸漬1小時。

將上述材料倒入果醬鍋（bassine à confiture）中。

煮至微滾並輕輕攪拌，接著將煮好的食材倒入大碗中，蓋上烤盤紙，於陰涼處保存
1個晚上。

第2天

將上述食材倒入果醬鍋中。

煮沸並輕輕攪拌。

以旺火持續煮約10分鐘，同時不停攪拌。

仔細撈去浮沫。

加入蘋果或榅桲果凝、陳年葡萄酒醋，再煮沸5分鐘。

將幾滴果醬滴在冷的小盤上，檢查果醬的濃稠度：果醬應略為膠化。

將果醬鍋離火，立即裝罐並加蓋。

★ 讓成品更特別的小細節

請選擇相當堅硬的小櫛瓜，可用鳳梨來取代洋梨，並加入3克的生薑碎末，以製成較
辛辣的果醬。搭配生魚來品嚐這道果醬，味道將因而更加突出。

若要製作其他果醬：可用蘋果來取代洋梨，並用3顆八角茴香來取代胡椒。在烹煮的最
後，加入100克的史密爾那（smyrne）葡萄乾和50克的松子。

甜瓜果醬
CONFITURE DE MELON

第1天
準備時間：20分鐘
浸漬時間：1個晚上

第2天
烹煮時間：果醬煮沸後再煮10分鐘

220克的罐子6-7罐
甜瓜(melon)1.8公斤，即淨重
1.250公斤
結晶糖(sucre cristallisé)
800克＋100克
小顆檸檬的檸檬汁1/2顆

美味加倍的搭配法
夾在兩片柑橘小酥餅(petits sablés aux agrumes)之間，或是搭配羊奶或牛乳製成的多姆乳酪(tomes)。以這種方式享用，請將甜瓜果醬與切碎的松子混合。

第1天
將甜瓜切成8塊，去籽。取下果肉並切成厚2公釐的薄片。
在大碗中混合甜瓜片和100克的糖，蓋上烤盤紙，於陰涼處浸漬1個晚上。

第2天
將上述食材倒入濾器中。保留糖漿，可用來製作可口的冰沙。
將甜瓜薄片、800克的糖和檸檬汁倒入果醬鍋中。
煮沸並輕輕攪拌。以旺火持續煮約10分鐘，同時不停攪拌。仔細撈去浮沫。
用電動攪拌器將果醬攪打至極細。
將幾滴果醬滴在冷的小盤上，檢查果醬的濃稠度：果醬應略為膠化。
將果醬鍋離火，立即裝罐並加蓋。

★ 讓成品更特別的小細節
聞一聞您所購買的甜瓜，請選擇香氣較濃郁的；果肉呈現明顯橙色且帶有光澤的最好。個人偏好網紋甜瓜(melon brodés)。您可在烹煮的食材中加入150克的橙皮條(aiguillettes d'écorces d'oranges)或切成小丁的糖漬檸檬(citron confite)。在這個配方下，請勿用電動攪拌器攪打果醬。您亦能製作帶皮的甜瓜果醬。請秤1公斤的甜瓜和700克的糖。將甜瓜和皮切成小丁；混合甜瓜、果皮、糖和檸檬汁；在第1天將這些食材煮至微滾，第2天也一樣。第3天持續煮沸約30分鐘，直到果醬變濃稠後便停止烹煮。如此果醬的烹煮時間較長，糖漬味很重，並略帶焦糖味。
若您希望在果醬中保留新鮮的甜瓜味，請將甜瓜果肉和50克的糖於陰涼處浸漬一整晚。隔天，將食材瀝乾，讓甜瓜和剩餘的糖及檸檬汁、1克的小荳蔻和切成細碎的檸檬皮一起燉煮。因浸漬所產生的甜瓜糖漿可加工為雪酪(sorbet)、冰沙(granité)、辛香果汁(jus de fruit épicé)或奶昔。

杏仁甜瓜果醬
CONFITURE DE MELON AUX AMANDES

第1天
準備時間：20分鐘
浸漬時間：1個晚上

第2天
烹煮時間：果醬煮沸後再煮10分鐘

220克的罐子6-7罐
甜瓜(melon)1.8公斤，即淨重
1.250公斤
結晶糖(sucre cristallisé)
800克＋100克
杏仁片(amandes effilées)100克
小顆檸檬的檸檬汁1/2顆

美味加倍的搭配法
用來填入分為二等份的義式海綿蛋糕
(génoise)中。在蛋糕體底部鋪上杏仁甜
瓜果醬。這時再抹上混有切成薄片小杏
仁蛋糕(calissons)的打發鮮奶油。蓋上
第二層蛋糕體，用香草風味的打發鮮奶
油為蛋糕進行裝飾。

第1天
將甜瓜切成8塊，去籽。取下果肉並切成厚2公釐的薄片。
在大碗中混合甜瓜片和100克的糖，蓋上烤盤紙，於陰涼處浸漬1個晚上。

第2天
將上述食材倒入濾器中。保留糖漿，可用來製作可口的冰沙。
將甜瓜薄片、800克的糖和檸檬汁倒入果醬鍋中。
煮沸並輕輕攪拌。以旺火持續煮約10分鐘，同時不停攪拌。仔細撈去浮沫。加入
杏仁片。
用電動攪拌器將果醬攪打至極細。再煮沸1次。
將幾滴果醬滴在冷的小盤上，檢查果醬的濃稠度：果醬應略為膠化。
將果醬鍋離火，立即裝罐並加蓋。

★ **讓成品更特別的小細節**
在烹煮的最後加入50毫升8年的陳年葡萄酒醋(vinaigre balsamique)。
這道果醬搭配羊奶製成的多姆乳酪(tomes)或薩賴爾(salers)乳酪將非常可口；或是填
入鋪有檸檬瑪斯卡邦乳酪奶油醬(crème de mascarpone citronnée)的小千層派中。

柑橘香草洋梨甜瓜果醬
CONFITURE DE MELON ET POIRES À LA VANILLE ET AUX ZESTES D'AGRUMES

第1天
準備時間：25分鐘
烹煮時間：直到食材微滾
浸漬時間：1個晚上

第2天
糖漿煮至105℃
果醬煮沸後再煮10分鐘

220克的罐子6-7罐
甜瓜(melon)700克，即淨重500克
洋梨700克，即淨重500克
結晶糖(sucre cristallisé)900克
未經加工處理，切成細碎的柳橙皮1/2顆和檸檬皮1/2顆
香草莢1根
小顆檸檬的檸檬汁1/2顆

美味加倍的搭配法
在一片烤至金黃色的麵包片上塗些許甜瓜果醬，再放上帶有果味的孔德乳酪(comté fruité)薄片，然後擺在網架上烘烤幾分鐘。即刻享用。

第1天
將甜瓜切成8塊，去籽。取下果肉並切成厚4公釐的薄片。
將洋梨削皮，去梗，切成2半，挖去果核後切成厚4公釐的薄片。
將甜瓜和洋梨片、糖、柳橙皮、檸檬皮、從長邊剖開的香草莢和檸檬汁倒入果醬鍋中。煮至微滾並輕輕攪拌，接著將上述食材倒入大碗中，蓋上烤盤紙，於陰涼處浸漬1個晚上。

第2天
將上述食材倒入濾器中。保留浸漬的甜瓜和洋梨片，以及香草莢。收集糖漿並倒入果醬鍋中。煮沸。
仔細撈去浮沫。將糖漿濃縮，並煮至煮糖溫度計顯示達105℃。這時加入甜瓜、洋梨片及香草莢。
再度煮沸並輕輕攪拌。
仔細撈去浮沫，並以旺火持續煮約10分鐘，輕輕攪拌。
取出香草莢並切段，放入罐中作為裝飾。
用電動攪拌器將果醬攪打至極細。
將幾滴果醬滴在冷的小盤上，檢查果醬的濃稠度：果醬應略為膠化。
將果醬鍋離火，立即裝罐並加蓋。

★ 讓成品更特別的小細節
可用愛達紅蘋果(pomme idared)、切丁的芒果或切成厚4公釐薄片的鳳梨來取代洋梨，並在烹煮的最後加入50毫升的蘭姆酒(rhum)。

波特核桃甜瓜果醬
CONFITURE DE MELON AUX NOIX ET AU PORTO

第1天

準備時間：20分鐘

浸漬時間：1個晚上

第2天

烹煮時間：果醬煮沸後再煮10分鐘

220克的罐子6-7罐

甜瓜(melon)1.8公斤，即淨重

1.250公斤

結晶糖(sucre cristallisé)

850克＋100克

切成細碎的核桃仁(cerneaux de

noix)50克

波特酒(porto)50毫升

小顆檸檬的檸檬汁1/2顆

美味加倍的搭配法

烘烤鄉村麵包的其中一面。將波特核桃
甜瓜醬塗抹在柔軟的麵包上。在碗中混
合些許的沙丁魚和布亞沙瓦杭(brillat-
savarin)乳酪或新鮮山羊乳酪。用叉子
將這混合物輕輕搗碎，然後鋪在甜瓜果
醬上。

在網架下加熱幾分鐘，然後撒上切碎的
細香蔥(ciboulette)。

第1天

將甜瓜切成8塊，去籽。取下果肉並切成厚2公釐的薄片。

在大碗中混合甜瓜片和100克的糖，蓋上烤盤紙，於陰涼處浸漬1個晚上。

第2天

將上述食材倒入濾器中。保留糖漿，可用來製作可口的冰沙。

將甜瓜薄片、800克的糖和檸檬汁倒入果醬鍋中。

煮沸並輕輕攪拌。以旺火持續煮約10分鐘，同時不停攪拌。仔細撈去浮沫。

用電動攪拌器將果醬攪打至極細。加入切成細碎的核桃仁，輕輕混合。再煮沸1次。

將幾滴果醬滴在冷的小盤上，檢查果醬的濃稠度：果醬應略為膠化。

將果醬鍋離火，立即裝罐並加蓋。

★ 讓成品更特別的小細節

將核桃仁浸泡沸水數秒以去皮，果醬會因此變得更加細緻。

浸漬甜瓜後，您將在第2天獲得甜瓜糖漿。

製作冰沙：將糖漿倒入小焗烤盤(plat à gratin)中，將盤子冷凍，接著用叉子刮下這結
凍的糖漿，以形成片狀。鋪在搗碎的新鮮覆盆子或切丁的成熟芒果上，即刻享用。

fruits et légumes du potager

格烏茲塔明那香料麵包冷杉蜜白洋蔥醬
CONFITURE D'OIGNONS BLANCS AU MIEL DE SAPIN AU GEWURZTRAMINER ET ÉPICES À PAIN D'ÉPICE

準備時間：25分鐘
烹煮時間：湯汁和洋蔥煮沸後約
20分鐘
果醬煮沸後約20分鐘

220克的罐子6-7罐
白洋蔥(oignons blancs)
1.4公斤，即淨重1公斤
格烏茲塔明那酒 (gewurztraminer)
150毫升＋150毫升
蘋果酒醋(vinaigre de cidre)
200毫升
史密爾那(Smyrne)葡萄乾100克
結晶糖(sucre cristallisé)300克
花蜜200克
研磨罐裝鹽和胡椒
香料麵包香料1克

將洋蔥剝皮並切成薄片。將洋蔥薄片、150毫升的格烏茲塔明那酒和蘋果酒醋倒入不鏽鋼平底深鍋中。
煮沸並輕輕攪拌。以文火持續烹煮並不時攪拌，直到湯汁蒸發。
加入150毫升的格烏茲塔明那酒、葡萄乾、糖、花蜜、鹽、胡椒和香料。
煮沸並以文火持續煮約20分鐘，輕輕攪拌。調整味道。
將果醬鍋離火，立即裝罐並加蓋。

★ 讓成品更特別的小細節
請選擇塞文山脈(Cévennes)的甜洋蔥(oignon doux)，加入3克的生薑，以及未經加工處理，切成細碎的柳橙皮，可做出味道更強烈的果醬。
若要製作雪莉酒醋紅洋蔥果醬(confiture d'oignons rouges au vinaigre de xérès)，請準備1.4公斤，即淨重1公斤的紅洋蔥(oignons rouges)、300毫升的黑皮諾酒、100毫升的覆盆子醋(vinaigre de framboise)、500克的結晶糖、現磨的鹽和胡椒。
您也能用150克的野生藍莓、去皮番茄或覆盆子果肉來取代黑皮諾。這道果醬將具備洋蔥和紅色水果的細緻風味。這時請搭配布里乳酪(brie)、卡門貝爾乳酪(camembert)或燉肉(viande braisée)來享用這道糖漬蔬果。

美味加倍的搭配法
填餡馬鈴薯(pommes de terre farcies)：不要削皮，水煮馬鈴薯，直到馬鈴薯變軟。瀝乾後切成2半，挖去1/3的果肉。在碗中用叉子將馬鈴薯肉壓散，加入這道洋蔥果醬、鮮奶油和帕馬森乾酪(parmesan)，輕輕撒上胡椒，然後在馬鈴薯的中心填入上述食材。烤箱預熱200℃（熱度6/7），將馬鈴薯烘烤約10分鐘，然後立即享用。烹調時間依馬鈴薯的大小而定。

編註
香料麵包的香料是指 --- 混合了丁香、肉荳蔻、肉桂、薑四種香料而成。

西瓜果醬
CONFITURE DE PASTÈQUE

第1天

準備時間：15分鐘

浸漬時間：1個晚上

第2天

烹煮時間：果醬煮沸後再煮10分鐘

220克的罐子6-7罐

西瓜(pastèque)2.5公斤，即淨重

1.250公斤

結晶糖(sucre cristallisé)

850克＋100克

小顆檸檬的檸檬汁1/2顆

美味加倍的搭配法

洋梨或蘋果多拿滋(beignets de poire ou
de pomme)，搭配混合了西瓜果醬、以
八角茴香調味的碎冰所構成的糖漿。

第1天

將西瓜切成12塊，去籽。取下果肉並切成厚2公釐的薄片。

在大碗中混合西瓜片和100克的糖，蓋上烤盤紙，於陰涼處浸漬1個晚上。

第2天

將上述食材倒入濾器中。保留糖漿，可用來製作可口的冰沙。

將浸漬過的西瓜薄片、850克的糖和檸檬汁倒入果醬鍋中。煮沸並輕輕攪拌。

以旺火持續煮約10分鐘，同時不停攪拌。仔細撈去浮沫。

將幾滴果醬滴在冷的小盤上，檢查果醬的濃稠度：果醬應略為膠化。

將果醬鍋離火，立即裝罐並加蓋。

★ **讓成品更特別的小細節**

在這道果醬中加入些許柳橙皮或檸檬皮、松子、去皮核桃或開心果，製成可用來
搭配熟成乳酪(fromage à pâte cuite)的果醬，如庇里牛斯山的奧索-伊拉蒂(ossau
iraty)、剃頭乳酪(tête de moine)或艾蒂瓦滋(étivaz)--- 一種瑞士乳酪來享用。

波特西瓜甜瓜果醬
CONFITURE DE PASTÈQUE ET MELON AU PORTO

第1天
準備時間：15分鐘
浸漬時間：1個晚上

第2天
烹煮時間：果醬煮沸後再煮10分鐘

220克的罐子6-7罐
甜瓜900克，即淨重625克
西瓜(pastèque)1公斤，即淨重
625克
結晶糖(sucre cristallisé)
850克＋100克
波特酒(porto)50毫升
小顆檸檬的檸檬汁1/2顆

美味加倍的搭配法
香草麥片粥(porridge à la vanille)或柑橘
皮舒芙蕾(soufflé aux zestes d'agrumes)。
搭配以西瓜甜瓜浸漬糖漿所製成的冰沙
享用。

第1天
將甜瓜切成8塊，去籽。取下果肉並切成厚2公釐的薄片。
西瓜也以同樣方式處理。在大碗中混合甜瓜和西瓜片，以及100克的糖，蓋上烤盤紙，
於陰涼處浸漬1個晚上。

第2天
將上述食材倒入濾器中。保留糖漿，可用來製作可口的冰沙。
將浸漬過的甜瓜和西瓜片、850克的糖和檸檬汁倒入果醬鍋中。煮沸並輕輕攪拌。
以旺火持續煮約10分鐘，同時不停攪拌。
仔細撈去浮沫。加入波特酒。
用電動攪拌器將果醬打至極細。再煮沸1次。
將幾滴果醬滴在冷的小盤上，檢查果醬的濃稠度：果醬應略為膠化。
將果醬鍋離火，立即裝罐並加蓋。

★ 讓成品更特別的小細節
作為一道果醬，覆盆子與甜瓜，或是覆盆子與西瓜的搭配都相當美味。整顆的覆盆子
提供些許的口感和良好的膠化作用，覆盆子泥和甜瓜則形成細緻且美味的果醬。在烹
煮的食材中加入2顆八角茴香，則可形成略帶辛香的風味。
若要製作其他果醬：用洋梨來取代甜瓜，在這道食譜中加入肉荳蔻(noix de muscade)、
胡椒、柳橙皮、一些生薑或糖漬薑、香草(vanille)，可製作出較具辛香味的果醬，
搭配熟成乳酪和野味凍派會相當美味。

甘薯果醬
CONFITURE DE PATATES DOUCES

準備時間：10分鐘
烹煮時間：燉煮甘薯約20分鐘
果醬煮沸後再煮10分鐘

220克的罐子6-7罐
甘薯(patates douces)1.2公斤，
即淨重1公斤
水2公升和鹽1撮
結晶糖(sucre cristallisé)800克
小顆檸檬的檸檬汁1/2顆

美味加倍的搭配法
搭配辛香烤肉(viandes grillées épicées)、
黑血腸(boudin noir)、肉乾香腸(saucisson
sec)和煙燻火腿享用。

以冷水沖洗甘薯，削皮後切成厚5公釐的圓形薄片。
在不鏽鋼平底深鍋中將2公升的水和1撮的鹽煮沸，倒入甘薯片，以文火持續煮約
20分鐘，直到甘薯變軟。
瀝乾後放入果菜磨泥機中(細網目)磨泥。
將甘薯泥、糖和檸檬汁倒入果醬鍋(bassine à confiture)中。
煮沸並輕輕攪拌。
以旺火持續煮約10分鐘，同時不停攪拌。
將幾滴果醬滴在冷的小盤上，檢查果醬的濃稠度：果醬應具備糖煮水果的濃稠度。
將果醬鍋離火，立即裝罐並加蓋。

★ **讓成品更特別的小細節**
柑橘皮、帶籽百香果汁、些許肉桂，可製成味道更突出且具辛香味的果醬。

薑味香草馬鈴薯果醬
CONFITURE DE POMMES DE TERRE À LA VANILLE ET AU GINGEMBRE

準備時間：10分鐘
烹煮時間：燉煮馬鈴薯約20分鐘
果醬煮沸後再煮10分鐘

220克的罐子6-7罐
馬鈴薯(pommes de terre)
1.2公斤，即淨重1公斤
水2公升和鹽1撮
結晶糖(sucre cristallisé)800克
香草莢1根
生薑碎末1克
小顆檸檬的檸檬汁1/2顆

美味加倍的搭配法
以可麗餅包覆的白乳酪或異國水果。

依照製作甘薯果醬的步驟，直到放入果菜磨泥機中磨成泥。
將馬鈴薯泥、糖、從長邊剖開的香草莢、生薑碎末和檸檬汁倒入果醬鍋(bassine à
confiture)中。
煮沸並輕輕攪拌。
以旺火持續煮約10分鐘，同時不停攪拌。
將幾滴果醬滴在冷的小盤上，檢查果醬的濃稠度：果醬應具備糖漬的濃稠度。
取出香草莢，切段後放入罐中作為裝飾。
將果醬鍋離火，立即裝罐並加蓋。

★ **讓成品更特別的小細節**
在燉煮馬鈴薯的同時，加入剝皮且燙過的蒜頭。請搭配嘉普隆乳酪(gaperon)、
以酸甜方式烹調的鴨肉或鴿子肉來享用這道果醬。

大黃果醬
CONFITURE DE RHUBARBE

第1天
準備時間：15分鐘
浸漬時間：1個晚上

第2天
將糖漿煮至105℃
烹煮時間：果醬煮沸後再煮10分鐘

220克的罐子6-7罐
大黃(rhubarbe)1.2公斤，即淨重
1公斤
結晶糖(sucre cristallisé)800克
小顆檸檬的檸檬汁1/2顆

美味加倍的搭配法
金合歡花(fleurs d'acacia)或接骨木花
(fleurs de sureau)口味的多拿滋或可麗
餅。也可將這道果醬鋪在塗有柳橙奶油
的金黃皮力歐許(brioche)上品嚐。

第1天
以冷水沖洗大黃，切去莖的兩端，將莖從長邊剖成2半，接著切成小丁。
在大碗中混合大黃丁、糖和檸檬汁，蓋上烤盤紙，不時攪拌，讓糖充分融解，然後於陰涼處浸漬1個晚上。

第2天
將上述食材倒入濾器中。保留大黃丁。
收集糖漿並倒入果醬鍋中。煮沸。
仔細撈去浮沫。將糖漿濃縮，並煮至煮糖溫度計顯示達105℃。
這時加入大黃丁。再次煮沸並輕輕攪拌。仔細撈去浮沫，並以旺火持續煮約10分鐘，同時輕輕攪拌。
將幾滴果醬滴在冷的小盤上，檢查果醬的濃稠度：果醬應略為膠化。
將果醬鍋離火，立即裝罐並加蓋。

★ 讓成品更特別的小細節
春天的大黃最酸，但也最多汁。我不會將大黃削皮，因為表皮的纖維讓大黃塊得以保存得更完整。大黃的顏色是種帶有珠光的玫瑰紅，並有著淡淡的綠色。有些大黃品種是綠色的，水分較少，而這些正是我個人偏好的品種。大黃可採收至9月；夏天的大黃較甜。在溫暖的氣候下，其果肉會有空洞且乾燥；在多雨而略為涼爽的氣候下，大黃仍會長出漂亮的莖。

接骨木大黃果醬
CONFITURE DE RHUBARBE AUX FLEURS DE SUREAU

第1天
準備時間：15分鐘
浸漬時間：1個晚上

第2天
將糖漿煮至105℃
烹煮時間：果醬煮沸後再煮10分鐘

220克的罐子6-7罐
大黃(rhubarbe)1.2公斤，即淨重
1公斤
結晶糖(sucre cristallisé)800克
小顆檸檬的檸檬汁1/2顆
接骨木花(fleurs de sureau)5株

美味加倍的搭配法

與搭配一小球的優格或檸檬白乳酪冰淇淋(crème glacée au yaourt ou au fromage blanc citronné)的草莓甜湯(soupe de fraises)一起享用。

第1天

以冷水沖洗大黃，切去莖的兩端，從長邊剖成2半，接著切成小丁。

在大碗中混合大黃丁、糖和檸檬汁，蓋上烤盤紙，不時攪拌，讓糖充分融解，然後於陰涼處浸漬1個晚上。

第2天

將上述食材倒入濾器中。保留大黃丁。

收集糖漿並倒入果醬鍋中。煮沸。

仔細撈去浮沫。

將糖漿濃縮，並煮至煮糖溫度計顯示達105℃。

這時加入大黃丁。再次煮沸並輕輕攪拌。仔細撈去浮沫，並以旺火持續煮約10分鐘，同時輕輕攪拌。

加入接骨木花。再煮沸1次。

將幾滴果醬滴在冷的小盤上，檢查果醬的濃稠度：果醬應略為膠化。

將果醬鍋離火，立即裝罐並加蓋。

★ 讓成品更特別的小細節

可用香料、草本植物或植物性香料，如迷迭香(romarin)、百里香、薄荷、肉桂棒2根、香草莢1根、1克的小荳蔻粉或磨碎的黑胡椒來取代接骨木花。這道果醬用來搭配昂貝爾的圓柱形乳酪(fourme d'Ambert)，或是放入用洛克福乾酪(roquefort)小丁提味的綜合生菜(mesclun)中，都相當美味。

在製作這道果醬當天採收接骨木花。

它能如您所願地為大黃果醬增添芳香，而且仍能保持潔白。

若您在前一天採下，請冷藏保存。您也能將一株株呈傘狀的花拆開，浸泡在一些加糖的檸檬汁中。如此一來，這些花就不會變黑，而且可保存其香氣。

大黃覆盆子果醬
CONFITURE DE RHUBARBE ET FRAMBOISES

第1天
準備時間：15分鐘
浸漬時間：1個晚上
烹煮時間：直到食材微滾
靜置時間：1個晚上

第2天
烹煮時間：果醬煮沸後再煮10分鐘

220克的罐子6-7罐
覆盆子500克
大黃600克，即淨重500克
結晶糖(sucre cristallisé)850克
小顆檸檬的檸檬汁1/2顆

美味加倍的搭配法

可搭配油酥餅乾(*galettes sablées*)；白乳酪舒芙蕾(*soufflé au fromage blanc*)，或鋪在檸檬白乳酪塔(*tarte au fromage blanc citronnée*)的底部享用。

第1天
以冷水沖洗大黃，將莖的兩端切去，從長邊剖成2半，接著切成小丁。
請避免沖洗覆盆子，以保存其香氣。若有必要，請加以揀選。
在大碗中混合大黃丁、覆盆子、糖和檸檬汁，蓋上烤盤紙，浸漬1小時。
將上述材料倒入果醬鍋中，煮至微滾並輕輕攪拌。將食材倒入大碗中，蓋上烤盤紙，保存於陰涼處1個晚上。

第2天
將上述食材倒入果醬鍋中。煮沸並輕輕攪拌。以旺火持續煮約10分鐘，同時輕輕攪拌。仔細撈去浮沫。
將幾滴果醬滴在冷的小盤上，檢查果醬的濃稠度：果醬應略為膠化。
將果醬鍋離火，立即裝罐並加蓋。

★ **讓成品更特別的小細節**
在這道食譜中，浸漬是必要的。糖會包覆大黃丁和覆盆子，水果滲出湯汁來濕潤糖。
烹煮時，水果和糖的混合最為快速，而且由於部分已融解，糖不會在果醬鍋底部形成焦糖。
您可用杏桃來取代覆盆子，製作較酸的果醬，或是用白桃來製作較甜的大黃果醬。

百香蘋果大黃果醬
CONFITURE DE RHUBARBE,
POMMES ET FRUITS DE LA PASSION

第1天

準備時間：20分鐘

浸漬時間：1小時

烹煮時間：直到食材微滾

靜置時間：1個晚上

第2天

烹煮時間：果醬煮沸後再煮10分鐘

220克的罐子6-7罐

大黃(rhubarbe)600克，即淨重500克

蘋果700克，即淨重500克

百香果5顆，即帶籽果汁100毫升

結晶糖(sucre cristallisé)900克

小顆檸檬的檸檬汁1/2顆

美味加倍的搭配法

填入鮮果醬烤麵屑(crumble à la confiture et aux fruits frais)中。在這道果醬中混入大黃和切成小丁的新鮮蘋果。將上述材料倒入焗烤盤內，蓋上些許的烤麵屑(用手抓取100克的奶油、100克的砂糖(sucre de semoule)和150克的沙狀麵粉(farine sablé))。最後蓋上辛香蛋白霜(meringue épicée)(200克的蛋白與100克的砂糖和些許胡椒一起打發)至3/4處。將這鮮果醬烤麵屑放入預熱180℃(熱度6)的烤箱中烘烤。

第1天

以冷水沖洗大黃，將莖的兩端切去，從長邊剖成2半，接著切成小丁。

將蘋果削皮，去梗，切成2半，挖去果核後切成厚2公釐的薄片。

將百香果切成2半。收集果汁和籽。

在大碗中混合大黃丁、蘋果片、百香果汁和籽、糖和檸檬汁，蓋上烤盤紙，浸漬1小時。將上述材料倒入果醬鍋中，煮至微滾並輕輕攪拌。將食材倒入大碗中，蓋上烤盤紙，保存於陰涼處1個晚上。

第2天

將上述食材倒入果醬鍋中。煮沸並輕輕攪拌。以旺火持續煮約10分鐘，同時不停攪拌。仔細撈去浮沫。

將幾滴果醬滴在冷的小盤上，檢查果醬的濃稠度：果醬應略為膠化。

將果醬鍋離火，立即裝罐並加蓋。

★ 讓成品更特別的小細節

在烹煮初期，在這道配方中加入切成極薄片的50克黑李乾(pruneaux)、50克杏桃乾(abricots secs)和50克無花果乾。而且只要在這道果醬中加入750克的糖和50毫升的香橙干邑甜酒(Grand Marnier)。

綠番茄果醬
CONFITURE DE TOMATES VERTES

第1天
準備時間：10分鐘
浸漬時間：1個晚上

第2天
烹煮時間：煮沸後以文火再煮
10分鐘
靜置時間：1個晚上

第3天
烹煮時間：果醬煮沸後再煮15分鐘

220克的罐子6-7罐
綠番茄(tomates vertes)1.5公斤，
即淨重1公斤
結晶糖(sucre cristallisé)
400克＋400克
小顆檸檬的檸檬汁1顆

美味加倍的搭配法
熟成乳酪(fromage à pâte cuite)、煨豬肉和煨小羊肉、充分燉煮的蔬菜燉肉鍋(pot-au-feu)。

第1天
以冷水沖洗綠番茄，用布擦乾。切成4塊，去掉中心的白色部分、籽和汁。將番茄塊再切成厚2公釐的薄片。
在大碗中混合番茄片、400克的糖和檸檬汁，蓋上烤盤紙，於陰涼處浸漬1個晚上。

第2天
將上述材料倒入果醬鍋(bassine à confiture)中，煮至微滾並輕輕攪拌。持續以文火煮10分鐘。
將煮好的食材倒入大碗中，蓋上烤盤紙，於陰涼處保存1個晚上。

第3天
將上述食材和400克的糖倒入果醬鍋中。煮沸並輕輕攪拌。持續以旺火煮約15分鐘，同時不停攪拌。仔細地撈去浮沫。
將幾滴果醬滴在冷的小盤上，檢查果醬的濃稠度：果醬應略為膠化。
將果醬鍋離火，立即裝罐並加蓋。

★ **讓成品更特別的小細節**
為了讓綠番茄塊更快軟化且入味，您可放入裝有沸水的平底深鍋中水煮2分鐘，
番茄塊將更容易為糖所浸透。
若要用整顆番茄來製作綠番茄果醬，請用切火腿機將番茄切成1公釐厚的極薄片。
若要製作乾果綠番茄果醬(confiture de tomates vertes aux fruits secs)，請在烹煮之初加入切成極薄片的50克黑李乾(pruneaux)、50克無花果和50克杏桃乾，並在烹煮的最後加入50毫升的櫻桃酒和50克切碎的松子。
亦可用200毫升的蜂蜜醋(vinaigre de miel)來取代檸檬汁，加入磨碎的胡椒，並將此配方再多煮10分鐘。
請搭配水煮或煨鹹豬肉(porc salées)來享用這道較酸的果醬。

干邑蘋果綠番茄果醬
CONFITURE DE TOMATES VERTES ET POMMES AU COGNAC

第1天
準備時間:15分鐘
浸漬時間:1個晚上

第2天
烹煮時間:直到食材微滾
靜置時間:1個晚上

第3天
烹煮時間:果醬煮沸後再煮15分鐘

220克的罐子6-7罐
綠番茄(tomates vertes)800克,
即淨重500克
蘋果700克,即淨重500克
結晶糖(sucre cristallisé)
400克+400克
干邑白蘭地(cognac)50毫升
小顆檸檬的檸檬汁1顆

美味加倍的搭配法
鋪在抹有大蒜的麵包上,接著塗上奶油烘烤,或是將果醬鋪在烤麵包上,並蓋上昂貝爾的圓柱形乳酪(fourme d'Ambert):將麵包片放到網架上烘烤一會兒後品嚐。

第1天
以冷水沖洗綠番茄,用布擦乾。切成4塊,去掉中心的白色部分、籽和汁。將番茄塊再切成厚2公釐的薄片。
將蘋果削皮,去梗,切成2半,挖去果核後再切成2公釐厚的薄片。
在大碗中混合番茄與蘋果片、400克的糖和檸檬汁,蓋上烤盤紙,於陰涼處浸漬1個晚上。

第2天
將上述材料倒入果醬鍋(bassine à confiture)中,煮至微滾並輕輕攪拌。
將煮好的食材倒入大碗中,蓋上烤盤紙,於陰涼處保存1個晚上。

第3天
將上述食材和400克的糖倒入果醬鍋中。煮沸並輕輕攪拌。持續以旺火煮約15分鐘,同時不停攪拌。仔細撈去浮沫。
加入干邑白蘭地。再煮沸1次。
將幾滴果醬滴在冷的小盤上,檢查果醬的濃稠度:果醬應略為膠化。
將果醬鍋離火,立即裝罐並加蓋。

★ 讓成品更特別的小細節
可在這道果醬中加入綠茴香(anis vert)、茴香(fenouil)或切碎的香菜(coriandre)、1根肉桂棒或1克的小荳蔻粉調味。
亦可以洋梨或黑無花果來取代蘋果,製作出另一種果醬。

香草蘋果紅番茄果醬
CONFITURE DE TOMATES ROUGES ET POMMES À LA VANILLE

第1天
準備時間：15分鐘
浸漬時間：1小時
烹煮時間：直到食材微滾
靜置時間：1個晚上

第2天
烹煮時間：果醬煮沸後再煮10分鐘

220克的罐子6-7罐
成串番茄1公斤，即淨重500克
蘋果700克，即淨重500克
結晶糖（sucre cristallisé）900克
香草莢1根
小顆檸檬的檸檬汁1顆

第1天
讓番茄在沸水中泡1分鐘。以冷水降溫後剝皮，切成4塊，去掉中心的白色部分、籽和汁。將番茄塊再切成厚2公釐的薄片。
將蘋果削皮，去梗，切成2半，挖去果核後再切成2公釐厚的薄片。
在大碗中混合番茄與蘋果片、糖、從長邊剖開的香草莢和檸檬汁，蓋上烤盤紙，浸漬1小時。
將上述材料倒入果醬鍋（bassine à confiture）中，煮至微滾並輕輕攪拌。
將煮好的食材倒入大碗中，蓋上烤盤紙，於陰涼處保存1個晚上。

第2天
將上述食材倒入果醬鍋中。煮沸並輕輕攪拌。持續以旺火煮約10分鐘，同時不停攪拌。仔細撈去浮沫。
將幾滴果醬滴在冷的小盤上，檢查果醬的濃稠度：果醬應略為膠化。
取出香草莢，切段後放入罐內作為裝飾。
將果醬鍋離火，立即裝罐並加蓋。

美味加倍的搭配法
以2顆檸檬和1顆柳橙的果汁來調和這道果醬，搭配濃鮮奶油（crème épaisse）或一小球的香草或百里香冰淇淋（crème glacée à la vanille ou au thym）， 再滴上幾滴檸檬橄欖油（huile d'olive au citron），並佐以酥脆的蘭姆餅乾（biscuit de Reims）享用。

★ 讓成品更特別的小細節
若要製作簡單的香草紅番茄果醬（confiture de tomates rouges à la vanille），請秤1.5公斤的去皮番茄塊，去掉中心部分、籽和果汁。番茄含有大量的水分，為了脫水，請放入焗烤盤中，以60℃（熱度2）進行烘烤。蓋上剪出小孔的烤盤紙，就這樣乾燥1小時。不時用木杓攪拌。以每公斤的番茄塊搭配上800克的結晶糖為比例，烹煮這道果醬。加入2根從長邊剖開的香草莢。

fruits et légumes du potager

肉桂薑橙菊芋果醬
CONFITURE DE TOPINAMBOURS ET ORANGES À LA CANNELLE ET AU GINGEMBRE

準備時間：15分鐘
烹煮時間：燉煮菊芋約20分鐘
煮沸後再煮5分鐘以燉煮柳橙片
果醬煮沸後再煮10分鐘

220克的罐子6-7罐
菊芋(topinambours)1.350公斤，
即淨重1公斤
水2公升＋200毫升和鹽1撮
結晶糖(sucre cristallisé)
850克＋100克
未經加工處理的漂亮柳橙1顆
(250克)
肉桂粉(cannelle moulue)1克
生薑碎末(gingembre frais râpé)
1克
小顆檸檬的檸檬汁1顆

美味加倍的搭配法
鋪在焗烤茄子(gratin d'aubergines)和紅番茄(tomates rouges)底部，搭配加入少許百里香與迷迭香(romarin)的嵌蒜豬頸肉(collet de porc piqué à l'ail)。填入填餡馬鈴薯中：將這道果醬與馬鈴薯混合，加入一些濃鮮奶油(crème épaisse)，然後加熱，可搭配如夏烏斯(fromage de chaource)或嘉普隆(gaperon)等乳酪享用。

將菊芋削皮，切成厚2公釐的圓形薄片。
在不鏽鋼平底深鍋中將2公升的水和1撮的鹽煮沸。
倒入菊芋片。煮沸。持續以文火煮約20分鐘，直到菊芋變軟。瀝乾後放入果菜磨泥機中(細網目)磨泥。預留備用。
以冷水沖洗並刷洗柳橙，然後切成極薄的圓形薄片。
在果醬鍋(bassine à confiture)中用100克的糖和200毫升的水煮柳橙片。
持續煮沸至柳橙片變為半透明。
在煮好糖漬柳橙片的果醬鍋中加入菊芋泥、850克的糖、肉桂、薑和檸檬汁。
煮沸並輕輕攪拌。
以旺火持續煮約10分鐘，同時不停攪拌。
將幾滴果醬滴在冷的小盤上，檢查果醬的濃稠度：果醬應具備糖煮水果的濃稠度。
將果醬鍋離火，立即裝罐並加蓋。

★ **讓成品更特別的小細節**
請選擇大型菊芋，其果皮的量較少。
您也能用3瓣大蒜來取代薑；在放入菊芋的同時水煮大蒜。
請秤500克的胡蘿蔔和500克的菊芋，用肉桂調味，以獲得另一種您能搭配蔬菜燉肉凍派(terrine de pot-au-feu)或辛香蔬菜(légume épicé)享用的果醬。
亦能用2根從長邊剖開的香草莢、1.5克切成極碎的大蒜和1克的生薑碎末，來製作菊芋果醬；請搭配蔬菜燉肉凍派(terrine de pot-au-feu)或辛香蔬菜(légume épicé)品嚐。

140

FRUITS OUBLIÉS

遺珠之果

fruits oubliés

楊梅果醬
CONFITURE D'ARBOUSES

第1天

準備時間：5分鐘

烹煮時間：煮沸後再煮15分鐘，

讓梅果裂開

直到食材微滾

靜置時間：1個晚上

第2天

準備時間：5分鐘

烹煮時間：果醬煮沸後再煮10分鐘

220克的罐子6-7罐

成熟楊梅(arbouses)1.2公斤

水250毫升

結晶糖(sucre cristallisé)900克

小顆檸檬的檸檬汁1/2顆

美味加倍的搭配法

搭配新鮮乳酪或燉野味肉來享用這道
果醬。

第1天

用冷水沖洗楊梅，瀝乾後用布擦乾，務必注意別把楊梅壓壞，因為這些梅果相當嬌弱。
去柄。

將楊梅和水倒入果醬鍋(bassine à confiture)中。煮至微滾，然後以文火煮15分鐘，
煮至梅果裂開，同時輕輕攪拌。

在果醬鍋中加入糖和檸檬汁。煮至微滾，接著將煮好的食材倒入大碗中，蓋上烤盤紙，
於陰涼處保存1個晚上。

第2天

將楊梅等食材放入果菜磨泥機中(細網目)，以便去籽和去皮，接著將這些材料倒入果
醬鍋中。煮沸並輕輕攪拌。持續以旺火煮約10分鐘，同時不停攪拌。如果有浮沫的話，
請仔細撈去浮沫。

將幾滴果醬滴在冷的小盤上，檢查果醬的濃稠度：果醬應略為膠化。

將果醬鍋離火，立即裝罐並加蓋。

★ **讓成品更特別的小細節**

楊梅是種地中海盈地的水果，有時又被稱為叢林草莓(fraise du maquis)。生長於沿海
沙地或河床的砂礫之中。生的楊梅淡而無味，橘黃色的果肉呈顆粒狀，
採收可從11月持續至12月，這時水果正好成熟。不建議直接生食，通常會製成果漬／
糖煮水果(compote)或果醬。

野薔薇或野玫瑰果果醬
CONFITURE DE BAIES D'ÉGLANTINES, OU CYNORRHODONS

第 1 天
方法 1
準備時間：2小時
烹煮時間：煮沸後再煮10分鐘，
煮至漿果軟化
方法 2
準備時間：1小時
烹煮時間：煮沸後再煮20分鐘，
煮至漿果軟化

第 2 天
烹煮時間：果醬煮沸後
再煮5至10分鐘

220克的罐子6-7罐
野薔薇漿果泥(purée
d'églantines)1公斤
結晶糖(sucre cristallisé)900克

美味加倍的搭配法
接骨木花多拿滋、貓耳朵、可麗餅，或
填入皮耶艾曼(Pierre Hermé)大師的栗
子蒙布朗蛋糕(gâteau mont blanc aux
châtaignes)中享用。

第 1 天
方法 1
用冷水快速沖洗野薔薇漿果，去掉仍保有花的柄。從長邊剖開成2半，去籽並去毛。
沖洗已挖去果核的漿果，接著倒入平底深鍋中，並以大量的水覆蓋。1公斤洗淨的
漿果請加入1.3公升的水。
煮沸並持續以文火煮約10分鐘，不時攪拌。冷卻後將漿果和烹煮的水一起倒入果菜
磨泥機中(細網目)，以過濾果皮。

方法 2
用冷水快速沖洗野薔薇漿果，去掉仍保有花的柄。
倒入平底深鍋中，並以大量的水覆蓋。煮沸並持續以文火煮20分鐘，不時攪拌。
冷卻後將漿果倒入果菜磨泥機中數次，並在每一次倒入時使用更細的網目，以過濾籽、
毛和皮。
最後，用細篩或精細的濾器過濾果肉，以去掉最後的絨毛。

第 2 天
將野薔薇漿果泥(1公斤)和糖倒入果醬鍋中。煮沸並輕輕攪拌。以旺火持續煮5至
10分鐘，同時不停攪拌。
將幾滴果醬滴在冷的小盤上，檢查果醬的濃稠度：果醬應略為膠化。
將果醬鍋離火，立即裝罐並加蓋。

★ **讓成品更特別的小細節**
野薔薇果或野玫瑰果為野生玫瑰的漿果。從9月中採收至初次的嚴寒來臨。這種水果
的果肉酸中帶微甜，人們也用來製作利口酒(liqueur)和酒(alcool)。自秋天開始，您
可在法國的市場上買到野薔薇漿果泥。若您希望自行製作野薔薇漿果泥，您可從上述
的2種方法中做選擇。

香草野薔薇漿果醬
CONFITURE DE BAIES D'ÉGLANTINES
À LA VANILLE

準備時間：5分鐘
烹煮時間：果醬煮沸後
再煮5至10分鐘

220克的罐子6-7罐
野薔薇漿果泥(purée
d'églantines)1公斤
(方法見145頁)
結晶糖(sucre cristallisé)900克
香草莢1根

將野薔薇漿果泥、糖和從長邊剖開的香草莢倒入果醬鍋中。煮沸並輕輕攪拌。
以旺火持續煮5至10分鐘，同時不停攪拌。
將幾滴果醬滴在冷的小盤上，檢查果醬的濃稠度：果醬應略為膠化。
取出香草莢，切段後放入罐中作為裝飾。
將果醬鍋離火，立即裝罐並加蓋。

美味加倍的搭配法

一片稍微烤過，並塗上以橙皮、橙花水
或檸檬皮及檸檬汁調味的奶油。

★ **讓成品更特別的小細節**

在製作野薔薇漿果泥時，可用白酒取代水來燉煮漿果 --- 亞爾薩斯(Alsace)的麝香葡萄
酒(muscat)或格烏茲塔明那酒 (gewurztraminer)--- 果醬會變得更加精緻。

歐亞山茱萸果醬
CONFITURE DE CORNOUILLES

準備時間：10分鐘
烹煮時間：煮沸後再煮15分鐘，
讓漿果裂開
果醬煮沸後再煮10分鐘

220克的罐子6-7罐
歐亞山茱萸(cornouilles)1.2公斤
水300毫升
結晶糖(sucre cristallisé)900克
小顆檸檬的檸檬汁1/2顆

用冷水沖洗山茱萸。
將山茱萸和水倒入果醬鍋(bassine à confiture)中，煮沸，然後以文火煮15分鐘，
煮至漿果裂開，同時輕輕攪拌。將煮好的食材倒入大碗中，放至微溫，接著將食材放
入果菜磨泥機中(細網目)，以便去皮和去核。
將山茱萸果肉(1公斤)、糖和檸檬汁倒入果醬鍋中。
煮沸並輕輕攪拌。
持續以旺火煮約10分鐘，同時不停攪拌。
將幾滴果醬滴在冷的小盤上，檢查果醬的濃稠度：果醬應略為膠化。
將果醬鍋離火，立即裝罐並加蓋。

美味加倍的搭配法

用香料為這道果醬調味並搭配烤肉或野
味(gibiers)享用。

★ **讓成品更特別的小細節**

歐亞山茱萸樹(cornouiller)野生於法國的森林和樹林中。歐亞山茱萸為雄性歐亞山茱
萸樹的果實，是種帶有光澤的紅色水果，形狀呈漂亮的橄欖狀，並含有長形果核。在
歐亞山茱萸成熟時，芳香的酸甜味令人聯想到醋栗、覆盆子和櫻桃混合的味道。在煮
漿果之前，您可以橄欖去核器(dénoyauteur à olives)去掉果核。山茱萸可製成精美的
果凝，請參考山梨漿果凝(gelée de baie de sorbier)食譜(154頁)。

柳橙野薔薇漿果醬
CONFITURE DE BAIES D'ÉGLANTINES ET ORANGES

準備時間：5分鐘
烹煮時間：柳橙片煮沸後再煮5分鐘
果醬煮沸後再煮5至10分鐘

220克的罐子6-7罐
野薔薇漿果泥（purée
d'églantines）1公斤
（見145頁的方法）
未經加工處理的柳橙2顆
結晶糖（sucre cristallisé）
900克＋100克
柳橙汁200毫升，即2顆小柳橙的
果汁

以冷水沖洗並刷洗柳橙，然後切成極薄的圓形薄片。
在果醬鍋中，用100克的糖和柳橙汁燉煮柳橙片。持續煮沸至柳橙片變為半透明。
在煮好糖漬柳橙片的果醬鍋中加入野薔薇漿果泥和糖。煮沸並輕輕攪拌。
以旺火持續煮5至10分鐘，同時不停攪拌。
將幾滴果醬滴在冷的小盤上，檢查果醬的濃稠度：果醬應略為膠化。
將果醬鍋離火，立即裝罐並加蓋。

美味加倍的搭配法

搭配濃鮮奶油（crème épaisse）、白乳酪、
柳橙；或檸檬雪酪、栗子或香草冰淇淋
享用。

★ 讓成品更特別的小細節
在這道食譜中，請秤500克的野薔薇漿果泥和500克的新鮮番茄。將番茄去皮，去掉
籽和汁，接著切成薄片。
野玫瑰果的味道和番茄的蔬果味搭配起來相當令人驚豔。可用些許的陳年葡萄酒醋
（vinaigre balsamique）、胡椒和辣椒提味，這道果醬和鹹味料理是完美組合。

小檗果果醬
CONFITURE D'ÉPINES-VINETTES

準備時間：10分鐘
烹煮時間：煮沸後再煮25分鐘，
讓漿果裂開
果醬煮沸後再煮10分鐘

220克的罐子6-7罐
小檗漿果（又稱伏牛花漿果）
（baies d'épines-vinettes）1公斤
水750毫升
結晶糖（sucre cristallisé）900克
小顆檸檬的檸檬汁1/2顆

以冷水沖洗小檗漿果，瀝乾後用布擦乾。去柄。
將漿果和水倒入果醬鍋中。
煮沸後以文火再煮25分鐘，讓漿果裂開，並輕輕攪拌。將材料倒入大碗中放涼。
放入果菜磨泥機中（細網目）去皮和去籽。
將小檗果肉（1公斤）、糖和檸檬汁倒入果醬鍋中。煮沸並輕輕攪拌。
以旺火持續煮5至10分鐘，同時不停攪拌。
檢查果醬的濃稠度，步驟同上。

美味加倍的搭配法
為了替醬汁增添芳香：請加入1大匙這道
果醬和100毫升的水，用以稀釋平底煎
鍋鍋底香煎的肉汁。以小火慢煮然後淋
在肉塊上，立即享用。

★ 讓成品更特別的小細節
小檗是種生長於山區石灰質土地的灌木。人們自8月到9月於路邊採收其鮮紅色的長
型小果實。酸酸的果肉富含維生素C，可製成美味的果凝。就和蘋果一樣，小檗漿果
含有大量果膠，可加進其他水果的果醬製程中，有助於凝固。

fruits oubliés

英國山楂花果醬
CONFITURE D'AUBÉPINES

以冷水沖洗山楂花漿果，瀝乾後用布擦乾。
去柄。將漿果和水倒入果醬鍋中，以文火煮20分鐘，讓漿果裂開，並輕輕攪拌。
將材料倒入大碗中放涼，接著放入果菜磨泥機中（細網目）去皮和去核。
將山楂花漿果的果肉（1公斤）、糖和檸檬汁倒入果醬鍋中。
煮沸並輕輕攪拌。以旺火持續煮約10分鐘，同時不停攪拌。
將幾滴果醬滴在冷的小盤上，檢查果醬的濃稠度：果醬應略為膠化。
將果醬鍋離火，立即裝罐並加蓋。

準備時間：5分鐘
烹煮時間：煮沸後再煮20分鐘，
讓漿果裂開
果醬煮沸後再煮10分鐘

220克的罐子6-7罐
英國山楂花漿果（baies
d'aubépine）1.5公斤，即淨重
900克
結晶糖（sucre cristallisé）900克
水400毫升
小顆檸檬的檸檬汁1/2顆

★ 讓成品更特別的小細節
多刺的山楂花漿果為法國各地區樹籬和林邊常見的灌木。春季，其花朵為法國鄉村帶來芬芳。鮮紅色的漿果同豌豆一樣大，果肉為粉質，淡而無味，幾乎不含糖，內含二至三個果核。過去，人們用山楂花漿果來製作果泥，然後製成蛋糕和烘餅（galette）。

美味加倍的搭配法
味道強烈且刺激的乳酪：曼斯特乾酪（munster）、埃普瓦斯乳酪（époisses）、洛克福乾酪（roquefort）。

黑刺李果醬
CONFITURE DE PRUNELLES

以冷水沖洗黑刺李。將黑刺李和水倒入果醬鍋中，煮沸後以文火再煮15分鐘，讓果肉裂開並輕輕攪拌。將材料倒入大碗中，放至微溫。放入果菜磨泥機中（細網目）去皮和去核。將黑刺李果肉（1公斤）、糖和檸檬汁倒入果醬鍋中。煮沸並輕輕攪拌。
以旺火持續煮約10分鐘，同時不停攪拌。
將幾滴果醬滴在冷的小盤上，檢查果醬的濃稠度：果醬應略為膠化。
將果醬鍋離火，立即裝罐並加蓋。

準備時間：5分鐘
烹煮時間：煮沸後再煮15分鐘，
讓果肉裂開
果醬煮沸後再煮10分鐘

220克的罐子6-7罐
黑刺李（prunelles）2公斤
水400毫升
結晶糖（sucre cristallisé）900克
小顆檸檬的檸檬汁1/2顆

★ 讓成品更特別的小細節
黑刺李樹為多刺的灌木叢，而其果實，即黑刺李，為藍黑色的圓形果實。黑刺李味道酸澀，果凝可緩和其味道。肉不多，覆蓋著微白色的果蠟，內含相當大顆的果核。此外，若您無法使用果菜磨泥機，請將材料倒入精細的篩子，並用木杓將黑刺李的果肉壓碎。為避免燙傷，請在冷卻後再將材料倒入篩子中。在採收黑刺李時，請小心不要受傷：這灌木叢非常多刺。

美味加倍的搭配法
填入油酥蛋糕（gâteau sablé）並搭配苦甜巧克力甘那許；或是佐以餡派（pâté）、餡餅（tourtes）、凍派（terrines）。

fruits oubliés

準備時間：30分鐘
烹煮時間：煮沸後再煮5分鐘，
以清除歐楂果核周圍的果肉
煮沸後再煮10分鐘，以燉煮歐楂
果醬煮沸後再煮10分鐘

220克的罐子6-7罐
歐楂(nèfles)1.5公斤
水500毫升
結晶糖(sucre cristallisé)800克
小顆檸檬的檸檬汁1/2顆

美味加倍的搭配法

含有打發鮮奶油或濃鮮奶油的泡芙：待
泡芙冷卻後填入奶油醬，然後淋上這道
果醬。您也能僅搭配濃鮮奶油和小檸檬
酥餅享用。
將這道果醬和無皮新鮮核桃相混合，然
後將這些配料填入裝有香草卡士達奶油
醬(crème pâtisserie à la vanille)的迷你
法式塔皮(tartelette sablée)底部。

歐楂果醬
CONFITURE DE NÈFLES

以冷水沖洗歐楂，用布擦乾。將果實切開並去核。預留在碗中備用。在不鏽鋼平底
深鍋中將水煮沸，將果核浸入，煮5分鐘，收集包覆果核的果肉，接著用漏勺將果核
取出。
將這水和歐楂倒入果醬鍋中。煮沸並輕輕攪拌。持續以文火再煮10分鐘，不停攪拌。
倒入大碗中，放至微溫。
放入果菜磨泥機中(細網目)磨細。
將歐楂果肉(1公斤)、糖和檸檬汁倒入果醬鍋中。煮沸並輕輕攪拌。
以旺火持續煮10分鐘，同時不停攪拌。
將幾滴果醬滴在冷的小盤上，檢查果醬的濃稠度：果醬應具備糖煮水果的濃稠度。
將果醬鍋離火，立即裝罐並加蓋。

★ 讓成品更特別的小細節

初秋，法國鄉村有時又稱為 mêles 的歐楂，還很硬且酸澀。於10月至12月時採收。在
初次的嚴寒過後，人們稱之為「甜菜葉(blettes)」，這時的山楂柔軟，果肉厚、甜中帶
酸，散發出略帶焦糖的蘋果味。我們也可在仍堅硬時摘下，以紙盒裝或鋪在稻草上，
保存於乾燥通風處，直到歐楂催熟。我們亦能冷凍一個晚上，就像柿子一樣，讓歐渣
的果肉可以轉變成糖煮水果(compote)的質地。

fruits oubliés

洋梨歐楂果醬
CONFITURE DE NÈFLES ET POIRES

準備時間：40分鐘
烹煮時間：煮沸後再煮5分鐘，
以清除歐楂果核周圍的果肉
煮沸後再煮10分鐘，以燉煮歐楂
果醬煮沸後再煮10分鐘

220克的罐子6-7罐
歐楂(nèfles)750克
水250毫升
帕斯卡桑梨(passe-crassane)
700克，即淨重500克
結晶糖(sucre cristallisé)800克
小顆檸檬的檸檬汁1/2顆

美味加倍的搭配法

在空烤好的折疊派皮(pâte feuilletée)底部填入這道果醬。擺上蘋果或洋梨片，然後放入極熱的烤箱中烘烤。搭配以蘭姆酒調味的瑪斯卡邦奶油醬(crème mascarpone)享用。

以冷水沖洗歐楂，小心地用布擦乾。將果實切開並去核。預留在碗中備用。在不鏽鋼平底深鍋中將水煮沸，將果核浸入，煮5分鐘，收集包覆果核的果肉，接著用漏勺將果核取出。

將這水和歐楂倒入果醬鍋中。煮沸並輕輕攪拌。持續以文火再煮10分鐘，不停攪拌。倒入大碗中，放至微溫。

放入果菜磨泥機中(細網目)磨細。

將洋梨削皮，去梗，切成2半，挖去果核後切成厚2公釐的薄片。

將歐楂果肉(500克)、洋梨片、糖和檸檬汁倒入果醬鍋中。

煮沸並輕輕攪拌。

以旺火持續煮約10分鐘，同時不停攪拌。

將幾滴果醬滴在冷的小盤上，檢查果醬的濃稠度：果醬應略為膠化。

將果醬鍋離火，立即裝罐並加蓋。

★ 讓成品更特別的小細節

可用小皇后蘋果(pommes reinettes)來取代洋梨，並加入香草、肉桂或香料麵包的香料。

若您無法將煮過的歐楂等食材和水一起放入果菜磨機中，請放涼，隔天再用精細的篩子將材料壓碎。

在烹煮的最後加入50毫升的蘭姆酒或蘋果白蘭地(calvados)，這道果醬也同樣美味。

編註
香料麵包的香料是指 --- 混合了丁香、肉荳蔻、肉桂、薑四種香料而成。

接骨木漿果果凝
GELÉE DE SUREAU

準備時間：5分鐘

烹煮時間：煮沸後再煮10分鐘，
讓漿果裂開

果凝煮沸後再煮10分鐘

220克的罐子6-7罐

接骨木漿果(baies de sureau)
1.8公斤

水200毫升

結晶糖(sucre cristallisé)1公斤

小顆檸檬的檸檬汁1/2顆

美味加倍的搭配法

搭配優格或白乳酪和瑪德蓮蛋糕一起來
品嚐這道果凝；或是在法式塔皮(pâte
sablée)底部混合接骨木漿果果凝和蜜李
果醬，並鋪上些許的濃鮮奶油或蛋白霜。

以冷水沖洗接骨木串並摘下漿果。

將接骨木漿果倒入果醬鍋(bassine à confiture)中。煮沸後再以文火煮10分鐘，
讓漿果裂開。

將上述材料放入極精細的漏斗型網篩(chinois)中，並用漏勺輕輕擠壓漿果以收集
果汁。

將接骨木漿果汁(1公升)、糖和檸檬汁倒入果醬鍋(bassine à confiture)中。

煮沸並輕輕攪拌。

以旺火持續煮約10分鐘，不時攪拌。仔細撈去浮沫。

將幾滴果凝滴在冷的小盤上，檢查果凝的濃稠度：果凝應略為膠化。

將果醬鍋離火，立即裝罐並加蓋。

★ 讓成品更特別的小細節

在樹籬、樹林或住宅四周，接骨木花散發出微酸的麝香味，可做為飲料、糖漿、果醬
和果凝的精緻調味。接骨木漿果於7月至9月採收。紅接骨木漿果為珊瑚紅色，會產
生橙色的果汁；黑接骨木漿果為亮黑色，其淡紫色的果汁讓果醬呈現出令人驚豔的吊
鐘海棠色，味道略為刺激並帶焦糖味。將果串整個取下，接著摘下果粒，無論如何都
要將果粒過濾，收集果汁來製作果凝。為了榨取汁液並去除接骨木漿果的皮和籽，您
亦能用電動攪拌器來攪打漿果，接著放入果菜磨泥機中(細網目)，或甚至是放入離心
機中。將接骨木漿果串冷凍：放在掌心中摩擦，漿果會很容易剝離。

fruits oubliés

第1天
準備時間：10分鐘
烹煮時間：蘋果煮沸後再煮1小時
靜置時間：1個晚上

第2天
烹煮時間：果凝煮沸後再煮10分鐘

220克的罐子6-7罐
山梨漿果(baies de sorbier)1公斤
種植青蘋果(pommes vertes du
jardin)1公斤
水2公升
結晶糖(sucre cristallisé)1公斤
小顆檸檬的檸檬汁1/2顆

美味加倍的搭配法
可搭配魚和甜杏仁馬鈴薯泥享用。這道
果凝佐以柑橘皮調味的布列塔尼小酥餅
(petits sablés bretons)也同樣美味。

山梨漿果凝
GELÉE DE BAIE DE SORBIER

第1天
以冷水沖洗蘋果。去梗並切成4塊。
用冷水沖洗山梨漿果，瀝乾並摘下果粒。
將蘋果塊、山梨漿果和水倒入不鏽鋼平底深鍋中，加以煮沸。以文火持續燉煮1小時，
不時用木杓攪拌。
將上述材料放入極精細的漏斗型網篩(chinois)中，並用漏勺輕輕擠壓水果以收集
果汁。
將果汁於陰涼處靜置1個晚上。為了獲得明亮的果凝，務必不要使用沉澱在容器底部
的果肉。

第2天
將山梨漿與蘋果果汁(1公升)、糖和檸檬汁倒入果醬鍋(bassine à confiture)中。
煮沸並輕輕攪拌。
以旺火持續煮約10分鐘，不時攪拌。仔細撈去浮沫。
將幾滴果凝滴在冷的小盤上，檢查果凝的濃稠度：果凝應略為膠化。
將果醬鍋離火，立即裝罐並加蓋。

★ 讓成品更特別的小細節
捕鳥山梨(sorbier des oiseleurs)喜歡高海拔，這些被稱為山梨的成串果實，為鮮紅色
的圓型小漿果，多肉而芳香；但在嚴寒之前，這些漿果過於苦澀且酸，無法直接生食。
若要製作黑刺李果凝(gelée de prunelle)，請以黑刺李(prunelle)來取代山梨漿果，並
遵循同樣的方法進行。最後，請將烹煮過的蘋果和山梨漿果放入果菜磨泥機中(細網
目)磨細，便可完成糖煮水果般的口感。

fruits oubliés

沙棘果凝
GELÉE DE BAIE D'ARGOUSIER

第1天
準備時間：5分鐘
烹煮時間：煮沸後再煮15分鐘，
讓漿果裂開
靜置時間：1個晚上

第2天
烹煮時間：果凝煮沸後再煮10分鐘

220克的罐子6-7罐
沙棘漿果(baies d'argousier)
1.5公斤
水200毫升
結晶糖(sucre cristallisé)1公斤
小顆檸檬的檸檬汁1/2顆

美味加倍的搭配法
微溫的可麗餅或鬆餅(gaufrettes)和一小球的香草冰淇淋；或如同越橘果醬，搭配烤野味(gibiers rôtis)、蘋果或洋梨煎鵝肝(foie gras d'oie poêlé avec des pommes ou des poires)享用。

第1天
以冷水沖洗沙棘漿果。
將漿果和水倒入果醬鍋中。煮沸後再以文火持續燉煮15分鐘，讓漿果裂開，一邊輕輕攪拌。
將上述材料放入極精細的漏斗型網篩(chinois)中，並用漏勺輕輕擠壓水果以收集果汁。
將果汁於陰涼處靜置1個晚上。為了獲得明亮的果凝，請務必在使用前進行傾析，避免使用下層沉澱的果肉。

第2天
將沙棘漿果汁(1公升)、糖和檸檬汁倒入果醬鍋(bassine à confiture)中，煮沸並輕輕攪拌。
以旺火持續煮約10分鐘，同時不停攪拌。仔細撈去浮沫。
將幾滴果凝滴在冷的小盤上，檢查果凝的濃稠度：果凝應略為膠化。
將果醬鍋離火，立即裝罐並加蓋。

★ 讓成品更特別的小細節
沙棘沿著南阿爾卑斯山脈(Alpes du Sud)的湍流、乾燥的瓦萊谷地(aride du Valais)、萊茵河平原(plaine du Rhin)，以及北海的芒什海岸(côtes de la Manche)生長。這是一種枝椏多刺的灌木，覆蓋著長型的樹葉。沙棘漿果充滿極芳香但帶酸味的汁液，含有極豐富的維生素C。漿果有點難摘下，因為手指很容易將它們壓壞。請用剪刀剪下。以沙棘漿果製成的糖漿也是同樣美味。

香草栗子南瓜果醬
CONFITURE DE POTIMARRON À LA VANILLE

準備時間：15分鐘

烹煮時間：煮沸後再煮10分鐘以
燉煮南瓜

果醬煮沸後再煮15分鐘

220克的罐子6-7罐

栗子南瓜(potimarron)1.4公斤，
即淨重1公斤

水1.5公升和鹽1撮

結晶糖(sucre cristallisé)850克

小顆檸檬的檸檬汁1/2顆

香草莢1根

蘋果或榅桲果凝200克

美味加倍的搭配法

抹在烤麵包片上，搭配由橄欖油、檸檬
和經研磨的乾燥香菜籽，所醃漬的鮭魚
薄片或江鱈(lotte)享用。

將南瓜切成2半，然後切成8塊。去除籽和纖維，去皮，然後將果肉切成厚2公釐的薄片。

在不鏽鋼平底深鍋中，將1.5公升的水和鹽煮沸。倒入南瓜片，持續以文火煮約10分鐘，直到南瓜變軟。瀝乾。

將南瓜、糖、檸檬汁和從長邊剖開的香草莢倒入果醬鍋(bassine à confiture)中。煮至微滾並輕輕攪拌。

持續以旺火約10分鐘，同時不停攪拌。

加入蘋果或榅桲果凝，再煮沸5分鐘。

將幾滴果醬滴在冷的小盤上，檢查果醬的濃稠度：果醬應略為膠化。

取出香草莢，切段後放入罐中作為裝飾。將果醬鍋離火，立即裝罐並加蓋。

★ 讓成品更特別的小細節

最美味的南瓜無疑是栗子南瓜(potimarron)，濃密而甜的果肉，隱約的栗子味。烹煮時，漂亮深橘色的可口果肉會變得很軟。您也能在烹煮結束後，用電動攪拌器攪打這果醬。

在這道果醬中，您也能將500克的南瓜薄片與500克的胡蘿蔔碎末混合，或是500克的南瓜薄片和500克的榅桲薄片搭配。胡蘿蔔碎末或榅桲薄片需要和南瓜一起進行燙煮。

辛香格烏茲塔明那栗子南瓜果醬
CONFITURE DE POTIMARRON AU GEWURZTRAMINER ET AUX ÉPICES

第1天

準備時間：15分鐘

烹煮時間：煮沸後再煮10分鐘以

燉煮南瓜

直到食材微滾

靜置時間：1個晚上

第2天

烹煮時間：果醬煮沸後再煮15分鐘

220克的罐子6-7罐

栗子南瓜(potimarron)1公斤，

即淨重600克

格烏茲塔明那酒

(gewurztraminer)600毫升

結晶糖(sucre cristallisé)850克

肉桂粉1克

小荳蔻粉1克

肉荳蔻粉(noix de muscade

moulue)1克

小顆檸檬的檸檬汁1/2顆

美味加倍的搭配法

乳酪：莫城(Meaux)、默倫(Melun)的布里(brie)乳酪、卡門貝爾(camembert)乳酪、貝哈(pérail)牛乳或羊乳酪、聖馬塞蘭乳酪 (Saint-Marcellin) 或聖費利西安乳酪 (Saint-Félicien)。

第1天

將南瓜切成2半，然後切成8塊。去除籽和纖維。去皮，然後用刨絲器(râpe à légumes)將果肉刨成細絲。

將南瓜絲和格烏茲塔明那酒倒入果醬鍋(bassine à confiture)中。

煮沸後持續以文火煮約10分鐘，直到南瓜變軟。

加入糖、香料和檸檬汁。煮至微滾並輕輕攪拌，接著將煮好的食材倒入大碗中，蓋上烤盤紙，於陰涼處保存1個晚上。

第2天

將上述食材倒入果醬鍋(bassine à confiture)中。煮沸並輕輕攪拌。

持續以旺火煮約15分鐘，同時不停攪拌。

撈去浮沫。

將幾滴果醬滴在冷的小盤上，檢查果醬的濃稠度：果醬應略為膠化。

取出香草莢，切段後放入罐中作為裝飾。將果醬鍋離火，立即裝罐並加蓋。

★ 讓成品更特別的小細節

可用柳橙汁、檸檬汁或葡萄柚汁、橙桲汁或蘋果汁、去籽葡萄、鳳梨片或其他含有大量果汁的水果來取代酒。在第一次烹煮時，不加糖，這些水果的果汁會使南瓜軟化，並讓南瓜充滿水果的芳香。

若要創造其他質地，請在烹煮結束後用電動攪拌器攪打果醬。

若要製作其他果醬，可以用菊芋(topinambourg)或甘薯來取代部分的栗子南瓜。搭配香辣烤豬肉或羔羊來品嚐這道果醬。

柑橘紅茄南瓜果醬
CONFITURE DE POTIMARRON, TOMATES ROUGES ET CLÉMENTINES

第1天

準備時間：30分鐘

烹煮時間：煮沸後再煮5分鐘以燉煮克萊門氏小柑橘（clémentines）的果皮

烹煮時間：直到食材微滾

浸漬時間：2小時

靜置時間：1個晚上

第2天

烹煮時間：果醬煮沸後再煮10分鐘

220克的罐子6-7罐

栗子南瓜（potimarron）650克，即淨重400克

成串紅番茄（tomates rouges en grappes）600克

未經加工處理的克萊門氏小柑橘（clémentines）300克

水400毫升和鹽1撮

結晶糖（sucre cristallisé）850克

小顆檸檬的檸檬汁1/2顆

美味加倍的搭配法

蘭格（Langres）或夏烏斯（chaource）乳酪，混入蔬菜沙拉（salade d'herbes）、蔬菜燉肉鍋和熟蔬菜的醋酸醬中，或甚至是填入焗烤栗子南瓜（gratin de potimarron）中：燉煮南瓜片，然後擺在焗烤盤上。將這道果醬混入鮮奶油，然後將這配料淋在南瓜片上，放入烤箱（熱度6/7）烘烤20分鐘。請搭配烤皮力歐許（brioche）和一小球的香草冰淇淋享用。

第1天

將南瓜切成2半，然後切成8塊。去除籽和纖維。去皮，然後將果肉切成厚1公釐的薄片。

將番茄浸入沸水中1分鐘。放入冷水中降溫後剝皮，切成4瓣，去掉中心稍硬的心、籽和多餘的汁。將果肉切成厚2公釐的薄片。

用冷水沖洗並刷洗克萊門氏小柑橘。剝皮。將小柑橘瓣切成3塊，接著將果皮切成小丁。

在不鏽鋼平底深鍋中，將這些果皮和400毫升的水及1撮的鹽煮沸。放入冷水中降溫數秒。

在大碗中混合南瓜片和番茄、克萊門氏小柑橘果瓣、煮過的果皮丁、糖和檸檬汁，蓋上烤盤紙，浸漬2小時。

將上述材料倒入果醬鍋（bassine à confiture）中。煮至微滾並輕輕攪拌，接著將煮好的食材倒入大碗中，蓋上烤盤紙，於陰涼處保存1個晚上。

第2天

將上述食材倒入果醬鍋（bassine à confiture）中。煮沸並輕輕攪拌。

持續以旺火煮約10分鐘，同時不停攪拌。

仔細撈去浮沫。

將幾滴果醬滴在冷的小盤上，檢查果醬的濃稠度：果醬應略為膠化。

取出香草莢，切段後放入罐中作為裝飾。將果醬鍋離火，立即裝罐並加蓋。

★ 讓成品更特別的小細節

可用甜瓜或西瓜來取代番茄，並用八角茴香和些許的研磨胡椒調味。

在烹煮的最後加入100毫升的醋，並鋪在鹹味可麗餅上來享用這道果醬：將一些果醬抹在可麗餅上，撒上油封羔羊或鴨肉絲。將可麗餅捲起，用烤箱烘烤，然後搭配以檸檬橄欖油調味的綜合生菜（mesclun）。

葡萄原汁
RAISINÉ

準備時間：10分鐘
烹煮時間：煮沸後再煮5分鐘，
讓水果裂開
直到葡萄汁濃縮2/3

220克的罐子2-3罐
麝香葡萄(raisins muscat)2公斤，
即果汁1.2公升
水100毫升
小顆檸檬的檸檬汁1/2顆

美味加倍的搭配法

香氣濃郁且帶辛香味的乳酪，鋪在塗有濃鮮奶油或瑪斯卡邦乳酪的烤皮力歐許(*brioche*)上。在烹煮奶油蘋果或洋梨等食材中，在烹煮的最後加入*1*大匙的葡萄原汁，然後請搭配小多拿滋(*beignets*)或可麗餅享用。

以冷水沖洗麝香葡萄，瀝乾後摘下果粒。
將葡萄果粒和水倒入果醬鍋中，輕輕攪拌。
煮沸後再以文火煮5分鐘，讓果粒裂開。
將煮好的食材倒入大碗中，放至微溫。
放入果菜磨泥機中(細網目)去皮和去籽。
將麝香葡萄汁倒入果醬鍋中。
煮沸後撈去浮沫，並持續以文火烹煮，不停攪拌。
將葡萄汁濃縮2/3，湯汁將變得濃稠。在烹煮結束時，會呈現琥珀般的焦糖色。
將果醬鍋離火，立即將葡萄原汁裝罐並加蓋。

★ 讓成品更特別的小細節

葡萄原汁一直是無須用糖製作的果醬或果凝。十八世紀初期，蔗糖為價格高不可攀的食品。
這葡萄原汁可作為果醬食用，或是用來為其他水果的烹煮增加甜度，並製作各種水果的果醬。
在這道食譜中，您可將麝香葡萄果粒放入離心機中榨汁。若要製作去籽但含果粒的麝香葡萄原汁：在第一次煮沸後，讓葡萄等食材冷卻，然後用手將葡萄一顆顆拿起，輕輕擠壓去籽，並保持果肉完整，接著繼續烹煮葡萄原汁。

葡萄洋梨醬
RAISINÉ DE POIRES

準備時間：20分鐘
烹煮時間：見上述配方

220克的罐子4-5罐
麝香葡萄(raisins muscat)2公斤，
即果汁1.2公升
水100毫升
洋梨700克，即淨重500克
小顆檸檬的檸檬汁1/2顆

美味加倍的搭配法

辛香野味凍派(*terrines de gibier épicées*)、芳香濃郁的辛香味乳酪。

如上所述地燉煮麝香葡萄漿果。
將洋梨削皮、去梗，切成2半，挖去果核後切成丁。預留備用。將煮過的麝香葡萄放入果菜磨泥機中(細網目)去皮去籽。
將麝香葡萄汁和洋梨丁倒入果醬鍋中。
煮沸後撈去浮沫。持續以文火烹煮，不停攪拌。葡萄汁將變得濃稠，洋梨緩慢地完成糖漬。
將幾滴果醬滴在冷的小盤上，檢查果醬的濃稠度：果醬應略為膠化。
將果醬鍋離火，立即將葡萄洋梨醬裝罐並加蓋。

★ 讓成品更特別的小細節

在烹煮的最後，可在葡萄原汁中加入香料、其他蔬果，如蘋果、榲桲、栗子南瓜、胡蘿蔔、無花果，和一些洋梨酒或渣釀白蘭地(*Marc de Bourgogne*)。

核桃蘋果麝香葡萄果醬
CONFITURE DE MUSCAT ET POMMES AUX NOIX

第1天

準備時間：20分鐘

烹煮時間：煮沸後再煮5分鐘，

讓果粒裂開

直到食材微滾

靜置時間：1個晚上

第2天

烹煮時間：果醬煮沸後再煮10分鐘

220克的罐子6-7罐

麝香葡萄（raisins muscat）750克，

即果汁500毫升

蘋果700克，即淨重500克

結晶糖（sucre cristallisé）

700克＋200克

小顆檸檬的檸檬汁1/2顆

核桃仁50克

美味加倍的搭配法

香草舒芙蕾或填入裝有瑪斯卡邦乳酪奶油醬（crème mascarpone）的焗烤秋季水果中；或僅搭配核桃餅乾（biscuit aux noix）。搭配香煎鴨肝（foie de canard poêlé）或填入填餡鵪鶉（cailles farcies）中，接著放進烤箱烘烤。

第1天

以冷水沖洗麝香葡萄，瀝乾後摘下果粒。

將麝香葡萄果粒和200克的糖倒入果醬鍋（bassine à confiture）中。

煮沸並輕輕攪拌。將這煮好的食材倒入大碗中，放至微溫。

將蘋果削皮，去梗，切成2半，挖去果核後切成厚2公釐的薄片。

將烹煮過的麝香葡萄放入果菜磨泥機中（細網目）去皮和去籽。

將麝香葡萄汁（500毫升）、蘋果片、700克的糖和檸檬汁倒入果醬鍋中。

煮至微滾並輕輕攪拌，接著將這烹煮過的食材倒入大碗中，蓋上烤盤紙，於陰涼處保存1個晚上。

第2天

將上述材料倒入果醬鍋中。

煮沸並輕輕攪拌。

以旺火持續煮約10分鐘，同時不停攪拌。仔細撈去浮沫。

加入核桃，再煮沸1次。

將幾滴果醬滴在冷的小盤上，檢查果醬的濃稠度：果醬應略為膠化。

將果醬鍋離火，立即裝罐並加蓋。

★ 讓成品更特別的小細節

將核桃去皮：浸入沸水中幾分鐘，瀝乾後去皮。果醬的味道會更甜且細緻，而且更利於果醬的保存。請選擇奧東尼麝香葡萄（muscat ottonel），因其味道清新、甘甜且具有麝香味。葡萄所含果膠不多，在這道食譜中，蘋果為凝結劑，並因其質地而成為果醬的裝飾。在果醬中加入些許磨碎的胡椒，並搭配羊乳乳酪或蒙多瓦維切林起士（vacherin «Mont d'Or»）享用。

若要製作無籽的麝香葡萄果醬，請待烹煮過的葡萄冷卻後，用手一顆顆地拿起漿果。

輕輕按壓，就這樣將籽取出，並保持果肉的完整。

製作其他果醬：若您想用這道果醬來搭配烹調的菜餚，可用洋梨來取代蘋果，用香草莢來取代核桃，並在烹煮的食材中加入100毫升的蜂蜜醋。

AGRUMES ET
FRUITS EXOTIQUES
柑橘類與異國水果

agrumes et fruits exotiques

鳳梨果醬
CONFITURE D'ANANAS

第1天

準備時間：20分鐘

烹煮時間：直到食材微滾

靜置時間：1個晚上

第2天

烹煮時間：果醬煮沸後再煮10分鐘

220克的罐子6-7罐

鳳梨2.5公斤，即淨重1公斤

結晶糖（sucre cristallisé）900克

小顆檸檬的檸檬汁1/2顆

美味加倍的搭配法

一片塗有奶油的烤皮力歐許（brioche），或是淋在異國水果沙拉上 --- 在這種情況下，請不要再加糖。

第1天

去掉鳳梨的厚皮。從長邊切成4塊，去掉中心木質的部分，接著將鳳梨塊切成厚2公釐的薄片。

將鳳梨片、糖和檸檬汁倒入果醬鍋（bassine à confiture）中。

煮至微滾，同時輕輕攪拌，接著將煮好的食材倒入大碗中，蓋上烤盤紙，於陰涼處保存1個晚上。

第2天

將上述材料倒入果醬鍋中。

煮沸並輕輕攪拌。

以旺火持續煮約10分鐘，同時不停攪拌。

仔細撈去浮沫。

將幾滴果醬滴在冷的小盤上，檢查果醬的濃稠度：果醬應略為膠化。

將果醬鍋離火，立即裝罐並加蓋。

★ 讓成品更特別的小細節

一些香草（vanille）和切成細碎的薑可為這道可能略甜的果醬提味。請選擇充分成熟、果肉芳香的漂亮鳳梨。若要製作漂亮的果醬，首先請去掉鳳梨厚重的外皮，接著用削皮刀尖（économe）去釘眼。釘眼裡經常藏有黑色小籽。

蘭姆香草鳳梨果醬
CONFITURE D'ANANAS À LA VANILLE ET AU RHUM

第1天
準備時間：20分鐘
烹煮時間：直到食材微滾
靜置時間：1個晚上

第2天
烹煮時間：果醬煮沸後再煮15分鐘

220克的罐子6-7罐
鳳梨2.5公斤，即淨重1公斤
結晶糖（sucre cristallisé）900克
香草莢1根
蘭姆酒100毫升
小顆檸檬的檸檬汁1/2顆

美味加倍的搭配法
加入新鮮鳳梨湯中，用來搭配貓耳朵和
小多拿滋；或是加進白乳酪中，並混入香
蕉片。

第1天
去掉鳳梨的厚皮。從長邊切成4塊，去掉中心木質的部分，接著將鳳梨塊切成厚
2公釐的薄片。
將鳳梨片、糖、從長邊剖開的香草莢和檸檬汁倒入果醬鍋（bassine à confiture）。
煮至微滾，同時輕輕攪拌，接著將煮好的食材倒入大碗中，蓋上烤盤紙，於陰涼處
保存1個晚上。

第2天
將上述材料倒入果醬鍋。
煮沸並輕輕攪拌。
以旺火持續煮約10分鐘，同時不停攪拌。
仔細撈去浮沫。
加入蘭姆酒。再煮沸5分鐘，輕輕攪拌。
將幾滴果醬滴在冷的小盤上，檢查果醬的濃稠度：果醬應略為膠化。
取出香草莢，切段後放入罐內作為裝飾。
將果醬鍋離火，立即裝罐並加蓋。

★ 讓成品更特別的小細節
可加入薑、胡椒和香料麵包的香料，製作較辛辣的果醬，這時請搭配烤家禽一起品嚐。
在這道食譜中，加入酒精將有利於果醬的保存。

百香鳳梨芒果果醬
CONFITURE D'ANANAS, MANGUES ET FRUITS DE LA PASSION

第1天
準備時間：30分鐘
烹煮時間：直到食材微滾
靜置時間：1個晚上

第2天
烹煮時間：果醬煮沸後再煮10分鐘

220克的罐子6-7罐
鳳梨1公斤，即淨重400克
芒果700克，即淨重400克
百香果10顆，即帶籽果汁200毫升
結晶糖（sucre cristallisé）900克
小顆檸檬的檸檬汁1/2顆

美味加倍的搭配法
混入濃鮮奶油的白乳酪和檸檬小酥餅。

第1天
去掉鳳梨的厚皮。從長邊切成4塊，去掉中心木質的部分，接著將鳳梨塊切成厚2公釐的薄片。
將芒果削皮，將果肉從果核上取下，然後切成厚2公釐的薄片。
將百香果切成2半，收集果汁和籽。
將鳳梨片、芒果片、帶籽百香果汁、糖和檸檬汁倒入果醬鍋（bassine à confiture）。
煮至微滾，同時輕輕攪拌，接著將煮好的食材倒入大碗中，蓋上烤盤紙，於陰涼處保存1個晚上。

第2天
將上述材料倒入果醬鍋。煮沸並輕輕攪拌。以旺火持續煮約10分鐘，同時不停攪拌。仔細撈去浮沫。
將幾滴果醬滴在冷的小盤上，檢查果醬的濃稠度：果醬應略為膠化。
將果醬鍋離火，立即裝罐並加蓋。

★ 讓成品更特別的小細節
若要製作更容易膠化的果醬，請在烹煮的最後加入200克的蘋果或榅桲果凝，再煮沸1次，接著將果醬裝罐並加蓋。

百香芒果香蕉果醬
CONFITURE DE BANANES, MANGUES ET FRUITS DE LA PASSION

第1天

準備時間：30分鐘

烹煮時間：直到食材微滾

靜置時間：1個晚上

第2天

烹煮時間：果醬煮沸後再煮10分鐘

220克的罐子6-7罐

香蕉650克，即淨重400克

芒果700克，即淨重400克

百香果10顆，即帶籽果汁200毫升

結晶糖(sucre cristallisé)800克

小顆檸檬的檸檬汁1/2顆

美味加倍的搭配法

搭配杏仁牛奶凍(blanc-manger)和油皮棒(sacristains)--- 甜的棍狀千層酥一起享用。

第1天

將芒果削皮，將果肉從果核上取下，然後切成小丁。

去掉香蕉的皮，切成厚2公釐的圓形薄片。

將百香果切成2半，收集果汁和籽。

將芒果丁、香蕉片、帶籽百香果汁、糖和檸檬汁倒入果醬鍋(bassine à confiture)。

煮至微滾，同時輕輕攪拌，接著將煮好的食材倒入大碗中，蓋上烤盤紙，於陰涼處保存1個晚上。

第2天

將上述材料倒入果醬鍋中。煮沸並輕輕攪拌。以旺火持續煮約10分鐘，同時不停攪拌。仔細撈去浮沫。

將幾滴果醬滴在冷的小盤上，檢查果醬的濃稠度：果醬應略為膠化。

將果醬鍋離火，立即裝罐並加蓋。

★ 讓成品更特別的小細節

在這道食譜中，百香果汁扮演著重要角色。芒果和香蕉都屬甜的水果，百香果的酸對於果醬的良好保存是必要的。您亦能用葡萄柚汁、黃檸檬或青檸檬汁、切成薄片的奇異果來取代百香果汁。

糖薑柳橙香蕉果醬
CONFITURE DE BANANES ET ORANGES AU GINGEMBRE CONFIT

第1天
準備時間：20分鐘
烹煮時間：煮沸後再煮5分鐘以燉煮
柳橙片
直到食材微滾
靜置時間：1個晚上

第2天
烹煮時間：果醬煮沸後再煮10分鐘

220克的罐子6-7罐
香蕉1.150公斤，即淨重700克
柳橙汁300毫升，即3顆漂亮柳橙
的果汁
未經加工處理的柳橙1顆(250克)
結晶糖(sucre cristallisé)
900克＋100克
水200毫升
切成薄片的糖漬薑(gingembre
confit)100克
小顆檸檬的檸檬汁1顆

美味加倍的搭配法
搭配辛香小蛋糕(petits gâteau épicés)
或肉桂大理石蛋糕(cake marbré à la
cannelle)享用。

第1天
以冷水沖洗並刷洗未經加工處理的1顆柳橙，然後切成極薄的圓形薄片。
在果醬鍋中燉煮柳橙片、100克的糖和200毫升的水。持續以文火煮至柳橙片變為
半透明。
去掉香蕉的皮，切成厚5公釐的圓形薄片。
在大碗中，混合香蕉片和柳橙汁。
將上述材料、糖和檸檬汁倒入果醬鍋(bassine à confiture)並淋在糖漬橙片上。
煮至微滾，同時輕輕攪拌，接著將煮好的食材倒入大碗中，蓋上烤盤紙，於陰涼處
保存1個晚上。

第2天
將煮好的香蕉和糖漬橙片等材料倒入果醬鍋中，加入糖漬薑片。
煮沸並輕輕攪拌。以旺火持續煮約10分鐘，同時不停攪拌。仔細撈去浮沫。
將幾滴果醬滴在冷的小盤上，檢查果醬的濃稠度：果醬應略為膠化。
將果醬鍋離火，立即裝罐並加蓋。

★ 讓成品更特別的小細節
無論如何都要用小刀將香蕉切成極薄的圓形薄片。在保存果醬時，柔軟而甜的過厚果
肉將轉變為味道噁心的粉狀質地。
為將柳橙切成極薄的圓形薄片，您也能使用切火腿機。這些切下的薄片約有1公釐厚；
更厚的薄片會較難糖漬。

蘭姆香蕉椰子果醬
CONFITURE DE BANANES
ET NOIX DE COCO AU RHUM

第1天
準備時間：20分鐘
烹煮時間：直到食材微滾
靜置時間：1個晚上

第2天
烹煮時間：果醬煮沸後再煮15分鐘

220克的罐子6-7罐
香蕉1.3公斤，即淨重800克
椰子（noix de coco）200克
結晶糖（sucre cristallisé）800克
香草莢1根
柳橙汁200毫升，即2顆漂亮柳橙
的果汁
蘭姆酒50毫升

美味加倍的搭配法
搭配小瑞士（pitits-suisses）和指形蛋糕
（biscuits à la cuillère）一起享用。

第1天
去掉香蕉的皮，切成厚5公釐的圓形薄片。用小錘子將椰子敲碎。小心收集椰子汁。
將果肉從殼上取下，並去掉包覆的薄皮。將果肉刨成碎末或用削皮刀刨成絲。
將香蕉片、碎椰肉、糖、柳橙汁、椰子汁和從長邊剖開的香草莢倒入果醬鍋（bassine à confiture）。
煮至微滾並輕輕攪拌，接著將煮好的食材倒入大碗中，蓋上烤盤紙，於陰涼處保存1個晚上。

第2天
將上述材料倒入果醬鍋中。
煮沸並輕輕攪拌。以旺火持續煮約10分鐘，同時不停攪拌。仔細撈去浮沫。
取出香草莢，切段後放入罐中作為裝飾。用電動攪拌器將果醬攪打至極細。
加入蘭姆酒。再煮沸5分鐘，同時輕輕攪拌。
將幾滴果醬滴在冷的小盤上，檢查果醬的濃稠度：果醬應略為膠化。
將果醬鍋離火，立即裝罐並加蓋。

★ 讓成品更特別的小細節
您可用新鮮或快速冷凍的椰子果肉來取代刨絲的新鮮椰子肉。在這道食譜中加入蘭姆酒更有利於果醬的保存。

百香金桔果醬
CONFITURE DE FRUITS DE LA PASSION ET KUMQUATS

第1天
準備時間：30分鐘
烹煮時間：直到食材微滾
靜置時間：1個晚上

第2天
烹煮時間：果醬煮沸後再煮10分鐘

220克的罐子6-7罐
未經加工處理的金桔（kumquats）
700克
百香果15顆，即帶籽果汁300毫升
結晶糖（sucre cristallisé）800克
小顆檸檬的檸檬汁1/2顆

美味加倍的搭配法
在蘭姆芭芭（baba au rhum）中填入以柳橙皮調味的打發鮮奶油，然後再加入些許百香金桔果醬享用。

第1天
以冷水沖洗並刷洗金桔。切成4塊。去籽。
金桔籽保留在細布（mousseline）中，綁緊開口。
將百香果切成2半，收集果汁和籽。
將金桔塊、帶籽百香果汁、糖、檸檬汁和包覆著金桔籽的細布倒入果醬鍋（bassine à confiture）。
煮至微滾，同時輕輕攪拌，接著將煮好的食材倒入大碗中，蓋上烤盤紙，於陰涼處保存1個晚上。

第2天
將上述材料倒入果醬鍋中。煮沸並輕輕攪拌。以旺火持續煮約10分鐘，同時不停攪拌。仔細撈去浮沫。
將幾滴果醬滴在冷的小盤上，檢查果醬的濃稠度：果醬應略為膠化。
將包有金桔籽的細布取出。
將果醬鍋離火，立即裝罐並加蓋。

★ 讓成品更特別的小細節
可用切成極薄的柳橙片來取代金桔，並加入些許肉桂。
請選擇堅硬的金桔，市面上以法國的圓形金桔品質最佳。其味道甜且細緻，糖漬後的果皮也可作為一道甜點。

百香柳橙洋梨果醬
CONFITURE DE FRUITS DE LA PASSION, ORANGES ET POIRES

第1天
準備時間：30分鐘
烹煮時間：煮沸後再煮5分鐘，
以燉煮柳橙片
直到食材微滾
靜置時間：1個晚上

第2天
烹煮時間：果醬煮沸後再煮10分鐘

220克的罐子6-7罐
百香果15顆，即帶籽果汁300毫升
洋梨850克，即淨重600克
未經加工處理的柳橙1顆（250克）
結晶糖（sucre cristallisé）
900克＋100克
水200毫升
小顆檸檬的檸檬汁1/2顆

美味加倍的搭配法
與烤義式麵包餅乾（biscottes grillées）
和布亞沙瓦杭（brillat-savarin）乳酪一起
享用。

第1天
將洋梨削皮，去梗，切成2半，挖去果核後切成厚2公釐的薄片。
沖洗並刷洗柳橙，然後切成極薄的圓形薄片。
在果醬鍋中燉煮柳橙片、100克的糖和200毫升的水。持續以文火煮至柳橙片變為半透明。
在煮好半透明柳橙片的果醬鍋（bassine à confiture）中再加入洋梨片、帶籽百香果汁、糖和檸檬汁。
煮至微滾並輕輕攪拌，接著將煮好的食材倒入大碗中，蓋上烤盤紙，於陰涼處保存1個晚上。

第2天
將上述材料倒入果醬鍋中。
煮沸並輕輕攪拌。
以旺火持續煮約10分鐘，同時不停攪拌。
仔細撈去浮沫。
將幾滴果醬滴在冷的小盤上，檢查果醬的濃稠度：果醬應略為膠化。
將果醬鍋離火，立即裝罐並加蓋。

★ 讓成品更特別的小細節
若您想製作百香果果凝，請依照製作檸檬果凝（199頁）的步驟進行，並以帶籽百香果汁來取代檸檬汁。若要取得500毫升的帶籽百香果汁，應準備約25至30顆的百香果。
在這道食譜中，可用蘋果來取代洋梨。

百香南瓜果醬
CONFITURE DE FRUITS DE LA PASSION ET POTIMARRON

第1天
準備時間：30分鐘
烹煮時間：燉煮南瓜約20分鐘
直到食材微滾
靜置時間：1個晚上

第2天
烹煮時間：果醬煮沸後再煮10分鐘

220克的罐子6-7罐
百香果20顆，即帶籽果汁400毫升
栗子南瓜(potimarron)1公斤，
即淨重600克
水1.5公升和鹽1撮
結晶糖(sucre cristallisé)900克
小顆檸檬的檸檬汁1/2顆

美味加倍的搭配法
加入摻有極細胡蘿蔔碎的芒果沙拉，和淋上濃鮮奶油的微溫布林煎餅(blinis)享用。

第1天
將百香果切成2半，收集果汁和籽。
將南瓜切成2半，然後切成8塊。去除籽和纖維，去皮，然後將果肉切成厚2公釐的薄片。
在不鏽鋼平底深鍋中，將1.5公升的水和鹽煮沸。倒入南瓜片，持續以文火煮約20分鐘，直到南瓜變軟。用漏勺瀝乾。
將南瓜、帶籽百香果汁、糖和檸檬汁倒入果醬鍋(bassine à confiture)中。
煮至微滾，同時輕輕攪拌，接著將煮好的食材倒入大碗中，蓋上烤盤紙，於陰涼處保存1個晚上。

第2天
將上述材料倒入果醬鍋中。煮沸並輕輕攪拌。以旺火持續煮約10分鐘，同時不停攪拌。仔細撈去浮沫。
將幾滴果醬滴在冷的小盤上，檢查果醬的濃稠度：果醬應略為膠化。
將果醬鍋離火，立即裝罐並加蓋。

★ 讓成品更特別的小細節
您也能將南瓜放入果菜磨泥機中(細網目)磨細，以製作更容易塗抹的果醬。請加入1刀尖的小荳蔻(cardamome)，可為這略帶酸味的果醬提味。

agrumes et fruits exotiques

甜柿果醬
CONFITURE DE KAKIS

第1天

準備時間：5分鐘

烹煮時間：直到食材微滾

靜置時間：1個晚上

第2天

烹煮時間：果醬煮沸後再煮10分鐘

220克的罐子6-7罐

甜柿(kakis)1.3公斤，即淨重1公斤

結晶糖(sucre cristallisé)850克

小顆檸檬的檸檬汁1/2顆

美味加倍的搭配法

法國吐司(pain perdu)和焦糖冰淇淋(crème glacée au caramel)；或是烤棍狀麵包(baguette)，並抹上以香料麵包香料和柳橙皮調味的奶油。

第1天

用刀將甜柿的蒂取下。去皮後切成8塊，然後去籽。將柿子切成小塊。

將柿子塊、糖和檸檬汁倒入果醬鍋(bassine à confiture)中。

煮至微滾，同時輕輕攪拌，接著將煮好的食材倒入大碗中，蓋上烤盤紙，於陰涼處保存1個晚上。

第2天

將上述食材倒入果醬鍋中。煮沸並輕輕攪拌。以旺火持續煮約10分鐘，同時不停攪拌。仔細撈去浮沫。

將幾滴果醬滴在冷的小盤上，檢查果醬的濃稠度：果醬應略為膠化。

將果醬鍋離火，立即裝罐並加蓋。

★ 讓成品更特別的小細節

甜柿的果肉很澀。在嚴寒或停留在溫度2℃以下之後，果肉會變得過熟且甜。若您買到太硬的柿子，請冷凍1個晚上，隔天使用前再退冰。

丁香甜柿芒果果醬
CONFITURE DE KAKIS, MANGUES ET CLOUS DE GIROFLE

第1天

同上

第2天

烹煮時間：果醬煮沸後再煮10分鐘

220克的罐子6-7罐

甜柿(kakis)650克，即淨重500克

芒果850克，即淨重500克

丁香(clous de girofle)8粒

結晶糖(sucre cristallisé)900克

小顆檸檬的檸檬汁1/2顆

美味加倍的搭配法

搭配新鮮的牛乳、羊乳或山羊乳酪。

第1天

甜柿的準備及切割同上述的甜柿果醬。將芒果削皮，將果肉從果核上取下，然後切成厚2公釐的薄片。將柿子塊、芒果片、丁香、糖和檸檬汁倒入果醬鍋(bassine à confiture)。煮至微滾並輕輕攪拌，接著將煮好的食材倒入大碗中，蓋上烤盤紙，於陰涼處保存1個晚上。

第2天

將上述食材倒入果醬鍋中，接下來的步驟同上。

★ 讓成品更特別的小細節

可在烹煮初期加入100毫升的蘋果醋，以及磨碎的黑胡椒、迷迭香(romarin)、百里香和新鮮月桂葉(laurier)，煮10分鐘以上。在烹煮結束時將香料取出，然後搭配烤肉來享用這道略帶酸甜的辛香果醬。

香料麵包甜柿果泥醬
MARMELADE DE KAKIS AUX ÉPICES À PAIN D'ÉPICE

第 1 天

準備時間：5分鐘

烹煮時間：直到食材微滾

靜置時間：1個晚上

第 2 天

烹煮時間：果醬煮沸後再煮10分鐘

220克的罐子6-7罐

甜柿（kakis）1.3公斤，即淨重1公斤

結晶糖（sucre cristallisé）850克

香料麵包香料1克

未經加工處理，切成細碎的柳橙皮
1顆

小顆檸檬的檸檬汁1/2顆

美味加倍的搭配法

將厚果肉的小番茄中心部分挖去，填入
皮力歐許（brioche）丁、香料麵包甜柿果
泥醬、松子等混合物，然後擺在焗烤盤
上，放入165℃（熱度5/6）的烤箱中烘烤
40分鐘，然後均勻地淋上柳橙汁和些許
甜酒，即可上桌。

編註

香料麵包的香料是指 --- 混合了丁香、肉
荳蔻、肉桂、薑四種香料而成。

第1天

用刀將甜柿的蒂取下。去皮後切成8塊，然後去籽。將柿子切成小塊。

將柿子塊、糖、香料麵包香料、柳橙皮和檸檬汁倒入果醬鍋（bassine à confiture）。

煮至微滾，同時輕輕攪拌，接著將煮好的食材倒入大碗中，蓋上烤盤紙，於陰涼處
保存1個晚上。

第2天

將上述食材倒入果醬鍋中。

煮沸並輕輕攪拌。

以旺火持續煮約10分鐘，同時不停攪拌。

仔細撈去浮沫。

用電動攪拌器將材料攪打至細泥狀。再煮沸1次。

將幾滴果泥醬滴在冷的小盤上，檢查果泥醬的濃稠度：果泥醬應略為膠化。

將果醬鍋離火，立即裝罐並加蓋。

★ 讓成品更特別的小細節

可用切成薄片的500克蘋果或洋梨來取代甜柿。在這種情況下，請勿用電動攪拌器來
攪打果醬。

奇異果醬
CONFITURE DE KIWIS

第1天
準備時間：10分鐘
烹煮時間：直到食材微滾
靜置時間：1個晚上

第2天
烹煮時間：果醬煮沸後再煮10分鐘

220克的罐子6-7罐
奇異果1.3公斤，即淨重1公斤
結晶糖（sucre cristallisé）800克
小顆檸檬的檸檬汁1/2顆

美味加倍的搭配法
淋上些許奇異果醬在香草冰淇淋上，接著撒些柳橙瓣或小塊的芒果和新鮮鳳梨享用。

第1天
將奇異果削皮，切成2半，接著切成厚5公釐的薄片。
將奇異果塊、糖和檸檬汁倒入果醬鍋（bassine à confiture）。
煮至微滾，同時輕輕攪拌，接著將煮好的食材倒入大碗中，蓋上烤盤紙，於陰涼處保存1個晚上。

第2天
將上述材料倒入果醬鍋中。
煮沸並輕輕攪拌。
以旺火持續煮約10分鐘，同時不停攪拌。
仔細撈去浮沫。
將幾滴果醬滴在冷的小盤上，檢查果醬的濃稠度：果醬應略為膠化。
將果醬鍋離火，立即裝罐並加蓋。

★ **讓成品更特別的小細節**
您可用削皮刀取下柳橙皮或檸檬皮，經過燉煮並切成薄片，再加入一些小荳蔻來為這道果醬調味。當奇異果還很硬時，您可用削皮刀來削皮，否則就用鋒利的水果刀（couteau d'office）。別忘了去掉長在水果內部，即果柄延長部分，中心的刺狀小木塊。
若要製作奇異果檸檬果醬：
用冷水沖洗並刷洗2顆漂亮的檸檬。切成厚1公釐的圓形薄片。在果醬鍋中煮檸檬片、200克的糖和200毫升的水。持續以文火煮至檸檬片變為半透明。加入奇異果塊、糖和檸檬汁，繼續同上述方式烹煮。
填入鋪有蛋白糖霜（Glace royale）的千層棒（baton feuilleté）來品嚐這道果醬；在比利時，人們稱之為「拇指湯姆（tom pouce）」。將這棍狀糕點切成2半，填入些許這道帶有微酸味的果醬。

香蕉柳橙奇異果醬
CONFITURE DE KIWIS, BANANES ET ORANGES

第1天
準備時間：15分鐘
烹煮時間：直到食材微滾
靜置時間：1個晚上

第2天
烹煮時間：果醬煮沸後再煮10分鐘

220克的罐子6-7罐
奇異果650克，即淨重500克
香蕉460克，即淨重300克
結晶糖（sucre cristallisé）800克
柳橙汁200毫升，即2顆漂亮柳橙
的果汁
小顆檸檬的檸檬汁1/2顆

美味加倍的搭配法
小瑞士（petits-suisses）和香草蛋糕，或
填入香橙干邑舒芙蕾（soufflé au Grand
Marnier）享用。

第1天
將奇異果削皮，從長邊切成2半，接著切成厚5公釐的薄片。
將香蕉剝皮，然後切成厚1公釐的薄片。
將奇異果片、香蕉片、糖、柳橙汁和檸檬汁倒入果醬鍋（bassine à confiture）中。
煮至微滾並輕輕攪拌，接著將煮好的食材倒入大碗中，蓋上烤盤紙，於陰涼處保存
1個晚上。

第2天
將上述材料倒入果醬鍋中。煮沸並輕輕攪拌。以旺火持續煮約10分鐘，同時不停攪拌。
仔細撈去浮沫。
將幾滴果醬滴在冷的小盤上，檢查果醬的濃稠度：果醬應略為膠化。
將果醬鍋離火，立即裝罐並加蓋。

★ 讓成品更特別的小細節
可用鳳梨取代香蕉，或用帶籽的百香果汁來取代柳橙汁。您也能用削皮刀取下柳橙皮，
用沸水燙煮並加入1撮的鹽，然後以冷水降溫，接著切成薄片，再加入第1天烹煮的食
材中。

金桔柳橙果醬
CONFITURE DE KUMQUATS ET ORANGES

第1天
準備時間：30分鐘
烹煮時間：直到食材微滾
靜置時間：1個晚上

第2天
烹煮時間：果醬煮沸後再煮10分鐘

220克的罐子6-7罐
未經加工處理的金桔850克
柳橙汁300毫升，即3顆漂亮柳橙
的果汁
結晶糖（sucre cristallisé）
400克＋400克
小顆檸檬的檸檬汁1/2顆

美味加倍的搭配法
鋪在填有橙花杏仁奶油醬（*crème d'amandes parfumée à l'eau de fleur d'oranger*）的千層塔底。

第1天
以冷水沖洗並刷洗金桔。切成4塊。去籽。將籽保留在細布中，繫緊開口。
將金桔塊、柳橙汁、400克的糖、檸檬汁和包著籽的細布倒入果醬鍋（bassine à confiture）。
煮至微滾，同時輕輕攪拌，接著將煮好的食材倒入大碗中，蓋上烤盤紙，於陰涼處保存1個晚上。

第2天
將上述食材倒入果醬鍋中。
煮沸並輕輕攪拌。加入400克的糖，再煮沸1次。
以旺火持續煮約10分鐘，同時不停攪拌。
仔細撈去浮沫。
將幾滴果醬滴在冷的小盤上，檢查果醬的濃稠度：果醬應略為膠化。
將包有籽的細布取出。
將果醬鍋離火，立即裝罐並加蓋。

★ 讓成品更特別的小細節
由於金桔是連果皮還有包在細布中的籽一起燉煮，因此其凝膠能力非常重要。分2次加入糖（第1天燉煮時加入400克，隔天再加入400克）讓金桔更能糖漬入味。以較濃的糖漿將未事先經沸水燙煮的果皮淹漬。
請選擇法國的圓形金桔，可於2、3和4月在法國的市場上找到。其味甜且果皮細緻。
若要製作金桔芒果柳橙醬，請秤淨重400克的金桔、淨重400克的芒果和300毫升的柳橙汁。

伯爵金桔果醬
CONFITURE DE KUMQUATS AU THÉ EARL GREY

第1天

準備時間：30分鐘

烹煮時間：直到食材微滾

靜置時間：1個晚上

第2天

準備時間：用水泡茶5分鐘

烹煮時間：果醬煮沸後再煮15分鐘

220克的罐子6-7罐

未經加工處理的金桔1公斤

結晶糖(sucre cristallisé)

400克＋400克

小顆檸檬的檸檬汁1/2顆

水200毫升

伯爵茶(thé Earl Grey)25克

美味加倍的搭配法

抹上濃鮮奶油(crème épaisse)的小司康餅(scone)和一杯伯爵茶。

第1天

以冷水沖洗並刷洗金桔。切成4塊。去籽。將籽保留在細布中，繫緊開口。

將金桔塊、400克的糖、檸檬汁和包著籽的細布倒入果醬鍋(bassine à confiture)。

煮至微滾並輕輕攪拌，接著將煮好的食材倒入大碗中，蓋上烤盤紙，於陰涼處保存1個晚上。

第2天

將上述食材倒入果醬鍋中。

煮沸並輕輕攪拌。加入400克的糖，再煮沸1次。

以旺火持續煮約10分鐘，同時不停攪拌。仔細撈去浮沫。

在這段時間，請用水泡茶：浸泡3分鐘。過濾。

將茶液倒入果醬中。再度煮沸，以旺火煮約5分鐘，一邊輕輕攪拌。

將幾滴果醬滴在冷的小盤上，檢查果醬的濃稠度：果醬應略為膠化。

將包有籽的細布取出。

將果醬鍋離火，立即裝罐並加蓋。

★ 讓成品更特別的小細節

為了保存茶的味道，請在果醬烹煮尾聲再加入茶液。大吉嶺茶和金桔的搭配也同樣美味。

agrumes et fruits exotiques

芒果果醬
CONFITURE DE MANGUES

第1天
準備時間：20分鐘
烹煮時間：直到食材微滾
靜置時間：1個晚上

第2天
烹煮時間：果醬煮沸後
再煮5至10分鐘

220克的罐子6-7罐
芒果1.7公斤，即淨重1公斤
結晶糖(sucre cristallisé)900克
小顆檸檬的檸檬汁1/2顆

美味加倍的搭配法
以公爵夫人麵糊(*pâte à duchesse*)製成
的酥脆椎形蛋捲(*cornet croustillant*)，
再搭配些許的瑪斯卡邦乳酪最美味。

第1天
將芒果削皮，將果肉從果核上取下，切成厚2公釐的薄片。將芒果片、糖和檸檬汁倒
入果醬鍋(bassine à confiture)。
煮至微滾並輕輕攪拌，接著將煮好的食材倒入大碗中，蓋上烤盤紙，於陰涼處保存
1個晚上。

第2天
將材料倒入果醬鍋中。煮沸並輕輕攪拌。以旺火持續煮約5至10分鐘，同時不停攪拌。
仔細撈去浮沫。
將幾滴果醬滴在冷的小盤上，檢查果醬的濃稠度：果醬應略為膠化。
將果醬鍋離火，立即裝罐並加蓋。

★ 讓成品更特別的小細節
請選擇果肉入口即化，但仍堅硬的成熟芒果。第2天，將煮好的食材分成2份，用電
動攪拌器攪打其中一份成果泥，接著將攪打過的果泥和含薄片的果醬倒入果醬鍋中，
再煮最後一次。這道一半經過電動攪拌器攪打的果醬將更為滑順。

第1天
同上

第2天
烹煮時間：果醬煮沸後再煮10分鐘

220克的罐子6-7罐
芒果700克，即淨重400克
漂亮的青檸檬800克，即果汁
200毫升
鳳梨1公斤，即淨重400克
結晶糖(sucre cristallisé)900克
磨碎的香菜籽(graines de
coriandre pilées)20克

美味加倍的搭配法
微甜的香草米布丁(*riz au lait à la vanille*)。

香菜青檸鳳梨芒果果醬
CONFITURE DE MANGUES, ANANAS
ET CITRONS VERTS À LA CORIANDRE

第1天
將芒果削皮，將果肉從果核上取下，切成厚2公釐的薄片。將青檸檬榨汁，將果汁用
漏斗型網篩過濾，然後將籽保留在細布中，繫緊開口。去掉鳳梨的厚皮。從長邊切成
4塊，去掉中心木質的部分，接著將鳳梨塊切成厚2公釐的薄片。
將芒果片、鳳梨薄片、青檸汁、糖、香菜籽和包著青檸籽的細布倒入果醬鍋(bassine
à confiture)。
煮至微滾並輕輕攪拌，接著將煮好的食材倒入大碗中，蓋上烤盤紙，於陰涼處保存
1個晚上。

第2天
步驟同上述的芒果醬，但請取出包著籽的細布。

★ 讓成品更特別的小細節
可用小荳蔻粉來取代香菜籽。在烹煮初期加入*150*毫升的白酒醋和些許的艾斯伯雷紅
椒(*Espelette*)粉，並搭配辛香烤肉來享用這道果醬。

百香柳橙芒果果醬
CONFITURE DE MANGUES, ORANGES ET FRUITS DE LA PASSION

第1天

準備時間：30分鐘

烹煮時間：煮沸後再煮5分鐘以燉煮柳橙片

直到食材微滾

靜置時間：1個晚上

第2天

烹煮時間：果醬煮沸後再煮10分鐘

220克的罐子6-7罐

芒果850克，即淨重500克

柳橙500克，即去皮果瓣與果汁

250克

百香果12顆，即帶籽果汁250毫升

結晶糖（sucre cristallisé）

1公斤＋100克

小顆檸檬的檸檬汁1/2顆

未經加工處理的柳橙1顆（250克）

水200毫升

美味加倍的搭配法

淋在水果串上，並搭配以柳橙皮調味的可麗餅享用。

第1天

將芒果削皮，將果肉從果核上取下，切成小丁。

將柳橙的外皮割下，請務必去掉果皮和白色中果皮，接著用小刀將水果內部的隔膜割下，以取出果瓣。為收集所有的果汁，請務必仔細擠壓隔膜。用細布（mousseline）收集柳橙籽，繫緊開口。

將百香果切成2半，收集果汁和籽。

將芒果丁、柳橙果瓣及果汁、帶籽的百香果汁、1公斤的糖、檸檬汁和包著柳橙籽的細布倒入果醬鍋（bassine à confiture）。

煮至微滾，同時輕輕攪拌，接著將煮好的食材倒入大碗中，蓋上烤盤紙，於陰涼處保存1個晚上。

第2天

以冷水沖洗並刷洗未經加工處理的1顆柳橙，然後切成極薄的圓形薄片。

在果醬鍋中燉煮柳橙片、100克的糖和200毫升的水。持續以文火煮至柳橙片變為半透明。

在煮好半透明柳橙片的果醬鍋中加入第1天燉煮過的芒果、柳橙果瓣和百香果等材料。煮沸並輕輕攪拌。

以旺火持續煮約10分鐘，同時不停攪拌。

仔細撈去浮沫。

將幾滴果醬滴在冷的小盤上，檢查果醬的濃稠度：果醬應略為膠化。

將包有籽的細布取出。

將果醬鍋離火，立即裝罐並加蓋。

★ 讓成品更特別的小細節

可用葡萄柚或檸檬果瓣來取代柳橙果瓣，製作較酸的果醬。

請選擇馬利（Mali）品種的芒果。最優質的芒果於5月中至6月底在法國上市。

第1天
準備時間：30分鐘
烹煮時間：直到食材微滾
靜置時間：1個晚上

第2天
烹煮時間：果醬煮沸後再煮10分鐘

220克的罐子6-7罐
荔枝650克，即淨重400克
洋梨850克，即淨重600克
結晶糖(sucre cristallisé)1公斤
小顆檸檬的檸檬汁1/2顆

美味加倍的搭配法

辛香洋梨雪酪(sorbet aux poires et épices)；
或香草冰淇淋(crème glacée à la vanille)
和酥脆千層派(feuilletés croustillants)。

荔枝洋梨果醬
CONFITURE DE LITCHIS ET POIRES

第1天

將荔枝剝皮，去核，然後切成3塊。將洋梨削皮，去梗，切成2半，挖去果核後切成厚2公釐的薄片。

將荔枝、洋梨片、糖和檸檬汁倒入果醬鍋(bassine à confiture)中，煮至微滾並輕輕攪拌。

將煮好的食材倒入大碗中，蓋上烤盤紙，於陰涼處保存1個晚上。

第2天

將煮好的材料倒入果醬鍋中。煮沸並輕輕攪拌。以旺火持續煮約10分鐘，同時不停攪拌。仔細撈去浮沫。

將幾滴果醬滴在冷的小盤上，檢查果醬的濃稠度：果醬應略為膠化。

將果醬鍋離火，立即裝罐並加蓋。

★ 讓成品更特別的小細節

若要用香料為這道果醬調味，請在烹煮的最後加入1刀尖的小荳蔻和200克的蘋果果凝，讓果醬更容易膠化。事實上，以荔枝為基底所製作的果醬較難膠化，加入蘋果果凝可大有助益。

第1天和第2天
同上

220克的罐子6-7罐
荔枝650克，即淨重400克
蘋果850克，即淨重600克
結晶糖(sucre cristallisé)1公斤
小顆檸檬的檸檬汁1/2顆
玫瑰花水(eau de rose)50毫升

美味加倍的搭配法

在放有蘭斯玫瑰餅乾(biscuits roses de Reims)的玻璃杯中放上一大匙的瑪斯卡邦奶油醬(crème de mascarpone)，些許玫瑰蘋果荔枝醬和新鮮荔枝，並用新鮮的覆盆子作為裝飾；或鋪在裝有格烏茲塔明那冰沙 (granité au gewurztraminer) 的杯中，再淋上格烏茲塔明那酒。

玫瑰蘋果荔枝果醬
CONFITURE DE LITCHIS ET POMMES À LA ROSE

第1天

這道食譜由上述的荔枝洋梨果醬變化而來。只需將洋梨換成蘋果即可。

第2天

在果醬烹煮完成後加入玫瑰花水，接著再煮沸1次，然後將果醬裝罐。

★ 讓成品更特別的小細節

在最後一次沸騰之前，加入幾片乾燥的玫瑰花瓣。您也能用100毫升帶籽的百香果汁來取代玫瑰花水，製作出另一種略帶酸味的果醬。

柳橙果醬
CONFITURE D'ORANGES

第1天

準備時間：30分鐘

烹煮時間：煮沸後再煮30分鐘以
燉煮蘋果
煮沸後再煮5分鐘以燉煮柳橙片
直到食材微滾
靜置時間：1個晚上

第2天

烹煮時間：果醬煮沸後再煮10分鐘

220克的罐子6-7罐
柳橙約1.2公斤，即果汁500毫升
史密斯奶奶蘋果(pomme granny
smith)750克
未經加工處理的柳橙2顆(500克)
結晶糖(sucre cristallisé)
1公斤＋200克
水800毫升＋400毫升
小顆檸檬的檸檬汁1/2顆

美味加倍的搭配法

鋪在柔軟的香料麵包裡，搭配香橙干
邑可麗餅(crêpe à la liqueur de Grand
Marnier)；或是搭配巧克力軟心蛋糕
(moelleux au chocolat)和鹽之花巧克力
小酥餅(petits sablés au chocolat et à la
fleur de sel)；或是微甜的巧克力布丁派
(flan au chocolat)。

第1天

以冷水沖洗蘋果。去梗，將蘋果切成4塊，但不削皮。將蘋果和800毫升的水倒入
不鏽鋼平底深鍋中。

煮沸。持續以文火約30分鐘，用木杓不停攪拌。

將上述材料倒入極細的漏斗型網篩中，用漏勺輕輕按壓水果以收集果汁。

秤量500毫升的蘋果汁。將柳橙榨汁。秤500毫升的柳橙果汁並將柳橙籽保留在細布
中，繫緊開口。

用冷水沖洗並刷洗未經加工處理的柳橙，切成厚1公釐的薄片。

用果醬鍋(bassine à confiture)燉煮柳橙片、200克的糖和400毫升的水。持續煮沸
至柳橙片變為半透明。

在裝有糖漬柳橙片的果醬鍋中加入蘋果汁、柳橙汁、1公斤的糖、檸檬汁和包著柳橙
籽的細布。

煮至微滾並輕輕攪拌，接著將煮好的食材倒入大碗中，蓋上烤盤紙，於陰涼處保存
1個晚上。

第2天

將煮好的材料倒入果醬鍋中。煮沸並輕輕攪拌。以旺火持續煮約10分鐘，同時不停
攪拌。仔細撈去浮沫。

將幾滴果醬滴在冷的小盤上，檢查果醬的濃稠度：果醬應略為膠化。

將包有籽的細布取出。

將果醬鍋離火，立即裝罐並加蓋。

★ 讓成品更特別的小細節

2月最好選擇多汁而甜的馬爾他血橙(oranges maltaises)，3月則選擇血橙(sanguines)；
4月的臍橙(oranges navels)也同樣美味。若您想製作無柳橙塊的果醬，可在烹煮結束
後用電動攪拌器攪打這道果醬。您可用去掉外皮並切成薄片的500克柳橙果瓣來代替
柳橙汁。

在這道食譜中，可用250毫升的帶籽百香果汁，和充分成熟且切成薄片的250克芒果
來取代250毫升蘋果汁。在烹煮時，請用肉桂和3顆八角茴香來調味，這將會是道非
常可口的果醬。可以用這道食譜為基礎，製作血橙或苦橙果醬：約2公斤的苦橙可榨出
500克的果汁。在這2道果醬的成分中，請選擇馬爾他血橙，切成薄片並加以燉煮。

agrumes et fruits exotiques

柳橙果泥醬
MARMELADE D'ORANGES

第1天

準備時間：15分鐘

烹煮時間：煮沸後再煮20分鐘以
燉煮柳橙
直到食材微滾

靜置時間：1個晚上

第2天

烹煮時間：果泥醬煮沸後再煮15分鐘

220克的罐子6-7罐
未經加工處理的柳橙700克
柳橙750克，即柳橙汁300毫升
結晶糖(sucre cristallisé)1公斤
小顆檸檬的檸檬汁1顆

美味加倍的搭配法

製成鋪上苦甜巧克力甘那許的巧克力軟
心蛋糕體(biscuit au chocolat moelleux)；
或牛奶巧克力芭菲(parfait au chocolat
au lait)搭配巧克力千層派。這道果泥醬
搭配牛軋糖雪糕(nougat glacé)、核桃蛋
糕或香料麵包磅蛋糕(quatre-quart aux
épices à pain d'épices)也同樣美味。

第1天

將750克柳橙榨汁並將果汁預留備用。以冷水沖洗並刷洗未經加工處理的700克
柳橙。

取1大鍋的水煮沸。將整顆柳橙浸入沸水中，煮至微滾。持續以文火約20分鐘。

將柳橙放入1盆冷水中降溫，接著瀝乾。

瀝乾的柳橙切成厚4公釐的圓形薄片。

將柳橙片、柳橙汁、糖和檸檬汁倒入果醬鍋(bassine à confiture)。

煮至微滾並輕輕攪拌，接著將煮好的食材倒入大碗中，蓋上烤盤紙，於陰涼處保存
1個晚上。

第2天

將煮好的材料倒入果醬鍋中。煮沸並輕輕攪拌。以旺火持續煮約10分鐘，同時不停
攪拌。仔細撈去浮沫。用電動攪拌器攪打果醬成泥狀。

再煮沸5分鐘並輕輕攪拌。

將幾滴果泥醬滴在冷的小盤上，檢查果泥醬的濃稠度：果泥醬應略為膠化。

將果醬鍋離火，立即裝罐並加蓋。

★ 讓成品更特別的小細節

用苦橙或血橙取代柳橙來完成這道食譜也是同樣美味。在烹煮前水煮柑橘類水果可去
除部分的苦澀味，並使果皮軟化。若您想製作略甜的果泥醬，請水煮數次，而且每次
都要換水。

這道果泥醬搭配鹽之花巧克力小酥餅、焦糖奶油醬或微甜的巧克力布丁派都相當
美味。

黃葡萄柚果凝
GELÉE DE PAMPLEMOUSSE JAUNE

第1天

準備時間：20分鐘

烹煮時間：煮沸後再煮30分鐘以
燉煮蘋果

靜置時間：1個晚上

第2天

準備時間：20分鐘

烹煮時間：煮沸後再煮5分鐘以
燉煮葡萄柚果皮

果凝煮沸後再煮10分鐘

220克的罐子6-7罐

黃葡萄柚(pamplemousses
jaunes)1公斤，即果汁500毫升

史密斯奶奶蘋果(pommes granny
smith)750克

水800毫升＋400毫升

結晶糖(sucre cristallisé)1公斤

未經加工處理的黃葡萄柚1顆

小顆檸檬的檸檬汁1/2顆

鹽1撮

美味加倍的搭配法

魚：江鱈(lotte)、比目魚(turbot)。先將
些許這道果凝刷在魚上，然後再烘烤，
或是用一些混入些許黃葡萄柚果凝的橄
欖油來油煎魚塊，接著撒上鹽和胡椒。
因此，請選擇不沾鍋。

第1天

以冷水沖洗蘋果。去梗，將蘋果切成4塊，但不削皮。將蘋果和800毫升的水倒入
不鏽鋼平底深鍋中。

煮沸。持續以文火約30分鐘，用木杓不停攪拌。

將上述材料倒入極細的漏斗型網篩中，用漏勺輕輕按壓水果以收集蘋果汁。

讓蘋果汁於陰涼處靜置1個晚上。

第2天

從所獲得的蘋果汁中秤出500毫升，但請勿使用沉澱在容器底部的蘋果果肉。

將黃葡萄柚榨汁。用漏斗型網篩過濾果汁。將這果汁秤出500毫升，並將籽保留在
細布中，繫緊開口。

用冷水沖洗並刷洗未經加工處理的1顆葡萄柚。用削皮刀將果皮切成寬帶狀。

在小型平底深鍋中，燉煮這些果皮、400毫升的水和1撮鹽。將果皮浸入冷水中降溫
數秒，然後切成極薄的薄片。

將蘋果汁、葡萄柚汁、糖、檸檬汁、葡萄柚皮和包著黃葡萄柚籽的細布倒入果醬鍋中。

煮沸並輕輕攪拌。以旺火持續煮約10分鐘，同時不停攪拌。仔細撈去浮沫。

將幾滴果凝滴在冷的小盤上，檢查果凝的濃稠度：果凝應略為膠化。

將包有籽的細布取出。

將果醬鍋離火，立即裝罐並加蓋。

★ 讓成品更特別的小細節

這道食譜若以粉紅葡萄柚製作也同樣美味。可在這道果凝中加入些許的小荳蔻粉，
果凝會變得更加精緻。

粉紅葡萄柚果醬
CONFITURE DE PAMPLEMOUSSES ROSES

第1天

準備時間：30分鐘

烹煮時間：煮沸後再煮30分鐘以
燉煮蘋果

煮沸後再煮5分鐘以燉煮葡萄柚薄片
直到食材微滾

靜置時間：1個晚上

第2天

烹煮時間：果醬煮沸後再煮10分鐘

220克的罐子6-7罐

粉紅葡萄柚(pamplemousses
rose)1公斤，即果汁500毫升

史密斯奶奶蘋果(pommes granny
smith)750克

水800毫升＋300毫升

未經加工處理的粉紅葡萄柚1顆

結晶糖(sucre cristallisé)

1公斤＋100克

小顆檸檬的檸檬汁1/2顆

美味加倍的搭配法

鋪在填有香草巴伐露(bavaroise à la
vanille)的愛之井(Puits d'amour)中；
或是搭配瑪斯卡邦乳酪奶油醬；或是
以薑調味的布丁塔(flan)和小費南雪
(financier)。

第1天

以冷水沖洗蘋果。去梗，將蘋果切成4塊，但不削皮。將蘋果和800毫升的水倒入不鏽鋼平底深鍋中。

煮沸。持續以文火煮約30分鐘，用木杓不停攪拌。

將上述材料倒入極細的漏斗型網篩中，用漏勺輕輕按壓水果以收集蘋果汁。

秤量500毫升的蘋果汁。將葡萄柚榨汁。秤500毫升的葡萄柚汁，並將葡萄柚籽保留在細布中，繫緊開口。

用冷水沖洗並刷洗未經加工處理的1顆葡萄柚，切成厚1公釐的薄片。

在果醬鍋(bassine à confiture)中燉煮葡萄柚薄片、100克的糖和300毫升的水。持續煮沸至葡萄柚片變為半透明。

再加入蘋果汁、粉紅葡萄柚汁、1公斤的糖、檸檬汁和包著葡萄柚籽的細布。

煮至微滾並輕輕攪拌，接著將煮好的食材倒入大碗中，蓋上烤盤紙，於陰涼處保存1個晚上。

第2天

將煮好的材料倒入果醬鍋中。煮沸並輕輕攪拌。以旺火持續煮約10分鐘，同時不停攪拌。仔細撈去浮沫。

將幾滴果醬滴在冷的小盤上，檢查果醬的濃稠度：果醬應略為膠化。

將包有籽的細布取出。

將果醬鍋離火，立即裝罐並加蓋。

★ 讓成品更特別的小細節

用磨碎的胡椒為這道果醬調味，可用來為扇貝(saint-jacques)或明蝦(gambas)的醬料提味：在甲殼類的烹煮湯汁中加入1大匙粉紅葡萄柚果醬、100毫升的白酒和100毫升的液狀鮮奶油(crème fraîche fluide)。煮沸後淋在甲殼類上，然後立即享用。

金合歡蜜蘋果粉紅葡萄柚果醬
CONFITURE DE PAMPLEMOUSSES ROSES ET POMMES AU MIEL D'ACACIA

第1天
準備時間：30分鐘
烹煮時間：煮沸後再煮5分鐘以
燉煮葡萄柚薄片
直到食材微滾
靜置時間：1個晚上

第2天
烹煮時間：果醬煮沸後再煮10分鐘

220克的罐子6-7罐
粉紅葡萄柚（pamplemousse rose）1公斤，即淨重500克
蘋果750克，即淨重500克
未經加工處理的粉紅葡萄柚1顆
結晶糖（sucre cristallisé）
800克＋100克
水300毫升
金合歡花蜜（miel d'acacia）
200克
小顆檸檬的檸檬汁1/2顆

美味加倍的搭配法
以香草調味，甜度極低的卡士達奶油醬（crème pâtissière）和榛果小馬卡龍（petits macarons aux noisettes），或是填入鮮梨烤麵屑（crumble de poires fraîches）中享用。

第1天
將葡萄柚的外皮切去，務必去掉果皮和白色的中果皮。
用鋸齒刀將葡萄柚切成2半，接著切成厚1公釐的薄片。將葡萄柚籽保留在細布中。
將蘋果削皮，去梗，切成2半，挖去果核後切成厚2公釐的薄片。
用冷水沖洗並刷洗未經加工處理的葡萄柚1顆，切成2半後再將每半顆葡萄柚切成極薄的圓形薄片。
在果醬鍋（bassine à confiture）中燉煮葡萄柚薄片、100克的糖和300毫升的水。持續煮沸至葡萄柚片變為半透明。
再加入蘋果片、粉紅葡萄柚片、800克的糖、花蜜、檸檬汁和包著葡萄柚籽的細布。
煮至微滾並輕輕攪拌，接著將煮好的食材倒入大碗中，蓋上烤盤紙，於陰涼處保存1個晚上。

第2天
將煮好的材料倒入果醬鍋中。煮沸並輕輕攪拌。以旺火持續煮約10分鐘，同時不停攪拌。仔細撈去浮沫。
將幾滴果醬滴在冷的小盤上，檢查果醬的濃稠度：果醬應略為膠化。
將包有籽的細布取出。
將果醬鍋離火，立即裝罐並加蓋。

★ 讓成品更特別的小細節
無論如何都要選擇夠重，果皮堅硬且有光澤的葡萄柚。若這些葡萄柚太輕，部分果肉是乾燥的，可榨取的果汁就不多。黃葡萄柚較苦，而粉紅葡萄柚較甜。
在這道食譜中，您可用洋梨或金桔來取代蘋果。

柑橘四果醬（青檸檬、黃檸檬、葡萄柚和柳橙）
CONFITURE AUX QUATRE AGRUMES (CITRONS VERTS, CITRONS JAUNES, PAMPLEMOUSSES ET ORANGES)

第1天
準備時間：30分鐘
烹煮時間：煮沸後再煮5分鐘以
燉煮柳橙片
直到食材微滾
靜置時間：1個晚上

第2天
烹煮時間：果醬煮沸後再煮10分鐘

220克的罐子6-7罐
柳橙500克，即未經加工處理的
漂亮柳橙2顆
黃檸檬（citron jaune）350克，
即漂亮的黃檸檬3顆
青檸檬350克，即漂亮的青檸檬
5顆
葡萄柚350克，即1顆
結晶糖（sucre cristallisé）
800克＋200克
水400毫升
小顆檸檬的檸檬汁2顆

美味加倍的搭配法
鋪在使用法式杏仁塔皮的杏桃塔底部。

第1天
切去青檸檬、黃檸檬和葡萄柚的外皮，務必要去除果皮和白色的中果皮。用小刀割開每顆柑橘水果內部的隔膜，取下果瓣。將籽保留在細布中，繫緊開口。
用冷水沖洗並刷洗柳橙，然後切成厚1公釐的薄片。
在果醬鍋（bassine à confiture）中燉煮柳橙片、200克的糖和400毫升的水。持續以文火煮沸至柳橙片變為半透明。
在果醬鍋中續加入3種柑橘果瓣（500克）、糖、檸檬汁和包著籽的細布。
煮至微滾並輕輕攪拌，接著將煮好的食材倒入大碗中。
蓋上烤盤紙，於陰涼處保存1個晚上。

第2天
將煮好的材料倒入果醬鍋中。煮沸並輕輕攪拌。
以旺火持續煮約10分鐘，同時不停攪拌。
仔細撈去浮沫。
將幾滴果醬滴在冷的小盤上，檢查果醬的濃稠度：果醬應略為膠化。
將包有籽的細布取出。
將果醬鍋離火，立即裝罐並加蓋。

★ 讓成品更特別的小細節
務必將柳橙切成極薄的薄片，並以文火燉煮。在這烹煮過程中，柳橙片將首次煮熟並變為半透明狀。若柑橘水果片燉煮得不夠充分，水果片還是硬硬的，可能會導致果醬的發酵。

黃檸檬果泥醬
MARMELADE DE CITRONS JAUNES

第1天

準備時間：15分鐘

烹煮時間：煮沸後再煮15分鐘以燉煮檸檬

烹煮時間：直到食材微滾

靜置時間：1個晚上

第2天

烹煮時間：果醬煮沸後再煮15分鐘

220克的罐子6-7罐

未經加工處理的黃檸檬500克

漂亮的黃檸檬約1.3公斤，即果汁500毫升

結晶糖（sucre cristallisé）1公斤

美味加倍的搭配法

富含奶油的糕點，如布列塔尼酥餅（*Galettes bretonnes*）和楓丹白露（*fontainebleau*）。

第1天

將1.3公斤檸檬榨汁，將果汁預留備用。

以冷水沖洗並刷洗未經加工處理的500克檸檬。將1大鍋的水煮沸。將整顆檸檬浸入沸水中，煮至微滾。

持續以文火煮約15分鐘。

浸入1盆冷水中冰鎮，接著瀝乾。

切成厚4公釐的圓形薄片。將檸檬片、檸檬汁和糖倒入果醬鍋中。煮至微滾並輕輕攪拌，接著將煮好的食材倒入大碗中。

蓋上烤盤紙，於陰涼處保存1個晚上。

第2天

將煮好的材料倒入果醬鍋中。煮沸並輕輕攪拌。以旺火持續煮約10分鐘，同時不停攪拌。撈去浮沫。

用電動攪拌器將材料打至細碎。再煮沸5分鐘，一邊攪拌。

將幾滴果泥醬滴在冷的小盤上，檢查果泥醬的濃稠度：果泥醬應略為膠化。

將果醬鍋離火，立即裝罐並加蓋。

★ 讓成品更特別的小細節

若要製作黃檸檬和青檸檬果泥醬，請使用青檸檬汁，但黃檸檬最好切成塊狀，再以電動攪拌器攪打。

小荳蔻黃檸檬蘋果洋梨果泥醬
MARMELADE DE CITRONS JAUNES, POMMES ET POIRES À LA CARDAMOME

第1天和第2天

同上

220克的罐子6-7罐

未經加工處理的漂亮檸檬2顆

威廉洋梨（poires Williams）550克，即淨重400克

蘋果550克，即淨重400克

結晶糖（sucre cristallisé）900克＋100克

水300毫升

小荳蔻粉1克

小顆檸檬的檸檬汁3顆

美味加倍的搭配法

搭配費南雪（*financier*）或香草蛋糕（*cake à la vanille*）。

第1天

以冷水沖洗並刷洗檸檬，然後切成極薄的薄片。

在果醬鍋中燉煮檸檬片、100克的糖和300毫升的水。持續以文火煮沸至檸檬片變為半透明。將經過削皮並挖去果核的蘋果和洋梨裁成厚2公釐的薄片。

在燉好檸檬片的果醬鍋中加入這些水果薄片、900克的糖、小荳蔻粉和檸檬汁。

煮至微滾並輕輕攪拌，接著將煮好的食材倒入大碗中。蓋上烤盤紙，於陰涼處保存1個晚上。

第2天

步驟同上述的黃檸檬果泥醬食譜。

★ 讓成品更特別的小細節

請選擇略酸的小皇后（*pommes reinettes*）品種蘋果和味道細緻的洋梨。

黃檸檬果凝
GELÉE DE CITRON JAUNE

第1天
準備時間：20分鐘
烹煮時間：蘋果煮沸後再煮30分鐘
靜置時間：1個晚上

第2天
準備時間：20分鐘
烹煮時間：煮沸後再煮5分鐘以燉煮
檸檬皮
烹煮時間：果凝煮沸後再煮10分鐘

220克的罐子6-7罐
漂亮的黃檸檬約1.3公斤，即果汁
500毫升
史密斯奶奶蘋果750克
水800毫升＋400毫升
未經加工處理的黃檸檬2顆
結晶糖(sucre cristallisé)1公斤
鹽1撮

美味加倍的搭配法
可用來為新鮮黃水果塔或檸檬奶油塔塗
上光亮的鏡面表層，或是用來為新鮮水
果沙拉提味。

第1天
以冷水沖洗蘋果。去梗後將蘋果切成4塊，但不要削皮。將蘋果和800毫升的水倒入不鏽鋼平底深鍋中。
煮沸。持續以文火煮30分鐘，不時用木杓攪拌。
將上述材料放入極精細的漏斗型網篩(chinois)中，並用漏勺輕輕擠壓水果以收集蘋果汁。
讓蘋果汁於陰涼處靜置1個晚上。

第2天
秤量500毫升的果汁，但請勿使用沉澱在容器底部的蘋果果肉。將檸檬榨汁。用漏斗型網篩過濾果汁。從檸檬果汁中秤出500毫升，並將檸檬籽保留在細布中，繫緊開口。
用冷水沖洗並刷洗未經加工處理的2顆檸檬。用削皮刀取下果皮。
在小型平底深鍋中將這些果皮、400毫升的水和1撮鹽煮沸。將果皮浸入冷水中冰鎮數秒，然後切成極薄的薄片。
將蘋果汁、檸檬汁、糖、檸檬皮薄片和包著檸檬籽的細布倒入果醬鍋中。煮沸並輕輕攪拌。以旺火持續煮約10分鐘，不時攪拌。仔細撈去浮沫。
將幾滴果凝滴在冷的小盤上，檢查果凝的濃稠度：果凝應略為膠化。
取出包著籽的細布。
將果醬鍋離火，立即裝罐並加蓋。

★ 讓成品更特別的小細節
為了製作充分膠化的果凝，請在烹煮時加入以細布包覆的檸檬籽，以及榨過汁的檸檬果皮。在柑橘類水果中，果膠存於籽和果皮的白色部分。僅以檸檬製作的果凝會過酸，而且無法膠化。因此在這道食譜中必須混合500毫升的檸檬汁和500毫升的蘋果汁。
若要製作柳橙果凝，請用柳橙取代檸檬，然後按同樣的步驟進行。
若要製作柑橘果凝(gelée de mandarine)，請秤1公升的柑橘果汁和1公斤的糖。為求柑橘果凝充分膠化，請在烹煮的最後加入300克的蘋果果凝。

青檸蘋果果醬
CONFITURE DE CITRONS VERTS ET POMMES

第1天

準備時間：20分鐘

浸漬時間：1小時

烹煮時間：直到食材微滾

靜置時間：1個晚上

第2天

準備時間：10分鐘

烹煮時間：煮沸後再煮5分鐘以

燉煮檸檬皮

果醬煮沸後再煮10分鐘

220克的罐子6-7罐

漂亮的青檸檬約1.2公斤，即果汁

300毫升

蘋果1公斤，即淨重700克

結晶糖(sucre cristallisé)800克

未經加工處理的黃檸檬2顆

水400毫升

鹽1撮

美味加倍的搭配法

微溫的烤蘋果；享用時鋪在蘋果上，並搭配些許以香草和檸檬汁調味的打發鮮奶油。

第1天

將青檸檬榨汁，將果汁預留備用。

將蘋果削皮，去梗，切成2半，挖去果核後裁成細條狀。

在大碗中混合蘋果條、檸檬汁和糖，蓋上烤盤紙，浸漬1小時。

將蘋果等材料倒入果醬鍋中，煮至微滾並輕輕攪拌。

將煮好的食材倒入大碗中，蓋上烤盤紙，於陰涼處保存1個晚上。

第2天

以冷水沖洗並刷洗未經加工處理的2顆檸檬。用削皮刀取下寬帶狀果皮。

在小型的平底深鍋中，將這些果皮、400毫升的水和1撮鹽煮沸。浸入冷水中降溫數秒，然後切成極薄的薄片。

將煮好的蘋果和檸檬薄片倒入果醬鍋中。

煮沸並輕輕攪拌。

以旺火持續煮約10分鐘，同時不停攪拌。

仔細撈去浮沫。

將幾滴果醬滴在冷的小盤上，檢查果醬的濃稠度：果醬應略為膠化。

將果醬鍋離火，立即裝罐並加蓋。

★ 讓成品更特別的小細節

青檸檬的果皮總是非常細緻且乾燥，即便經過燉煮也不易變軟。因此，當我想用檸檬薄片或檸檬皮薄片來為果醬裝飾時，我總是使用黃檸檬。在這道食譜中，我們也能用100克切成小丁的糖漬檸檬皮來取代檸檬皮薄片。

青檸芒果果醬
CONFITURE DE CITRONS VERTS ET MANGUES

第1天

準備時間：20分鐘

烹煮時間：直到食材微滾

靜置時間：1個晚上

第2天

烹煮時間：果醬煮沸後再煮10分鐘

220克的罐子6-7罐

漂亮的青檸檬800克，即果汁
200毫升

芒果1.4公斤，即淨重800克

結晶糖(sucre cristallisé)900克

美味加倍的搭配法

蘭姆火燒香蕉(*bananes flambées au rhum*)。用一些奶油和不加糖的柳橙汁來煎香蕉，在香蕉變軟時點火燃燒，然後淋上些許青檸芒果醬。

第1天

將青檸檬榨汁。

將芒果削皮，從果核上取下果肉，然後切成薄片。

將厚2公釐的芒果薄片、青檸檬汁和糖倒入果醬鍋中。

煮至微滾並輕輕攪拌，接著將煮好的食材倒入大碗中。

蓋上烤盤紙，於陰涼處保存1個晚上。

第2天

將煮好的材料倒入果醬鍋中。煮沸並輕輕攪拌。以旺火持續煮約10分鐘，同時不停攪拌。仔細撈去浮沫。

將幾滴果醬滴在冷的小盤上，檢查果醬的濃稠度：果醬應略為膠化。

將果醬鍋離火，立即裝罐並加蓋。

★ 讓成品更特別的小細節

請選擇成熟、無粗纖維，入口即化的芒果，加入1小匙磨碎的香菜籽或些許新鮮香菜，以及磨碎的胡椒，以製作味道較濃的果醬。

克萊門氏小柑橘果醬
CONFITURE DE CLÉMENTINES

第1天
準備時間：30分鐘
烹煮時間：蘋果煮沸後再煮30分鐘
煮沸後再煮5分鐘以燉煮克萊門氏
小柑橘薄片
直到食材微滾
靜置時間：1個晚上

第2天
烹煮時間：果醬煮沸後再煮10分鐘

220克的罐子6-7罐
未經加工處理的克萊門氏小柑橘
（clémentines）500克＋400克
史密斯奶奶蘋果400克
水500毫升＋300毫升
結晶糖（sucre cristallisé）
850克＋200克
小顆檸檬的檸檬汁1/2顆

美味加倍的搭配法
橙皮杏仁牛奶凍（blanc-manger aux zestes d' orange）和熱內亞蛋糕（pain de Gênes）。

第1天
用冷水沖洗蘋果。去梗後將蘋果切成4塊，但不要削皮。將蘋果和500毫升的水倒入不鏽鋼平底深鍋中。

煮沸。以文火持續煮30分鐘，用木杓不時攪拌。

將上述材料放入極精細的漏斗型網篩（chinois）中，並用漏勺輕輕擠壓水果以收集蘋果汁。從所獲得的蘋果汁中秤出250毫升。

將400克的克萊門氏小柑橘榨汁。從這果汁中秤出250毫升。

用冷水沖洗並刷洗500克未經加工處理的克萊門氏小柑橘，然後切成厚2公釐的圓形薄片。

在果醬鍋中燉煮柑橘薄片、200克的糖和300毫升的水。持續煮沸至柑橘片變為半透明。

在煮好半透明柑橘片的果醬鍋（bassine à confiture）中加入蘋果汁、克萊門氏小柑橘果汁、850克的糖和檸檬汁。

煮至微滾並輕輕攪拌，接著將煮好的食材倒入大碗中。蓋上烤盤紙，於陰涼處保存1個晚上。

第2天
將上述食材倒入果醬鍋（bassine à confiture）中。煮沸並輕輕攪拌。

持續以旺火煮約10分鐘，同時不停攪拌。仔細撈去浮沫。

將幾滴果醬滴在冷的小盤上，檢查果醬的濃稠度：果醬應略為膠化。

將果醬鍋離火，立即裝罐並加蓋。

★ 讓成品更特別的小細節
若要製作略帶苦味的克萊門氏小柑橘果泥醬，請秤1公斤的克萊門氏小柑橘，然後放入裝有沸水的平底深鍋中燉煮。以文火燉5分鐘。用漏勺將克萊門氏小柑橘浸入冷水中，瀝乾後切成小塊。每公斤的克萊門氏小柑橘請秤1公斤的糖，加入1顆檸檬的果汁並加以燉煮。在烹煮結束時用電動攪拌器攪打成細泥狀。

立即將果泥醬裝罐並加蓋。

柑橘果泥醬（marmelade de mandarines）亦以同樣方式進行。柑橘含有大量的籽，在燉煮後將水果切成2半，並在燉煮果泥醬之前仔細去除所有的籽。

肉桂蘋果檸檬小柑橘果醬
CONFITURE DE CLÉMENTINES, POMMES ET CITRONS À LA CANNELLE

第1天

準備時間：30分鐘

烹煮時間：30分鐘

煮沸後再煮5分鐘以燉煮克萊門氏
小柑橘薄片
直到食材微滾

靜置時間：1個晚上

第2天

烹煮時間：果醬煮沸後再煮10分鐘

220克的罐子6-7罐

克萊門氏小柑橘(clémentines)
250克，即漂亮的克萊門氏小柑橘
3顆
檸檬650克，即漂亮的檸檬5顆
蘋果700克，即淨重500克
結晶糖(sucre cristallisé)
800克＋100克
水200毫升
肉桂棒2根

美味加倍的搭配法

含有大量橙花奶油的皮力歐許(brio-
che)。

第1天

將檸檬榨汁。從這果汁中秤出250毫升，並將檸檬籽保留在細布中，繫緊開口。

將蘋果削皮，去梗後切成2半，挖去果核後裁成厚2公釐的薄片。

用冷水沖洗並刷洗未經加工處理的克萊門氏小柑橘，然後切成厚2公釐的圓形薄片。

在果醬鍋中燉煮小柑橘薄片、100克的糖和水。持續煮沸至柑橘片變為半透明。

在柑橘片煮至半透明的果醬鍋(bassine à confiture)中，續加入蘋果片、檸檬汁、糖和肉桂棒。

煮至微滾並輕輕攪拌，接著將煮好的食材倒入大碗中。

蓋上烤盤紙，於陰涼處保存1個晚上。

第2天

將上述食材倒入果醬鍋(bassine à confiture)中。煮沸並輕輕攪拌。

持續以旺火煮約10分鐘，同時不停攪拌。

仔細撈去浮沫。

將幾滴果醬滴在冷的小盤上，檢查果醬的濃稠度：果醬應略為膠化。

取出包著籽的細布和肉桂棒。

將果醬鍋離火，立即裝罐並加蓋。

★ 讓成品更特別的小細節

不要將克萊門氏小柑橘切成圓形薄片，而是削皮，然後將果瓣掰開，並將果皮切成小丁。連同果皮、糖和水一同燉煮，進行方式同上述食譜。

柑橘蘋果檸檬果醬(confiture de mandarins, pommes et citrons)亦以同樣方式製作：去掉柑橘果瓣的籽，然後將籽包在細布中。在烹煮時加入包著籽的細布。籽中所含的果膠讓果醬得以充分膠化。

椒薑木瓜柳橙百香果醬
CONFITURE DE PAPAYE, ORANGES ET FRUITS DE LA PASSION AU POIVRE ET AU GINGEMBRE

第1天

準備時間：5分鐘

烹煮時間：直到食材微滾

靜置時間：1個晚上

第2天

準備時間：5分鐘

烹煮時間：果醬煮沸後再煮10分鐘

220克的罐子6-7罐

木瓜（papayes）900克，即淨重700克

柳橙375克，即除去所有外皮，淨重150克的果瓣

百香果8顆，即帶籽果汁150毫升

結晶糖（sucre cristallisé）900克

切成細碎的新鮮生薑3克

磨碎的黑胡椒5粒

小顆檸檬的檸檬汁1/2顆

糖漬薑（gingembre confit）100克

美味加倍的搭配法

烤過的白肉或家禽肉，或是搭配魚肉凍派（terrines de poissons）：這時將這道果醬和些許的濃鮮奶油及少量的陳年葡萄酒醋混合，製作出略帶酸味且辛辣的甜味醬。

第1天

將木瓜削皮，剖成2半，然後用湯匙仔細地挖去籽。將果肉切成小丁。

切下柳橙的外皮，務必去除果皮和白色的中果皮，接著用小刀割下水果內部的隔膜，取出果瓣。

務必要仔細擠壓隔膜，以便收集所有的果汁。

將百香果切成2半，收集果汁和籽。

將木瓜丁、柳橙果瓣和柳橙汁、帶籽百香果汁、糖、新鮮生薑、胡椒和檸檬汁倒入果醬鍋中。煮至微滾並輕輕攪拌，接著將煮好的食材倒入大碗中。

蓋上烤盤紙，於陰涼處保存1個晚上。

第2天

將上述食材倒入果醬鍋中。將糖漬薑切成薄片。在果醬中加入糖漬薑片。

煮沸並輕輕攪拌。

持續以旺火煮約10分鐘，同時不停攪拌。仔細撈去浮沫。

將幾滴果醬滴在冷的小盤上，檢查果醬的濃稠度：果醬應略為膠化。

將果醬鍋離火，立即裝罐並加蓋。

★ 讓成品更特別的小細節

若您搭配僅具鹹味的菜餚來品嚐這道果醬，在以濃鮮奶油製作少量醬料時，請強化它的辛香味。

COMPOTES, CONSERVES ET SOUPES DE FRUITS

果漬／糖煮水果，蜜餞與水果湯

糖漬蘋果
COMPOTE DE POMMES

準備時間：10分鐘

烹煮時間：水果煮沸後再煮10分鐘

製作1.250公斤果漬／糖煮水果的
材料：
蘋果1.4公斤，即淨重1公斤
水150毫升
結晶糖（sucre cristallisé）150克
小顆檸檬的檸檬汁1/2顆

將蘋果削皮，去梗，切成2半後挖去果核。裁成厚2公釐的薄片。
將蘋果薄片、水、糖和檸檬汁倒入平底深鍋中。
煮至微滾並不停攪拌。
以文火持續煮10分鐘：水果將因而完成糖漬。
將糖漬蘋果倒入大碗中，在室溫下放涼。
蓋上保鮮膜並冷藏保存。
加以冷凍或殺菌。

美味加倍的搭配法
濃鮮奶油：若以軟焦糖為蘋果漬／糖
煮水果調味，這道甜點將具有塔丁蘋
果塔（Tarte Tatin）的風味。請搭配莫希
（Maury）酒來品嚐。

★ 讓成品更特別的小細節
為了製作可口的果漬／糖煮水果，請選擇加拿大的灰皇后（reinette grises）品種蘋果。
製作焦糖果漬／糖煮水果：在平底深鍋中將糖加熱至融化，一邊用木杓攪拌，直到進
入金黃焦糖階段。將熱水淋在焦糖上以中止烹煮，然後再煮沸1次。倒入蘋果薄片，
加以糖漬。為了製作焦糖，無論如何都要選擇大且高的平底深鍋，以避免在倒水時糖
會濺出來。

糖漬洋梨
COMPOTE DE POIRES

準備時間：10分鐘

烹煮時間：水果煮沸後再煮10分鐘

製作1.2公斤果漬／糖煮水果的材料：
洋梨1.4公斤，即淨重1公斤
結晶糖（sucre cristallisé）200克
小顆檸檬的檸檬汁1/2顆

將洋梨削皮，去梗，切成2半後挖去果核。裁成厚2公釐的薄片。
將洋梨薄片、糖和檸檬汁倒入平底深鍋中。
輕輕攪拌。煮至微滾並不停攪拌。
以文火持續煮10分鐘：水果將因而完成糖漬。
將糖漬洋梨倒入大碗中，在室溫下放涼。
蓋上保鮮膜並冷藏保存。
加以冷凍或殺菌。

美味加倍的搭配法
洋梨塔：將糖漬洋梨鋪在法式塔皮底部，
並蓋上杏仁奶油醬和生洋梨片。

★ 讓成品更特別的小細節
請選擇充分成熟的洋梨，8月至9月的威廉洋梨、11月至12月的帕斯卡桑梨（passe-
crassane）都同樣美味。可用1根香草莢或1根肉桂棒為這道糖漬洋梨調味。若洋梨非
常熟，會較快融化。這時您也能將洋梨切成大丁製作。

糖漬杏桃
COMPOTE D'ABRICOTS

準備時間：10分鐘

烹煮時間：水果煮沸後再煮10分鐘

製作1.2公斤果漬／糖煮水果的材料：
杏桃1.150公斤，即淨重1公斤
結晶糖（sucre cristallisé）250克
小顆檸檬的檸檬汁1/2顆

美味加倍的搭配法
米布丁：在精緻的搭配上可用從長邊剖開的香草莢為糖漬杏桃提味。

以冷水沖洗杏桃。用布擦乾。切成2半後去核。裁成厚1公釐的薄片。
將杏桃片、糖和檸檬汁倒入平底深鍋中。
輕輕攪拌。煮至微滾並不停攪拌。
以文火持續煮約10分鐘：水果將因而完成糖漬。
將糖漬杏桃水果倒入大碗中，在室溫下放涼。
蓋上保鮮膜並冷藏保存。
加以冷凍或殺菌。

★ 讓成品更特別的小細節
請選擇充分成熟但仍堅硬的貝杰宏（bergeron）杏桃。若要製作無皮的糖漬杏桃，請將杏桃切成4塊。在糖漬杏桃冷卻後，去掉每個果瓣的外皮。糖漬杏桃將變得更細緻且質地更漂亮。若您希望製作較流質的糖漬杏桃，請放入蔬果磨泥器（moulin à légumes）中打細即可。

糖漬桃子
COMPOTE DE PÊCHES

準備時間：10分鐘

烹煮時間：水果煮沸後再煮10分鐘

製作1.2公斤果漬／糖煮水果的材料：
桃子1.3公斤，即淨重1公斤
結晶糖（sucre cristallisé）200克
小顆檸檬的檸檬汁1/2顆

美味加倍的搭配法
與一小球的香草冰淇淋和醋栗果凝，如同蜜桃梅爾芭（Pêche Melba）一般享用。

將桃子浸入沸水中1分鐘。用冷水降溫，剝皮並去核。切成2半，接著切成厚2公釐的薄片。
將桃子片、糖和檸檬汁倒入平底深鍋中。
輕輕攪拌。煮至微滾並不停攪拌。
以文火持續煮10分鐘：水果將因而完成糖漬。
將糖漬桃子倒入大碗中，在室溫下放涼。
蓋上保鮮膜並冷藏保存。
加以冷凍或殺菌。

★ 讓成品更特別的小細節
用白蟠桃（pêches blanches plates）或紅水蜜桃（pêches de vigne）來製作糖漬桃子。請選擇充分成熟且芳香的桃子：這樣的桃子摸起來較為柔軟，而且果肉容易與果核分離。請切成厚1公釐的薄片。

糖漬黑水果
COMPOTE DE FRUITS NOIRS

準備時間：15分鐘

殺菌時間：水果煮沸後再煮10分鐘

製作1.2公斤果漬／糖煮水果的材料：
黑莓（mûre）300克
藍莓（myrtille）400克
黑櫻桃（cerises noires）370克，
即淨重300克
結晶糖（sucre cristallisé）200克
小顆檸檬的檸檬汁1/2顆

美味加倍的搭配法
可麗餅：鋪上果漬／糖煮水果，並搭配
一小球的肉桂冰淇淋或香草鮮奶油香醍
（crème Chantilly à la vanille）享用。

揀選黑莓。以冷水快速沖洗，但不要浸泡。藍莓亦以同樣方式處理。
用冷水沖洗黑櫻桃，用布擦乾。去梗並去核。
將黑莓、藍莓、櫻桃、糖和檸檬汁倒入平底深鍋中。輕輕攪拌。煮至微滾並不停攪拌。
以文火持續煮10分鐘：水果將因而完成糖漬。
將糖漬黑水果倒入大碗中，在室溫下放涼。
蓋上保鮮膜並冷藏保存。
加以冷凍或殺菌。

★ 讓成品更特別的小細節
可用歐洲酸櫻桃（griottes）來取代黑櫻桃，並在冷卻的糖漬黑水果中加入50毫升的櫻
桃酒：將具有老男孩果醬（confiture de vieux garçon）的味道。

譯註
老男孩果醬是法文直譯，老男孩果醬與其說是果醬，其實比較偏向是酒漬水果。以當令水果加上
燒酒浸漬而成，是亞爾薩斯地區聖誕節的傳統菜餚。在這裡，老男孩指的是單身漢，名稱由來是
指那些終日無所事事，只能藉酒澆愁的單身漢，而老男孩果醬中的水果，讓他們在漫長的冬夜裡
至少能嚼食到些許的甜蜜。

糖漬紅果
COMPOTE DE FRUITS ROUGES

準備時間：15分鐘

殺菌時間：水果煮沸後再煮10分鐘

製作1.2公斤果漬／糖煮水果的材料：
覆盆子400克
草莓300克
歐洲酸櫻桃（griottes）370克，
即淨重300克
結晶糖（sucre cristallisé）200克
小顆檸檬的檸檬汁1/2顆

美味加倍的搭配法
與包有肉桂糖的微溫鬆餅（gaufres）或小
多拿滋一起享用。

請避免沖洗覆盆子，以保存其香味。有必要的話請加以揀選。以冷水快速沖洗草莓。
用布擦乾，去梗並切成2半。
以冷水沖洗歐洲酸櫻桃，用布擦乾。去梗並去核。
將覆盆子、草莓、歐洲酸櫻桃、糖和檸檬汁倒入平底深鍋中。輕輕攪拌。煮至微滾並
不停攪拌。
以文火持續煮10分鐘：水果將因而完成糖漬。
將糖漬紅果倒入大碗中，在室溫下放涼。
蓋上保鮮膜並冷藏保存。
加以冷凍或殺菌。

★ 讓成品更特別的小細節
可用醋栗（groseilles）來取代歐洲酸櫻桃。以冷水沖洗，摘下果粒，用電動攪拌器攪打
漿果，接著放入蔬果榨汁機（moulin à légumes）中攪碎，或放入精細的網篩中，以便
取出果汁和果肉。

糖漬覆盆子蘋果
COMPOTE DE FRAMBOISES ET POMMES

準備時間：10分鐘

烹煮時間：水果煮沸後再煮10分鐘

製作1.1公斤果漬／糖煮水果的材料：
覆盆子500克
蘋果700克，即淨重500克
結晶糖（sucre cristallisé）100克
小顆檸檬的檸檬汁1/2顆

美味加倍的搭配法

指形蛋糕體（biscuits à la cuillère）：在糖漬覆盆子蘋果中加入切成圓形薄片的香蕉、帶籽的百香果汁，立即享用。

請避免沖洗覆盆子，以保存其香味。有必要的話請加以揀選。
將蘋果削皮，去梗，切成2半後挖去果核。裁成厚2公釐的薄片。
將覆盆子、蘋果薄片、糖和檸檬汁倒入平底深鍋中。煮至微滾並不停攪拌。
以文火持續煮10分鐘：水果將因而完成糖漬。
將糖漬覆盆子蘋果倒入大碗中，在室溫下放涼。
蓋上保鮮膜並冷藏保存。
加以冷凍或殺菌。

★ 讓成品更特別的小細節
若您選擇愛達紅、金黃或史密斯奶奶品種的蘋果，請切成極薄的薄片，因為其果肉堅硬，需糖漬的時間較長。小皇后蘋果較快煮熟且融化，請切成丁或較厚的薄片。

糖漬異國水果
COMPOTE DE FRUITS EXOTIQUES

準備時間：20分鐘

烹煮時間：水果煮沸後再煮15分鐘

製作1.2公斤果漬／糖煮水果的材料：
芒果700克，即淨重400克
鳳梨800克，即淨重400克
百香果10顆，即帶籽果汁200毫升
結晶糖（sucre cristallisé）200克
小顆檸檬的檸檬汁1/2顆

美味加倍的搭配法

義式海綿蛋糕：在糖漬異國水果中加入新鮮的柑橘果瓣（柳橙、葡萄柚、檸檬），將海綿蛋糕切成2半，鋪上糖漬異國水果，以香草口味的打發鮮奶油進行裝飾。請搭配亞爾薩斯的酒：延遲採收（vendanges tardives）的格烏茲塔明那酒（gewurztraminer）來品嚐這道蛋糕。

將芒果削皮，去核後將果肉切成厚2公釐的薄片。將鳳梨去皮。從長邊切成4塊，將中心的木質部分移除，接著將每1/4塊裁成厚2公釐的薄片。
將百香果切成2半，收集果汁和籽。
將芒果和鳳梨片、帶籽百香果汁、糖和檸檬汁倒入平底深鍋中。輕輕攪拌。
煮至微滾並不停攪拌。以文火持續煮15分鐘：水果將因而完成糖漬。
將糖漬異國水果倒入大碗中，在室溫下放涼。
蓋上保鮮膜並冷藏保存。
加以冷凍或殺菌。

★ 讓成品更特別的小細節
可用柳橙或葡萄柚汁取代百香果汁，並加入切成薄片的柑橘果皮，然後以1根香草莢調味。

糖漬無花果
COMPOTE DE FIGUES

準備時間：10分鐘

烹煮時間：水果煮沸後再煮15分鐘

製作1.2公斤果漬 / 糖煮水果的材料：
波傑森無花果
(figues bourjasotte)1公斤
結晶糖(sucre cristallisé)200克
小顆檸檬的檸檬汁1/2顆

美味加倍的搭配法

以軟焦糖(caramel tendre)提味的濃鮮奶油和脆皮小蛋糕(petits gâteau croustillants)一起享用。

以冷水沖洗無花果並用布擦乾。去梗。

將無花果切成厚1公釐的薄片。

將無花果片、糖和檸檬汁倒入平底深鍋中。輕輕攪拌。煮至微滾並不停攪拌。

以文火持續煮15分鐘：水果將因而完成糖漬。

將糖漬無花果倒入大碗中，在室溫下放涼。

蓋上保鮮膜並冷藏保存。

加以冷凍或殺菌。

★ **讓成品更特別的小細節**

請選擇帶有香草(vanillé)和焦糖味的二砂糖(sucre roux)。在烹煮的最後混入4顆切成薄片的無花果乾，再加入幾滴陳年葡萄酒醋和磨碎的胡椒。請搭配辛香烤鴨胸(magret de canard)來享用這道糖漬無花果。

糖漬李子
COMPOTE DE PRUNES

準備時間：15分鐘

烹煮時間：水果煮沸後再煮15分鐘

製作1.1公斤果漬 / 糖煮水果的材料：
李子(prunes)1.2公斤，
即淨重1公斤
結晶糖(sucre cristallisé)100克
小顆檸檬的檸檬汁1/2顆

美味加倍的搭配法

焦糖或肉桂冰淇淋。亦能搭配如曼斯特(munster)、埃普瓦斯(époisses)或布里(brie)等乳酪。

以冷水沖洗李子並用布擦乾。剖開並去核。

將李子、糖和檸檬汁倒入平底深鍋中。煮至微滾並不停攪拌。

以文火持續煮10分鐘：水果將因而完成糖漬。

將糖漬李子倒入大碗中，在室溫下放涼。

蓋上保鮮膜並冷藏保存。

加以冷凍或殺菌。

★ **讓成品更特別的小細節**

若要製作帶有辛香和秋季風味的糖漬李子，請在紅李子中加入100毫升的黑皮諾，或在黃李子中加入100毫升的格烏茲塔明那酒(gewurztraminer)、1根肉桂棒、20克的糖漬薑、1顆八角茴香和1根香草莢。請選擇略為成熟的水果。9月的蜜李(quetsches)顏色金黃並略帶焦糖味，對這道食譜而言是完美的選擇。

按照這道食譜的步驟亦能製作糖漬黃香李(compote de mirabelles)，或是在8月初摘採，略酸的糖漬蜜李。

糖漬大黃
COMPOTE DE RHUBARBE

準備時間：15分鐘

烹煮時間：水果煮沸後再煮15分鐘

製作1.1公斤果漬／糖煮水果的材料：
大黃(rhubarbe)1.2公斤，即淨重
1公斤
結晶糖(sucre cristallisé)150克
小顆檸檬的檸檬汁1/2顆

美味加倍的搭配法
酥餅中的草莓：製作酥餅底部，接著在
享用這道甜點時，鋪上些許的糖漬大黃、
一大匙的濃鮮奶油和切成薄片的草莓，
再撒上以香草調味的糖粉。

以冷水沖洗大黃，切去莖的兩端，將莖從長邊剖成2半，然後裁成小丁。
將大黃丁、糖和檸檬汁倒入平底深鍋中。
煮至微滾並不停攪拌。
以文火持續煮10分鐘：水果將因而完成糖漬。
將糖漬大黃倒入大碗中，在室溫下放涼。
蓋上保鮮膜並冷藏保存。
加以冷凍或殺菌。

★ **讓成品更特別的小細節**
用蘋果或洋梨薄片進行裝飾，這道糖漬大黃將更為稠厚。
和草莓或覆盆子混合搭配，也能帶來同樣的美味。

糖漬榅桲
COMPOTE DE COINGS

準備時間：20分鐘

烹煮時間：榅桲汁煮沸後再煮30分
鐘＋水果煮沸後再煮20分鐘

製作1公斤果漬／糖煮水果的材料：
蘋果形或梨形榅桲(coings-pommes
ou poires)1公斤，即淨重600克
榅桲汁200毫升
結晶糖(sucre cristallisé)200克
小顆檸檬的檸檬汁1顆

美味加倍的搭配法
侏羅區(Jura)的孔德乳酪(comté)；香
橙干邑舒芙蕾(soufflé au Grand Mar-
nier)；或以肉桂調味的柳橙沙拉。

用布擦拭榅桲，去除覆蓋的細絨毛。以冷水沖洗。去掉仍保有花的梗及堅硬部分。
將榅桲切成4塊，去皮、果核和籽。切成厚2公釐的薄片。
為製作榅桲汁，請將果皮、果核和籽倒入不鏽鋼平底深鍋中，用水淹過。煮沸。
持續以文火煮約30分鐘，不時攪拌。將上述材料倒入精細的漏斗型濾網中以收集榅桲果汁。
將榅桲片、榅桲汁(200毫升)、糖和檸檬汁倒入平底深鍋中。輕輕攪拌。煮至微滾並不停攪拌。
以文火持續煮約20分鐘：水果將因而完成糖漬。
將糖漬榅桲倒入大碗中，在室溫下放涼。
蓋上保鮮膜並冷藏保存。
加以冷凍或殺菌。

★ **讓成品更特別的小細節**
在製作果凝時，煮熟的榅桲塊可形成美味的糖漬榅桲。用肉桂、小荳蔻和柑橘類果皮調味，可搭配奶油酥餅(galettes au beurre)品嚐。

蘋果蜜餞
CONSERVE DE POMMES

準備時間：15分鐘

殺菌時間：煮沸後再煮25分鐘

500克的瓶子（bocaux）4個
蘋果2公斤
結晶糖（sucre cristallisé）400克
水800毫升
小顆檸檬的檸檬汁1顆

製作糖漿：在平底深鍋中倒水、糖和檸檬汁。

煮沸，接著撈去浮沫。

準備瓶子：浸入1鍋沸水中10分鐘，在布巾上瀝乾。將蘋果削皮，去梗，切成2半，挖去果核後再切成4塊。將蘋果擺入瓶中。

將糖漿倒入瓶中至距離瓶口3公分處，將蘋果淹過。

仔細擦拭瓶口。將新的橡膠墊浸入沸水中2分鐘。放進蓋子裡並將瓶子封好。擺入滅菌器（stérilisateur）中，並用布巾小心將瓶子包好，以免在殺菌時互相碰撞。將滅菌器放至爐上，接著裝滿水，將瓶子整個淹過。煮沸，然後繼續以中火殺菌，並計算25分鐘至85℃。待滅菌的時間結束，熄火。讓瓶子在滅菌器中冷卻。

在冷卻後，請確保將瓶子密封48小時。

擺在乾燥且不受光照處。

★ 讓成品更特別的小細節
請選擇微酸且堅硬的蘋果，如愛達紅（idared）或金黃蘋果等品種；在殺菌時，1顆充分成熟的小皇后或約拿金（jonagold）蘋果會轉變為糖漬水果（compote）。可用2根肉桂棒或1根香草莢來為糖漿調味。

美味加倍的搭配法
折疊派皮底部：在底部擺上洋梨，淋上軟焦糖，並搭配蘭姆瑪斯卡邦奶油醬（crème de mascarpone au rhum），在微溫時享用。或是用蜂蜜和蘋果醋燉煮的紫高麗菜（chou rouge）。又或者是香煎肥肝（foie gras poêlé）：在這種情況下，請用煎肥肝產生的油脂來煎蘋果。

洋梨蜜餞
CONSERVE DE POIRES

準備時間：15分鐘

殺菌時間：煮沸後再煮25分鐘

500克的瓶子（bocaux）4個
威廉洋梨2公斤
結晶糖（sucre cristallisé）400克
水800毫升
小顆檸檬的檸檬汁1顆

請選擇成熟但堅硬的洋梨。

進行步驟同上述的蘋果蜜餞食譜。

★ 讓成品更特別的小細節
若洋梨過硬，請浸入沸水中3分鐘，接著放在布巾上瀝乾。用從長邊剖開的香草莢為糖漿調味。

美味加倍的搭配法
一杯淋上融化巧克力的香草冰淇淋，或是填入杏仁法式塔皮中。

櫻桃蜜餞
CONSERVE DE CERISES

準備時間：15分鐘

殺菌時間：煮沸後再煮20分鐘

500克的瓶子(bocaux)4個
櫻桃1.6公斤
結晶糖(sucre cristallisé)400克
水800毫升
小顆檸檬的檸檬汁1顆

美味加倍的搭配法
搭配上以肉桂或香料麵包香料，以及濃鮮奶油調味的可麗餅。

製作糖漿：在平底深鍋中倒入水、糖和檸檬汁。
煮沸，撈去浮沫，然後放涼。
準備瓶子：浸入1鍋沸水中10分鐘，在布巾上瀝乾。
以冷水沖洗櫻桃，去梗。用針插入櫻桃至果核處，接著浸入1盆冷水中，讓果肉變得緊實。
在布巾上瀝乾，接著擺入瓶中。將糖漿倒進瓶中至距離瓶口3公分處，將櫻桃淹過。
仔細擦拭瓶口。將新的橡膠墊浸入沸水中2分鐘。放進蓋子裡並將瓶子封好。擺入滅菌器(stérilisateur)中，並用布巾小心將瓶子包好，以免在殺菌時互相碰撞。將滅菌器放至爐上，接著裝滿水，將瓶子整個淹過。煮沸，然後繼續以中火殺菌，並計算20分鐘至85°C。待滅菌的時間結束，熄火。讓瓶子在滅菌器中冷卻。
在冷卻後，請確保將瓶子密封48小時。
擺在乾燥且不受光照處。

★ 讓成品更特別的小細節
請選擇果肉堅硬的櫻桃，如伯萊特(burlats)、白肉或粉紅肉的拿破崙(napoléon)櫻桃品種，或艾道手指(edelfingers)品種，都是優選製作「蜜餞」的櫻桃。

歐洲酸櫻桃蜜餞
CONSERVE DE GRIOTTES

準備時間：15分鐘

殺菌時間：煮沸後再煮15分鐘

500克的瓶子(bocaux)4個
歐洲酸櫻桃(griottes)1.6公斤
結晶糖(sucre cristallisé)400克
水800毫升
小顆檸檬的檸檬汁1顆

美味加倍的搭配法
新鮮覆盆子和一小球的覆盆子冰淇淋。

這道食譜由上述的櫻桃蜜餞食譜變化而來。但殺菌時間為15分鐘，而非20分鐘。

★ 讓成品更特別的小細節
用100克的糖和1公升的水製作淡糖漿，並用胡椒和百里香調味。請搭配瑞士烤起司(raclette)或法式焗烤乳酪培根馬鈴薯(tartiflette)來享用以上述方式烹調而成的歐洲酸櫻桃。

蜜李蜜餞
CONSERVE DE QUETSCHES

準備時間：15分鐘

殺菌時間：煮沸後再煮20分鐘

500克的瓶子(bocaux)4個
蜜李(quetsches)1.6公斤
結晶糖(sucre cristallisé)400克
水800毫升
小顆檸檬的檸檬汁1顆

美味加倍的搭配法

肉桂小酥餅(*petits biscuit sablés à la cann-elle*)和香草布丁塔(*flan à la vanille*)。

製作糖漿：在平底深鍋中倒入水、糖和檸檬汁。
煮沸，撈去浮沫後放涼。
準備瓶子：浸入1鍋沸水中10分鐘，在布巾上瀝乾。
以冷水沖洗蜜李。用針插入蜜李至果核處，接著浸入1盆冷水中，讓果肉變得緊實。
在布巾上瀝乾，接著擺入瓶中。將糖漿倒進瓶中至距瓶口3公分處，將蜜李淹過。
仔細擦拭瓶口。將新的橡膠墊浸入沸水中2分鐘。放進蓋子裡並將瓶子封好。擺入滅菌器(stérilisateur)中，並用布巾小心將瓶子包好，以免在殺菌時互相碰撞。將滅菌器放至爐上，接著裝滿水，將瓶子整個淹過。煮沸，然後繼續以中火殺菌，並計算20分鐘至85℃。
待滅菌的時間結束，熄火。讓瓶子在滅菌器中冷卻。
在冷卻後，請確保將瓶子密封48小時。
擺在乾燥且不受光照處。

★ **讓成品更特別的小細節**
將蜜李去核後再擺入瓶中，並用400克的結晶糖、400毫升的水、400毫升的黑皮諾和2克的小荳蔻來製作糖漿。這時請用肉桂冰淇淋來搭配這道甜點。

榲桲蜜餞
CONSERVE DE COINGS

準備時間：30分鐘

烹煮時間：3分鐘

殺菌時間：煮沸後再煮30分鐘

500克的瓶子(bocaux)4個
蘋果形或梨形榲桲(coings-
pommes ou poires)2公斤
結晶糖(sucre cristallisé)400克
水800毫升
小顆檸檬的檸檬汁2顆

美味加倍的搭配法

在折疊塔底鋪上濃鮮奶油和醋栗果凝。
或是填入克拉芙蒂(clafoutis)：將榲桲塊
擺在焗烤盤上，淋上用5顆蛋、100克砂
糖、500克牛奶或液狀鮮奶油製作的蛋
糊(crème aux oeufs)，然後以200℃（熱
度6/7)烘烤30分鐘左右。

製作糖漿：在平底深鍋中倒入水、糖和檸檬汁。

煮沸，撈去浮沫，然後放涼。

準備瓶子：浸入1鍋沸水中10分鐘，在布巾上瀝乾。

用布擦拭榲桲，去除覆蓋的細絨毛，接著以冷水沖洗。去掉仍保有花的梗及堅硬部分。

將榲桲切成4塊，去核及籽。

在不鏽鋼平底深鍋中將2.5升的水煮沸。倒入榲桲塊，煮沸3分鐘。用漏勺取出榲桲，放入冷水中降溫。瀝乾。

擺入瓶中。將糖漿倒進瓶中至距離瓶口3公分處，將榲桲淹過。

仔細擦拭瓶口。將新的橡膠墊浸入沸水中2分鐘。放進蓋子裡並將瓶子封好。擺入滅菌器(stérilisateur)中，並用布巾小心將瓶子包好，以免在殺菌時互相碰撞。

將滅菌器放至爐上，接著裝滿水，將瓶子完全淹過。煮沸，然後繼續以中火殺菌，並計算30分鐘至85℃。

待滅菌的時間結束，熄火。讓瓶子在滅菌器中冷卻。

在冷卻後，請確保將瓶子密封48小時。

擺在乾燥且不受光照處。

★ 讓成品更特別的小細節

最好選擇蘋果形榲桲，其果肉較為柔軟。您可用柳橙皮或檸檬皮、香料麵包香料、小荳蔻或八角茴香為糖漿調味。若蘋果形榲桲已充分成熟，其果肉將如微酸的蘋果般柔軟。請不要水煮，否則果瓣會變為糖漬水果。

大黃蜜餞
CONSERVE DE RHUBARBE

準備時間：15分鐘

殺菌時間：煮沸後再煮20分鐘

500克的瓶子(bocaux)4個
大黃(rhubarbe)2公斤
結晶糖(sucre cristallisé)400克
水800毫升
小顆檸檬的檸檬汁1顆

美味加倍的搭配法

柳橙鳳梨沙拉(*salade d'orange et d'ananas*)。或洛克福乾酪(*roquefort*)、史地頓(*stilton*)乳酪；或昂貝爾的圓柱形乳酪(*fourmes d'Ambert*)等藍紋乳酪(*fromage à pâte persillée*)。

製作糖漿：在平底深鍋中倒入水、糖和檸檬汁。

煮沸，撈去浮沫，然後放涼。

準備瓶子：浸入1鍋沸水中10分鐘，在布巾上瀝乾。

以冷水沖洗大黃。將莖的兩端切去，然後將莖切成和瓶子等高的塊狀。

擺入瓶中。將糖漿倒進瓶中至距離瓶口3公分處，將大黃塊淹過。

仔細擦拭瓶口。將新的橡膠墊浸入沸水中2分鐘。放進蓋子裡並將瓶子封好。擺入滅菌器(stérilisateur)中，並用布巾小心將瓶子包好，以免在殺菌時互相碰撞。將滅菌器放至爐上，接著裝滿水，將瓶子整個淹過。煮沸，然後繼續以中火殺菌，並計算20分鐘至85℃。待滅菌的時間結束，熄火。讓瓶子在滅菌器中冷卻。

在冷卻後，請確保將瓶子密封48小時。

擺在乾燥且不受光照處。

★ 讓成品更特別的小細節

為糖漿撒上胡椒，並以肉荳蔻(*muscade*)和丁香來調味，搭配辛香烤肉來享用大黃蜜餞。

黃香李蜜餞
CONSERVE DE MIRABELLES

準備時間：15分鐘

殺菌時間：煮沸後再煮20分鐘

500克的瓶子(bocaux)4個
黃香李(mirabelles)1.6公斤
結晶糖(sucre cristallisé)400克
水800毫升
小顆檸檬的檸檬汁1顆

美味加倍的搭配法

嘉普隆奶酪(gaperon)--- 以大蒜調味的乳酪，或濃鮮奶油。

製作糖漿：在平底深鍋中倒入水、糖和檸檬汁。

煮沸，撈去浮沫，然後放涼。

準備瓶子：浸入1鍋沸水中10分鐘，在布巾上瀝乾。

以冷水沖洗黃香李，去梗。用針插入黃香李至果核處，接著浸入1盆冷水中，讓果肉變得緊實。

在布巾上瀝乾，接著擺入瓶中。將糖漿倒進瓶中至距離瓶口3公分處，將黃香李淹過。仔細擦拭瓶口。將新的橡膠墊浸入沸水中2分鐘。放進蓋子裡並將瓶子封好。擺入滅菌器(stérilisateur)中，並用布巾小心將瓶子包好，以免在殺菌時互相碰撞。將滅菌器放至爐上，接著裝滿水，將瓶子整個淹過。煮沸，然後繼續以中火殺菌，並計算20分鐘至85℃。待滅菌的時間結束，熄火。讓瓶子在滅菌器中冷卻。

在冷卻後，請確保將瓶子密封48小時。

擺在乾燥且不受光照處。

★ **讓成品更特別的小細節**

請選擇正好成熟但仍相當堅硬的黃香李：較不會在烹煮過程中裂開。

可用菩提樹蜂蜜(Miel de tilleul)來取代部分的糖，並在瓶中加入幾株迷迭香(romarin)。

請搭配蔬菜燉肉鍋(pot-au-feu)來享用這些黃香李。

南瓜蜜餞
CONSERVE DE POTIRONS

準備時間：15分鐘
烹煮時間：煮沸後再煮10分鐘以燉煮南瓜
殺菌時間：煮沸後再煮35分鐘

500克的瓶子(bocaux)4個
南瓜(potirons)2公斤，即淨重1.6公斤
結晶糖(sucre cristallisé)400克
水800毫升
黑胡椒3克
香草莢4根
小顆檸檬的檸檬汁1顆

美味加倍的搭配法
烤麵包：以一些陳年葡萄酒醋、胡椒和鹽之花(fleur de sel)為南瓜調味，然後將蜜餞鋪在稍微擦上大蒜的烤麵包上享用。

製作糖漿和瓶子的準備方式同前。
將香草莢從長邊切成2半，然後在每個瓶子中擺入1根剖開的香草莢。將南瓜切成4塊。除去籽和纖維，將每塊南瓜削皮，並將果肉切丁。在不鏽鋼平底深鍋中將2.5升的水煮沸。倒入南瓜丁，煮沸10分鐘。用漏勺取出南瓜丁，放進冷水中降溫，然後瀝乾。擺入瓶中。
將糖漿倒進瓶中至距離瓶口3公分處，將南瓜淹過。
仔細擦拭瓶口。將新的橡膠墊浸入沸水中2分鐘。放進蓋子裡並將瓶子封好。擺入滅菌器(stérilisateur)中，並用布巾小心將瓶子包好，以免在殺菌時互相碰撞。將滅菌器放至爐上，接著裝滿水，將瓶子整個淹過。煮沸，然後繼續以中火殺菌，並計算35分鐘至85℃。
待滅菌的時間結束，熄火。讓瓶子在滅菌器中冷卻。
在冷卻後，請確保將瓶子密封48小時。
擺在乾燥且不受光照處。

★ 讓成品更特別的小細節
可用同樣方式製作芹菜、甜菜或胡蘿蔔蜜餞。這時請用200毫升的蜂蜜醋來取代200毫升的水。

番茄蜜餞
CONSERVE DE TOMATES

準備時間：30分鐘
殺菌時間：煮沸後再煮20分鐘

500克的瓶子(bocaux)4個
番茄3.2公斤，即淨重1.6公斤
結晶糖(sucre cristallisé)400克
水800毫升
磨碎的黑胡椒3克
小顆檸檬的檸檬汁1顆

美味加倍的搭配法
擦上大蒜的烤奶油麵包。或是作為甜點：享用一小球的香草冰淇淋，在番茄上淋上以香草籽調味的檸檬橄欖油。

製作糖漿：在平底深鍋中倒入水、糖、胡椒和檸檬汁。
煮沸，撈去浮沫，然後放涼。
準備瓶子：浸入1鍋沸水中10分鐘，然後擺在布巾上瀝乾。
將番茄浸入沸水中1分鐘。接著浸入冷水中降溫，剝皮後切成4塊。去掉中心硬的部分、籽和多餘的湯汁。
將番茄塊擺入瓶中。將糖漿倒進瓶中至距離瓶口3公分處，將番茄淹過。接下來的步驟同南瓜蜜餞，但請以中火殺菌，計算20分鐘至85℃。

★ 讓成品更特別的小細節
若您選擇果肉厚實的牛心番茄：500克的4個瓶子請秤2公斤的番茄，去皮後切成4塊，但不要去心，也不要去籽，然後用香料為糖漿調味，並搭配些許的濃鮮奶油，作為開胃菜享用。

新鮮與乾果湯
SOUPE DE FRUITS FRAIS ET SECS

準備時間：15分鐘

烹煮時間：直到食材微滾

製作1.250公斤水果湯的材料：
洋梨700克，即淨重500克
蘋果700克，即淨重500克
切成厚1公釐薄片的無花果乾
（figues sèches）50克
切成厚1公釐薄片的杏桃乾
（abricots secs）
結晶糖（sucre cristallisé）100克
柳橙汁100毫升，即1顆漂亮柳橙
的果汁
小顆檸檬的檸檬汁1/2顆

美味加倍的搭配法
榛果、核桃、巧克力的秋季小糕點，或
僅搭配微溫的巧克力風凍（fondant tiède
au chocolat）享用。

將洋梨削皮，去梗，切成2半後挖去果核。裁成厚1公釐的薄片。
蘋果亦以同樣方式處理。
將洋梨和蘋果片、無花果和杏桃片、糖、柳橙汁和檸檬汁倒入平底深鍋中。輕輕攪拌。
煮至微滾並不停攪拌。
將上述材料倒入大碗中，在室溫下放涼。
蓋上保鮮膜並冷藏保存。

★ **讓成品更特別的小細節**
在這道湯上撒50克的松子和50克切碎並稍微烤過的開心果。為了讓這些堅果保持酥
脆，請在享用水果湯之前再加入。

杏仁酸櫻桃湯
SOUPE DE GRIOTTES AUX AMANDES

準備時間：20分鐘

烹煮時間：直到食材微滾

製作1.250公斤水果湯的材料：
歐洲酸櫻桃(griottes)1.250公斤，
即淨重1公斤
結晶糖(sucre cristallisé)100克
檸檬汁1/2顆
杏仁片(amandes effilées)100克

美味加倍的搭配法
以玫瑰調味並鋪上新鮮覆盆子的烤
布蕾(crème brûlée)；一小球以董菜
(violette)調味的冰淇淋；或一小球的覆
盆子雪酪(sorbet à la framboise)。

以冷水沖洗歐洲酸櫻桃，然後用布擦乾。去梗並去核。
將酸櫻桃、糖和檸檬汁倒入平底深鍋中。輕輕攪拌。
煮至微滾並不停攪拌。
將這道湯倒入大碗中，在室溫下放涼。
蓋上保鮮膜並冷藏保存。
在享用時加入杏仁片。

★ 讓成品更特別的小細節
在享用這道湯時，請加入小片的杏仁蛋糕(calisson)或是品質非常出色的杏仁糖(pâte
d'amandes)：杏仁的甜味在酸櫻桃中顯得更加強烈。

黑皮諾黑櫻桃湯
SOUPE DE CERISES NOIRES AU PINOT NOIR

準備時間：20分鐘

烹煮時間：直到食材微滾

製作1.4公斤水果湯的材料：
黑櫻桃(cerises noires)
1.250公斤，即淨重1公斤
黑皮諾酒250毫升
結晶糖(sucre cristallisé)150克
檸檬汁1/2顆

美味加倍的搭配法
肉桂冰淇淋(crème glacée à la cannelle)；
或黑皮諾冰沙(granité de pinot noir)和
一塊香料蛋糕(cake aux épices)。

以冷水沖洗黑櫻桃，用布擦乾。去梗並去核。
將黑櫻桃、糖、黑皮諾酒和檸檬汁倒入平底深鍋中。輕輕攪拌。煮至微滾並不停攪拌。
將這道湯倒入大碗中，在室溫下放涼。
蓋上保鮮膜並冷藏保存。

★ 讓成品更特別的小細節
可用歐洲酸櫻桃(griottes)來取代櫻桃，或是用醋栗汁或覆盆子汁來取代黑皮諾酒。
覆盆子或醋栗的酸可將黑櫻桃的香提升到極致。

檸檬馬鞭草洋梨湯
SOUPE DE POIRES À LA VERVEINE CITRONNELLE

準備時間：10分鐘

烹煮時間：直到食材微滾

製作1.2公斤水果湯的材料：
洋梨1.2公斤，即淨重1公斤
結晶糖(sucre cristallisé)200克
檸檬汁1/2顆
檸檬馬鞭草葉(feuilles de verveine citronnelle)10片

美味加倍的搭配法
搭配檸檬雪酪(sorbet au citron)或香檳冰沙(granité au champagne)享用。

將洋梨削皮，切成2半後挖去果核。切成厚2公釐的薄片。
將洋梨片、糖、檸檬馬鞭草葉和檸檬汁倒入平底深鍋中。輕輕攪拌。煮至微滾並不停攪拌。
將上述材料倒入大碗中，在室溫下放涼。
蓋上保鮮膜並冷藏保存。

★ 讓成品更特別的小細節
改成在湯冷卻後再加入檸檬馬鞭草：約20片，於陰涼處靜置1個晚上。在不加熱以浸漬的情況下，草本植物或香料植物需要更長的時間才能散發出香氣。這道湯的味道將更加出色且精緻。

香草蘭姆鳳梨湯
SOUPE D'ANANAS À LA VANILLE AU RHUM

準備時間：15分鐘

烹煮時間：直到食材微滾

製作1.150公斤水果湯的材料：
鳳梨2公斤，即淨重1公斤
結晶糖(sucre cristallisé)100克
小顆檸檬的檸檬汁1/2顆
香草莢1根
蘭姆酒50毫升

美味加倍的搭配法
搭配雪花蛋奶(œufs à la neige)和椰香小費南雪(petits financiers à la noix de coco)享用。

去掉鳳梨的厚皮。從長邊切成4塊，去掉中間的木質部分，接著裁成條狀。
將鳳梨條、糖、從長邊剖開的香草莢、檸檬汁和蘭姆酒倒入平底深鍋中。輕輕攪拌。煮至微滾並不停攪拌。
將上述材料倒入大碗中，在室溫下放涼。
蓋上保鮮膜並冷藏保存。

★ 讓成品更特別的小細節
這道湯可在不加熱的狀態下製作。請將鳳梨切成厚1公釐的薄片，加入3顆百香果製成的帶籽果汁，並將這道湯於陰涼處保存至享用的時刻。

八角茴香甜瓜湯
SOUPE DE MELON À LA BADIANE

準備時間：10分鐘

製作1.2公斤水果湯的材料：
甜瓜1.4公斤，即淨重1公斤
結晶糖(sucre cristallisé)200克
八角茴香(badiane/anis étoilé)
2顆
檸檬汁1/2顆

將甜瓜切成2半並去籽。用挖球器(cuillère parisienne)將果肉挖成1顆顆的小球。
將甜瓜球、糖、八角茴香和檸檬汁倒入大碗中。
輕輕攪拌。
蓋上保鮮膜並冷藏保存。

★ 讓成品更特別的小細節
在前一天晚上製作這道辛香甜瓜湯，讓八角茴香可以散發出香氣。享用時，加入以格烏茲塔明那酒 (gewurztraminer) 或黑皮諾酒製成的小冰塊。搭配香草冰淇淋享用。

美味加倍的搭配法
以香料杏仁蛋糕(cake aux amandes parfumé d'épices)和一小球的黑皮諾冰沙(granité de vin de pinot noir)；或檸檬雪酪(sorbet au citron)享用。

甜瓜覆盆子湯
SOUPE DE MELON ET FRAMBOISES

準備時間：10分鐘

製作1.2公斤水果湯的材料：
甜瓜1公斤，即淨重500克
覆盆子500克
結晶糖(sucre cristallisé)200克
檸檬汁1/2顆

將甜瓜切成2半並去籽。用挖球器(cuillère parisienne)將果肉挖成1顆顆的小球。
請避免沖洗覆盆子，以保存其香味。有必要的話請加以揀選。
將甜瓜球、覆盆子、糖和檸檬汁倒入大碗中。輕輕攪拌。
蓋上保鮮膜並冷藏保存。

★ 讓成品更特別的小細節
加入1克的小荳蔻和新鮮薄荷。可用小塊西瓜來取代甜瓜，並加入50毫升的波特酒(porto)。

美味加倍的搭配法
一小球的格烏茲塔明那冰沙(granité de gewurztraminer)；或檸檬雪酪(sorbet au citron)和杏仁餅乾(biscuits aux amandes)。

玫瑰荔枝覆盆子湯
SOUPE DE LITCHIS ET FRAMBOISES À LA ROSE

準備時間：10分鐘

烹煮時間：直到食材微滾

製作1.1公斤水果湯的材料：
荔枝750克，即淨重500克
覆盆子500克
結晶糖（sucre cristallisé）100克
小顆檸檬的檸檬汁1/2顆
玫瑰花水（d'eau rose）50毫升

美味加倍的搭配法
在享用前加入幾顆新鮮覆盆子，一小球的玫瑰冰淇淋或小費南雪（financiers）。

將荔枝剝皮，去核後切成3塊。
請避免沖洗覆盆子，以保存其香味。有必要的話請加以揀選。
將荔枝、覆盆子、糖和檸檬汁倒入平底深鍋中。
輕輕攪拌。煮至微滾並不停攪拌。
將上述材料倒入大碗中，在室溫下放涼。
蓋上保鮮膜並冷藏保存。
在享用時加入玫瑰花水。

★ 讓成品更特別的小細節
請使用罐裝的糖漿荔枝（litchis au sirop en conserve）：其味道和質地都相當優質。
這道湯亦可在不加熱的情形下混合，就這樣品嚐。

肉桂蜜李湯
SOUPE DE QUETSCHES À LA CANNELLE

準備時間：10分鐘

烹煮時間：直到食材微滾

製作1.1公斤水果湯的材料：
蜜李（quetsche）1.2公斤，即淨重
1公斤
結晶糖（sucre cristallisé）100克
檸檬汁1/2顆

美味加倍的搭配法
搭配黑皮諾冰沙作為甜點；或是搭配厚可麗餅（crêpe épaisse）作為正餐享用；以少許鹽巴和香料調味的油煎餅（matefaims）。

用冷水沖洗蜜李，然後用布擦乾。剖開並去核。
將蜜李、糖和檸檬汁倒入平底深鍋中。輕輕攪拌。煮至微滾並不停攪拌。
將上述材料倒入大碗中，在室溫下放涼。
蓋上保鮮膜並冷藏保存。

★ 讓成品更特別的小細節
可用黃香李（mirabelles）或克羅蒂皇后李（reines-claudes）來製作這道湯，加入花蜜或栗樹蜜（miel de châtaignier）來代替糖，並加入柳橙皮和檸檬皮、乾燥的蜜李薄片，可為湯帶來較稠厚的質地。

麝香白桃湯
SOUPE DE PÊCHES BLANCHES AU MUSCAT

準備時間：10分鐘

烹煮時間：直到食材微滾

製作1.450公斤水果湯的材料：
白桃1.350公斤，即淨重1公斤
麝香酒(vin de muscat)250毫升
結晶糖(sucre cristallisé)200克
檸檬汁1/2顆

將桃子浸入沸水中1分鐘。以冷水降溫後剝皮並去核。切成2半，接著再切成厚2公釐的薄片。
將桃子片、麝香酒、糖和檸檬汁倒入平底深鍋中。輕輕攪拌。煮至微滾並不停攪拌。
將上述材料倒入大碗中，在室溫下放涼。
蓋上保鮮膜並冷藏保存。

★ 讓成品更特別的小細節
可用格烏茲塔明那酒(gewurztraminer)或黑皮諾酒來取代麝香酒。這時再加入肉桂棒、1顆八角茴香和些許的柳橙皮增加風味。

美味加倍的搭配法
熱內亞蛋糕(pain de Gênes)；或薩瓦蛋糕(biscuit de Savoie)，再淋上以檸檬皮調味的翻糖(fondant)作為鏡面。

蜜桃覆盆子湯
SOUPE DE PÊCHES DE VIGNE ET FRAMBOISES

準備時間：10分鐘

烹煮時間：直到食材微滾

製作1.1公斤水果湯的材料：
紅水蜜桃(pêches de vigne)
700克，即淨重500克
結晶糖(sucre cristallisé)100克
檸檬汁1/2顆
覆盆子500克

將桃子浸入沸水中1分鐘。
以冷水降溫後剝皮並去核。切成2半，接著再切成厚2公釐的薄片。
將桃子片、糖和檸檬汁倒入平底深鍋中。輕輕攪拌。煮至微滾並不停攪拌。
將湯倒入大碗中，在室溫下放涼。
蓋上保鮮膜並冷藏保存。
請避免沖洗覆盆子，以保存其香氣。若有必要的話，請加以揀選。
享用前再加入覆盆子。

★ 讓成品更特別的小細節
若用白桃或黃桃來製作這道湯也同樣美味，並可用新鮮的草本植物調味，如鼠尾草(sauge)、香蜂草(mélisse)或檸檬百里香：在湯冷卻後加入，並於陰涼處浸漬一個晚上。

美味加倍的搭配法
搭配香草冰淇淋和巧克力蛋糕享用。若用些許香料為湯提味時，亦可搭配肉桂冰淇淋。

薰衣草黃桃湯
SOUPE DE PÊCHES JAUNES À LA LAVANDE

第1天

準備時間：10分鐘

烹煮時間：直到食材微滾

製作1.2公斤水果湯的材料：

黃桃(pêches jaunes)1.350公斤，
即淨重1公斤
結晶糖(sucre cristallisé)200克
薰衣草花(lavande en fleur)3株
檸檬汁1/2顆

美味加倍的搭配法

撒上些許胡椒的蛋白霜(*blancs à la neige*)，桃子雪酪或香草冰淇淋。

將桃子浸入沸水中1分鐘。以冷水降溫後剝皮並去核。切成2半，接著再切成厚2公釐的薄片。

將幾株薰衣草包在細布中，開口小心地打結。

將桃子片、糖、包有薰衣草的細布和檸檬汁倒入平底深鍋中。輕輕攪拌。煮至微滾並不停攪拌。

將上述材料倒入大碗中，在室溫下放涼。

蓋上保鮮膜並冷藏保存。

在享用前將包有薰衣草的細布取出。

★ 讓成品更特別的小細節

請使用剛摘下來或乾燥的薰衣草花。

可用杏桃或威廉洋梨來取代桃子。

異國水果湯
SOUPE DE FRUITS EXOTIQUES

準備時間：20分鐘

製作1.4公斤水果湯的材料：
芒果700克，即淨重400克
奇異果2顆
漂亮的柳橙3顆
砂糖(sucre semoule)200克
格烏茲塔明那酒
(gewurztraminer)100毫升
檸檬汁1/2顆

美味加倍的搭配法
以些許肉桂調味的蛋白霜，以及奶油小
酥餅(petits sables au beurre)。

將芒果削皮，從果核上將果肉取下，切成小丁。
將奇異果剝皮後切成厚2公釐的圓形薄片。
切去柳橙的外皮，務必要去掉果皮和白色的中果皮。接著用小刀將水果的內膜割下，取出果瓣。
務必要仔細按壓內膜，用大碗收集所有的果汁。
將芒果丁、奇異果片、柳橙果瓣、格烏茲塔明那酒、糖和檸檬汁倒入裝有柳橙汁的大碗中。
輕輕攪拌。
蓋上保鮮膜並以冷藏保存。

★ 讓成品更特別的小細節
若您想將這道湯冷藏保存2天的話，請將材料煮沸。否則請在前一天晚上製作這道湯，並加入1根從長邊剖開的香草莢：靜置於陰涼處一個晚上，可讓食材散發出香氣。這道甜湯若以芒果、鳳梨和百香果製作也同樣美味。

柑橘甜湯
SOUPE D'AGRUMES

準備時間：15分鐘

製作1.2公斤水果湯的材料：
漂亮的柳橙3顆
漂亮的黃檸檬2顆
漂亮的青檸檬2顆
葡萄柚1顆
砂糖(sucre semoule)200克

美味加倍的搭配法
搭配法式杏仁塔皮和紅果雪酪(tarte
sablée aux amandes et des sorbets aux
fruits rouges)，或異國水果雪酪享用。

將所有的柑橘類水果削皮，務必要去掉果皮和白色的中果皮。
接著用小刀將水果的內膜割下，取出果瓣。務必要仔細按壓內膜，用大碗收集所有的果汁。
將去皮的柑橘類果瓣和糖倒入裝有柑橘果汁的大碗中。輕輕攪拌。
蓋上保鮮膜並以冷藏保存。

★ 讓成品更特別的小細節
在去掉柳橙的所有外皮之前，請先將柳橙削皮。將果皮以及1根從長邊剖開的香草莢和200毫升的甜味的葡萄酒(vin doux)加進柑橘甜湯中。
請搭配打發鮮奶油享用。

COULIS,
JUS DE FRUITS
ET SIROPS

庫利，果汁與糖漿

coulis, jus de fruits et sirops

洋梨庫利
COULIS DE POIRES

準備時間：10分鐘

製作1.2公斤庫利的材料：
洋梨1.2公斤，即淨重1公斤
砂糖(sucre semoule)200克
檸檬汁1顆

美味加倍的搭配法
搭配雞蛋布丁塔(*flan aux œufs*)：這時請用1克的小荳蔻粉來為庫利提味。

將洋梨(秋季的威廉，冬季的帕斯卡桑梨 passe-crassane)剝皮去梗，切成2半，挖去果核後切成薄片。將洋梨片、糖和檸檬汁倒入大碗中。用湯匙輕輕攪拌。用電動攪拌器將材料攪細。將庫利煮沸後，蓋上保鮮膜，冷藏保存1天或加以冷凍，以免庫利變成褐色

★ 讓成品更特別的小細節
為製作洋梨無花果庫利，請選擇波傑森無花果(*figues bourjasotte*)，並用400克的無花果和淨重600克的洋梨混合。將材料煮沸後用電動攪拌器攪打。

蘋果柳橙庫利
COULIS DE POMMES ET ORANGES

準備時間：15分鐘

烹煮時間：直到食材微滾

製作1.1公斤庫利的材料：
蘋果700克，即淨重500克
柳橙汁500毫升，即5顆柳橙的果汁
結晶糖(sucre cristallisé)100克
檸檬汁1/2顆

將蘋果削皮，去梗，切成2半，挖去果核後切成薄片。將蘋果片、糖、柳橙汁和檸檬汁倒入平底深鍋中。煮至微滾並輕輕攪拌。
將材料倒入大碗中，在室溫下放涼。
用電動攪拌器將材料攪細。
蓋上保鮮膜，冷藏保存1天或加以冷凍。

★ 讓成品更特別的小細節
自8月到9月收成的蘋果都略酸，非常適合這道食譜。年初，金黃蘋果、愛達紅(*idared*)和史密斯奶奶品種品質優良，仍然非常適合製作這道庫利。

杏桃或桃子庫利
COULIS D'ABRICOTS OU DE PÊCHES

準備時間：15分鐘

製作1.2公斤庫利的材料：
杏桃1.150公斤或桃子1.3公斤，
即淨重1公斤
砂糖(sucre semoule)200克
檸檬汁1顆

美味加倍的搭配法
牛軋糖雪糕(*nougat glacé*)或未成熟的夏烏斯乳酪(*chaource jeune*)，並在庫利中加入蜂蜜和些許的迷迭香(*romarin*)享用。

將水果浸入沸水中1分鐘。放入冷水中降溫，剝皮後切成2半。去核並切成薄片。
將水果片、糖和檸檬汁倒入大碗中。
用湯匙輕輕攪拌。用電動攪拌器將材料攪細。
將庫利煮沸後蓋上保鮮膜，冷藏保存1天或加以冷凍，以免庫利變成褐色。

★ 讓成品更特別的小細節
請選擇果肉多汁的杏桃、白桃、黃桃或血橙。在這些材料中，去除果皮可保存庫利的顏色；若連皮一起用電動攪拌器攪打，即便加入了檸檬汁，果肉還是會變成褐色。

coulis, jus de fruits et sirops

草莓庫利
COULIS DE FRAISES

準備時間：10分鐘

製作1.1公斤庫利的材料：
草莓1.1公斤，即淨重1公斤
砂糖(sucre semoule)100克
檸檬汁1顆

美味加倍的搭配法
紅水果塔，或佐以小酥餅的檸檬或白乳酪口味的冰淇淋。

用冷水快速沖洗草莓。用布擦乾，去梗後切成2半。
將草莓、糖和檸檬汁倒入大碗中。用湯匙輕輕攪拌。用電動攪拌器將材料攪細。
蓋上保鮮膜，冷藏保存1天或加以冷凍。

★ 讓成品更特別的小細節
可用柳橙汁取代檸檬汁，並加入1滴橙花水(d'eau de fleur d'oranger)。若您想將草莓庫利冷凍，請選擇香氣誘人的成熟草莓。冷凍會略為減損水果的風味，水果因而必須擁有非常優良的品質。

準備時間：10分鐘

製作1.1公斤庫利的材料：
覆盆子1.1公斤
砂糖(sucre semoule)100克
檸檬汁1顆

美味加倍的搭配法
紅果雪酪、楓丹白露(fontainebleau)和檸檬酥餅，或搭配玫瑰冰淇淋。在這種情況下，請用50毫升的玫瑰花水(d'eau de rose)來為這道庫利調味，並以花瓣進行裝飾。

覆盆子庫利
COULIS DE FRAMBOISES

請避免沖洗覆盆子，以保存其香氣。若有必要的話，請加以揀選。
將覆盆子、糖和檸檬汁倒入大碗中。用湯匙輕輕攪拌。
用電動攪拌器將材料攪細，接著放入果菜磨泥機中(細網目)去籽。若覆盆子庫利仍有籽，請用精細的網篩過濾。
蓋上保鮮膜，冷藏保存1天或加以冷凍。

★ 讓成品更特別的小細節
請選擇成熟但仍堅硬，味道新鮮且微酸的覆盆子，可製作出香氣濃郁的庫利。若您希望保存幾天，我建議您將材料煮沸，然後在庫利冷卻後以冷藏保存。

準備時間：10分鐘

製作1.1公斤庫利的材料：
種植黑莓(mûre des jardins)
1.2公斤
砂糖(sucre semoule)100克
檸檬汁1顆

美味加倍的搭配法
在小瑞士(petits-suisses)上淋上這道庫利。

黑莓庫利
COULIS DE MÛRES

揀選黑莓。以冷水快速沖洗，但請勿浸泡。
將黑莓、糖和檸檬汁倒入大碗中。用湯匙輕輕攪拌，接下來的步驟同上述的覆盆子庫利食譜。

★ 讓成品更特別的小細節
請選擇汁液飽滿的人工種植或野生黑莓。若要製作由兩種漿果組合而成的庫利，請秤500克的黑莓和500克的覆盆子使用。

黑醋栗庫利
COULIS DE CASSIS

準備時間：15分鐘

製作1公斤庫利的材料：
黑醋栗（cassis）1.1公斤，即淨重
1公斤
砂糖（sucre semoule）250克
檸檬汁1/2顆

美味加倍的搭配法
搭配白酒，作為開胃菜：在高腳酒杯中倒入一些庫利，接著倒入酒。或是黑醋栗雪酪：淋上些許庫利，並澆上亞爾薩斯氣泡酒（crémant d'Alsace）。

用冷水沖洗醋栗，瀝乾後摘下果粒。

將醋栗漿果、糖和檸檬汁倒入大碗中。用湯匙輕輕攪拌。

用電動攪拌器將材料攪細，接著放入果菜磨泥機中（細網目）去籽。若黑醋栗庫利仍有籽，請再以精細的網篩過濾。蓋上保鮮膜，冷藏保存1天或加以冷凍。

★ 讓成品更特別的小細節
可在這道庫利中混入500毫升的黑皮諾酒。將材料倒入高3公分的陶瓷焗烤盤中。將烤盤冷凍。在庫利結凍時，用叉子刮表面，以製作冰沙。

藍莓庫利
COULIS DE MYRTILLES

準備時間：10分鐘

製作1.1公斤庫利的材料：
藍莓（myrtille）1公斤
砂糖（sucre semoule）100克
檸檬汁1顆

美味加倍的搭配法
紅果雪酪或以打發鮮奶油稀釋的白乳酪（fromage blanc）。

用冷水沖洗藍莓，但不要浸泡。有必要的話，請加以揀選。

將藍莓、糖和檸檬汁倒入大碗中。

用湯匙輕輕攪拌。用電動攪拌器將材料攪細。蓋上保鮮膜，冷藏保存1天或加以冷凍。

★ 讓成品更特別的小細節
野生藍莓的果肉很濃厚：若藍莓很小，而且所含果汁不多，請在材料中加入200毫升的水，並以電動攪拌器攪打。您也能用200毫升的黑皮諾酒來取代水：這時請加入1克的小荳蔻或肉桂粉。

黃香李庫利
COULIS DE MIRABELLES

準備時間：10分鐘
烹煮時間：直到食材微滾

製作1.1公斤庫利的材料：
黃香李（mirabelles）1.2公斤，
即淨重1公斤
結晶糖（sucre cristallisé）100克
檸檬汁1/2顆

用冷水沖洗黃香李，用布擦乾。去梗並去核。
將黃香李、糖和檸檬汁倒入大碗中。煮至微滾並輕輕攪拌。
將上述材料倒入大碗中，在室溫下放涼。
用電動攪拌器將材料攪細，接著放入果菜磨泥機中（細網目）去皮。
蓋上保鮮膜，冷藏保存1天或加以冷凍。

美味加倍的搭配法
搭配白乳酪塔或曼斯特的飛司勒乳酪（faisselle de munster）。

★ 讓成品更特別的小細節
可用菩提樹蜂蜜（Miel de tilleul）來取代糖，這道庫利的味道將會更加精緻。再加入1滴的黃香李酒。

蜜李庫利
COULIS DE QUETSCHES

準備與烹煮時間：同上

製作1.1公斤庫利的材料：
蜜李（quetsches）1.2公斤，即淨重1公斤
結晶糖（sucre cristallisé）100克
檸檬汁1/2顆

步驟同上述的黃香李庫利食譜。

美味加倍的搭配法
淋上鮮奶油、庫利和蜜李酒的白乳酪。

★ 讓成品更特別的小細節
為製作更甜的李子庫利，請將這些蜜李與黃香李混合。於8月初採收的蜜李較酸且多汁。
9月的亞爾薩斯蜜李（quetsches d'Alsace）味道較甜且略帶焦糖味。

黑櫻桃庫利
COULIS DE CERISES NOIRES

準備時間：20分鐘
烹煮時間：直到食材微滾

製作1.1公斤庫利的材料：
黑櫻桃（cerises noires）
1.250公斤，即淨重1公斤
結晶糖（sucre cristallisé）100克
檸檬汁1/2顆

步驟同上述的黃香李庫利食譜，但不將材料放入果菜磨泥機中。

★ 讓成品更特別的小細節
這道庫利若以歐洲酸櫻桃（griottes）製作也是同樣美味：搭配白乳酪或優格冰淇淋享用。將材料煮沸，以免庫利的顏色氧化。加入些許的櫻桃酒可為黑櫻桃或歐洲酸櫻桃的庫利提味。

美味加倍的搭配法
杏仁冰淇淋（crème glacée aux amandes）或熱內亞蛋糕（pain de Gênes）。

醋栗庫利
COULIS DE GROSEILLES

準備時間：15分鐘

製作1公斤庫利的材料：
醋栗(groseilles)1.1公斤，即漿果
淨重1公斤
砂糖(sucre semoule)250克
檸檬汁1/2顆

美味加倍的搭配法
香草冰淇淋和燉煮白桃，或是切成薄片的香蕉，再鋪上打發鮮奶油；這道庫利是道可口的鏡面淋醬(nappage)，也可以用來為紅果沙拉提味。

用冷水沖洗醋栗，瀝乾後摘下果粒。

將醋栗漿果、糖和檸檬汁倒入大碗中。用湯匙輕輕攪拌。

用電動攪拌器將材料攪細，接著放入果菜磨泥機中(細網目)去籽。若醋栗庫利仍有籽，請再以精細的網篩過濾。

蓋上保鮮膜，冷藏保存1天或加以冷凍。

★ **讓成品更特別的小細節**

這道庫利若以白醋栗製作也同樣美味，或是使用黑醋栗與(紅)醋栗(groseilles)的混種：紅黑醋栗(caseilles)，可製作出較甜的庫利。為了去皮去籽，我們可將材料放入離心機中。庫利會變得較為液態，因為這種裝置會過濾部分的果肉。製作過程較快，但獲得的果汁較少。

大黃庫利
COULIS DE RHUBARBE

準備時間：10分鐘
烹煮時間：直到食材微滾

製作1.1公斤庫利的材料：
大黃(rhubarbe)1.2公斤，即淨重
1公斤
結晶糖(sucre cristallisé)100克
檸檬汁1/2顆

美味加倍的搭配法
打發鮮奶油、杏仁小酥餅和撒上糖粉的蓋瑞嘉特(gariguette)草莓。

用冷水沖洗大黃。切去莖的兩端，將莖從長邊剖成2半，接著裁成小丁。

將大黃丁、糖和檸檬汁倒入平底深鍋中。煮至微滾並輕輕攪拌。

將材料倒入大碗中，在室溫下放涼。

用電動攪拌器將材料攪細。

蓋上保鮮膜，冷藏保存1天或加以冷凍。

★ **讓成品更特別的小細節**

在4月和5月，接骨木已經開花。在冷卻的大黃庫利中加入一些接骨木花。將大黃、草莓、覆盆子或柳橙組合，而成為另一種口味的庫利。

香蕉百香果庫利
COULIS DE BANANES ET FRUITS DE LA PASSION

準備時間：15分鐘

烹煮時間：直到食材微滾

製作1.3公斤庫利的材料：
香蕉650克，即淨重400克
百香果15顆，即帶籽果汁300毫升
柳橙汁200毫升，即3顆柳橙的果汁
檸檬汁100毫升，即2顆檸檬的果汁
結晶糖(sucre cristallisé)200克

美味加倍的搭配法
巧克力風凍(fondant au chocolat)和一小球的巧克力雪酪(sorbet au chocolat)；或香草米布丁(riz au lait à la vanille)。

將香蕉剝皮，然後切成圓形薄片。
將香蕉片、柳橙汁、檸檬汁和糖倒入平底深鍋中。煮至微滾並輕輕攪拌。
將上述材料倒入大碗中，在室溫下放涼。
用電動攪拌器將材料攪細。
將百香果切成2半，收集果汁和籽。
將帶籽百香果汁倒入香蕉和柳橙等材料中，用攪拌器攪拌。
蓋上保鮮膜，冷藏保存1天或加以冷凍。

★ 讓成品更特別的小細節
在這道食譜中，將香蕉和柳橙汁及檸檬汁一起煮沸。如此一來，香蕉就不會氧化，並保有原來的顏色。
您總是可用微酸的水果來為香蕉庫利提味：您會覺得香蕉的味道變得比較不具奶油味，而且較為平衡。

百香芒果庫利
COULIS DE MANGUES ET FRUITS DE LA PASSION

準備時間：15分鐘

製作1.2公斤庫利的材料：
芒果1.4公斤，即淨重800克
百香果10顆，即帶籽果汁200毫升
結晶糖(sucre cristallisé)200克
檸檬汁1/2顆

美味加倍的搭配法
異國風味冰淇淋，或是用馬卡龍(macarons)提味的椰子冰淇淋(crème glacée à la noix de coco)。

將芒果削皮，從果核上取下果肉，然後切成薄片。
將芒果片、糖和檸檬汁倒入大碗中。用湯匙輕輕攪拌。
用電動攪拌器將材料攪細。
將百香果切成2半，收集果汁和籽。
將帶籽百香果汁倒入芒果等材料中，攪拌均勻。
蓋上保鮮膜，冷藏保存1天或加以冷凍。

★ 讓成品更特別的小細節
可用青檸檬汁來取代百香果汁，製作另一種庫利，並用1克的小荳蔻粉來為食材提味。
在5月和6月初，馬利(Mali)品種的芒果品質最為優良；9月來到法國市場上的西班牙芒果也同樣美味。

三紅果汁（覆盆子、歐洲酸櫻桃和草莓）
JUS AUX TROIS FRUITS ROUGES (FRAMBOISES, GRIOTTES ET FRAISES)

準備時間：10分鐘

製作1.5公升新鮮果汁的材料：
覆盆子300克
歐洲酸櫻桃（griottes）300克
草莓300克
砂糖（sucre semoule）200克
檸檬汁1顆
礦泉水（eau minérale）500毫升

請避免沖洗覆盆子，以保存其香氣。若有必要的話，請加以揀選。
以冷水沖洗歐洲酸櫻桃，用布擦乾。去梗並去核。
以冷水沖洗草莓，去梗後切成2半。
將水果、糖、檸檬汁和礦泉水倒入大碗中。
用湯匙輕輕攪拌。用電動攪拌器將材料攪細。
蓋上保鮮膜，冷藏保存2小時。
在每個玻璃杯中加入冰塊，立即享用。

美味加倍的搭配法

一小球的香草冰淇淋，擺在玻璃杯中加上庫利享用；或是搭配鋪上瑪斯卡邦乳酪（mascarpone）的薩瓦蛋糕（biscuit de Savoie）。

★ 讓成品更特別的小細節

可用氣泡酒（vin pétillant）來取代礦泉水，如發泡酒（crémant）或香檳。為了製作紅黑果汁，請選擇草莓、覆盆子和藍莓（myrtille）；將幾片新鮮薄荷葉剪碎，在享用時加入這冰涼的果汁中。

紅甜菜草莓汁
JUS DE FRAISE ET BETTERAVE ROUGE

準備時間：10分鐘

製作1.2公升新鮮果汁的材料：
草莓800克
煮熟並去皮的紅甜菜（betterave rouge）250克
砂糖（sucre semoule）200克
檸檬汁1顆
礦泉水（eau minérale）250毫升

以冷水沖洗草莓，去梗後切成2半。
將甜菜切成小丁。
將草莓、甜菜丁、糖、檸檬汁和水倒入大碗中。用湯匙輕輕攪拌。
用電動攪拌器將材料攪細。
蓋上保鮮膜，冷藏保存2小時。
在每個玻璃杯中加入冰塊，立即享用。

美味加倍的搭配法

焦糖堅果塔（tarte axu fruits secs caramélisés）或烤開心果和杏仁。

★ 讓成品更特別的小細節

可加入柳橙汁和柳橙皮、搗碎的黑胡椒和些許小荳蔻，製作出較為辛辣的果汁。您也能用番茄來取代草莓。

榅桲覆盆子汁
JUS DE COING ET FRAMBOISE

第1天
準備時間：25分鐘
烹煮時間：45分鐘
靜置時間：1個晚上

第2天
準備時間：10分鐘

製作1.2公升新鮮果汁的材料：
蘋果形／梨形榅桲（coings-pommes／poires）750克
覆盆子550克，即果肉500克
砂糖（sucre semoule）300克
檸檬汁1顆
水1.2公升

美味加倍的搭配法
搭配杏仁柳橙瓦片餅（*tuiles aux amandes et à l' orange*）作為下午茶。

第1天
用布擦拭榅桲，去除覆蓋的細絨毛。以冷水沖洗。去掉仍保有花的梗及堅硬部分，切成4塊。
將榅桲塊和1.2公升的水倒入不鏽鋼平底深鍋中。煮沸。持續以文火煮45分鐘，用木杓不時攪拌。將上述材料倒入精細的漏斗型網篩，並用漏勺擠壓水果，用大碗收集榅桲汁。
蓋上烤盤紙，於陰涼處保存1個晚上。

第2天
避免沖洗覆盆子，以保存其香氣。有必要的話請加以揀選。
放入果菜磨泥機（細網目）中去籽。
將榅桲汁（500毫升）、覆盆子果肉、糖和檸檬汁倒入大碗中。用攪拌器攪拌。蓋上保鮮膜，冷藏保存2小時。在每個玻璃杯中加入冰塊，立即享用。

★ 讓成品更特別的小細節
可用柳橙汁來取代榅桲汁，並加入2根香蕉和覆盆子果肉，接著用電動攪拌器將材料攪成細碎。享用時，在每個玻璃杯中加入些許碎冰。

伯爵桃子奶昔
JUS CRÉMEUX DE PÊCHE AU THÉ EARL GREY

準備時間：15分鐘

製作1.6公升新鮮果汁的材料：
桃子1.2公斤，即淨重1公斤
伯爵茶液（infusion de thé Earl Grey）400毫升
液狀鮮奶油（crème fraîche liquide）100毫升
砂糖（sucre semoule）200克
檸檬汁1顆

美味加倍的搭配法
鋪上檸檬凝乳（*curd*）的微溫皮力歐許（*brioche*）。

將桃子浸入沸水中1分鐘。放入冷水中降溫，剝皮，去核後切成4塊。
將桃子、茶液、鮮奶油、糖和檸檬汁倒入大碗中。用湯匙輕輕攪拌。
用電動攪拌器將材料攪細。
蓋上保鮮膜，冷藏保存2小時。
在每個玻璃杯中加入冰塊，立即享用。

★ 讓成品更特別的小細節
可用茉莉花茶，或僅用接骨木花、薄荷或鼠尾草（*sauge*）來取代伯爵茶液。

格烏茲塔明那白杏桃汁
JUS D'ABRICOT ET PÊCHE BLANCHE
AU GEWURZTRAMINER

準備時間：15分鐘

製作1.5公升新鮮果汁的材料：
杏桃300克，即淨重250克
白桃680克，即淨重500克
格烏茲塔明那酒
(gewurztraminer)750毫升
砂糖(sucre semoule)150克
檸檬汁1顆

美味加倍的搭配法
檸檬或柳橙酥皮棒(*bâtons sablés au citron ou à l'orange*)，小熱內亞蛋糕(*pain de Gênes*)。

請選擇成熟但仍堅硬的杏桃。以冷水沖洗。剝皮後切成2半，去核並將每半顆杏桃再切為2半。

將桃子浸入沸水中1分鐘。放入冷水中降溫，剝皮，去核後切成4塊。

將杏桃塊、桃子塊、格烏茲塔明那酒、糖和檸檬汁倒入大碗中。

用湯匙輕輕攪拌。

用電動攪拌器將材料攪細。

蓋上保鮮膜，冷藏保存2小時。

在每個玻璃杯中加入冰塊，立即享用。

★ 讓成品更特別的小細節
在材料中加入些許的柳橙皮和1克切碎的新鮮生薑。去掉杏桃的皮，果汁會更加精緻。

黑皮諾黑醋栗汁
JUS DE CASSIS AU PINOT NOIR

第1天
準備時間：10分鐘
烹煮時間：直到食材微滾
靜置時間：1個晚上

第2天
準備時間：10分鐘

製作1.4公升新鮮果汁的材料：
黑醋栗(cassis)1.1公斤，即漿果
淨重1公斤
黑皮諾750毫升
結晶糖(sucre cristallisé)300克
檸檬汁1顆

美味加倍的搭配法
搭配羊乳製成的飛司勒乳酪(*faisselle*)或小瑞士(*petits-suisses*)一起享用。

第1天
以冷水沖洗黑醋栗。瀝乾後將果粒摘下。

將黑醋栗漿果、黑皮諾酒、糖和檸檬汁倒入大型的不鏽鋼平底深鍋中。輕輕攪拌。

煮至微滾並不停攪拌。

將材料倒入大碗中。

蓋上烤盤紙，於陰涼處保存1個晚上。

第2天
隔天，將材料放入離心機中，過濾皮與籽。

將黑皮諾黑醋栗汁放入大碗中。

蓋上保鮮膜，冷藏保存2小時。

在每個玻璃杯中加入冰塊，立即享用。

★ 讓成品更特別的小細節
可加入醋栗或覆盆子來調配這道果汁。倒入焗烤盤中，然後將盤子冷凍。在果汁結凍時，用叉子刮表面。將這道冰沙作為開胃菜或甜點享用。

椰奶覆盆子香蕉汁
JUS DE FRAMBOISE ET BANANE AU LAIT DE COCO

準備時間：10分鐘

製作1.5公升新鮮果汁的材料：
覆盆子400克
香蕉470克，即淨重300克
無糖椰奶(lait de coco non
sucré)300克
砂糖(sucre semoule)200克
檸檬汁1小顆
礦泉水(eau minérale)500毫升

避免以冷水沖洗覆盆子，以保存其香氣。若有必要的話，請加以揀選。
將香蕉剝皮並切成厚3公釐的薄片。
將覆盆子、香蕉片、椰奶、糖和檸檬汁倒入大碗中。用湯匙輕輕攪拌。
用電動攪拌器將材料攪成細碎。
蓋上保鮮膜，冷藏保存2小時。
在每個玻璃杯中加入冰塊，立即享用。

美味加倍的搭配法
酥餅或千層派(feuilletés)等小糕點。

★ **讓成品更特別的小細節**
可以250毫升的全脂牛乳和250毫升的液狀鮮奶油來取代礦泉水。
再用電動攪拌器攪打入空氣，並加入幾塊冰塊，便可享用果汁。

百香芒果香蕉汁
JUS DE MANGUE, BANANE ET FRUIT DE LA PASSION

準備時間：15分鐘

製作1.6公升新鮮果汁的材料：
芒果800克，即淨重500克
香蕉550克，即淨重300克
百香果10顆，即帶籽果汁200毫升
砂糖(sucre semoule)300克
礦泉水500毫升

將芒果削皮，從果核上取下果肉，然後裁成薄片。
將香蕉剝皮並切成厚3公釐的圓形薄片。
將百香果切成2半，保留果汁和籽。
將芒果片、香蕉片、糖和水倒入大碗中，並用湯匙輕輕攪拌。
用電動攪拌器將材料攪成細碎。
加入百香果汁和籽，用攪拌器攪拌。
蓋上保鮮膜，冷藏保存2小時。
在每個玻璃杯中加入冰塊，立即享用。

美味加倍的搭配法
在這道果汁中加入500克的香草冰淇淋，並用電動攪拌器攪打。立即享用這乳霜狀的果汁飲品。

★ **讓成品更特別的小細節**
您可用等重的柳橙汁或葡萄柚汁來取代礦泉水。

coulis, jus de fruits et sirops

準備時間：15分鐘

製作1公升新鮮果汁的材料：
櫛瓜（courgettes）800克，即淨重
600毫升的果汁
覆盆子1公斤，即果汁400毫升
去籽紅椒（poivron rouge
épépiné）10克
砂糖（sucre semoule）10克
檸檬汁1顆
研磨罐裝鹽和胡椒（sel et poivre
au moulin）

美味加倍的搭配法
帕馬森乾酪千層酥棒（*bâtons feuilletés
au parmesan*），或煙燻鹹肉：火腿、臘
腸（*saucission*）等 ...。

第1天
準備時間：15分鐘
靜置時間：1個晚上

第2天
準備時間：5分鐘

製作1公升新鮮果汁的材料：
番茄1.4公斤，即淨重1公斤
九層塔葉（feuilles de basilic）
20片＋裝飾用九層塔葉幾片
砂糖（sucre semoule）15克
研磨罐裝鹽和胡椒（sel et poivre
au moulin）
橄欖油幾滴

美味加倍的搭配法
擦上蒜瓣的棍狀麵包塊，接著塗上奶油
烘烤，或僅塗上以切碎蒜瓣調味的奶油。

櫛瓜覆盆子甜椒汁
JUS DE COURGETTE, FRAMBOISE ET POIVRON

以冷水沖洗櫛瓜。削皮後切成厚3公釐的薄片。
避免以冷水沖洗覆盆子，以保存其香氣。若有必要的話，請加以揀選。將紅椒切成
小丁。
將櫛瓜、覆盆子和紅椒放入離心機中榨汁。
將取得的櫛瓜汁、覆盆子汁和紅椒汁、糖和檸檬汁倒入大碗中。用攪拌器攪拌。用鹽
和胡椒調味。
蓋上保鮮膜，冷藏保存2小時。
在每個玻璃杯中加入冰塊，立即享用。

★ 讓成品更特別的小細節
可用草莓來取代覆盆子，果汁也同樣美味。

九層塔番茄汁
JUS DE TOMATE AU BASILIC

第1天
將番茄浸入沸水中1分鐘。放入1盆冷水中降溫。剝皮並切成4塊。去掉中心硬的
部分、籽和多餘的果汁。
將番茄塊和糖倒入大碗中。用湯匙輕輕攪拌。以電動攪拌器將材料攪成細碎，接著
加入九層塔葉。
蓋上保鮮膜，冷藏保存1個晚上。

第2天
取出九層塔葉。
用鹽和胡椒調味，用攪拌器攪拌均勻。
分倒入玻璃杯中。享用時，在每個玻璃杯內倒入幾滴的橄欖油，並以新鮮九層塔葉
進行裝飾。

★ 讓成品更特別的小細節
可用百里香或蒔蘿（*aneth*）來取代九層塔。在用電動攪拌器攪打番茄之前，加入2片
鯷魚（*anchois*），接著在享用時擺上煮熟的紅椒薄片。

胡蘿蔔番茄芹菜汁
JUS DE CAROTTE, TOMATE ET CÉLERI

準備時間：15分鐘

製作1公升新鮮果汁的材料：
胡蘿蔔800克，即果汁500毫升
番茄700克，即果汁500毫升
西洋芹菜葉1根
砂糖(sucre semoule)20克
檸檬汁1顆
研磨罐裝鹽和胡椒(sel et poivre
au moulin)

美味加倍的搭配法
生菜條(bâtonnets de légumes crus)：西
洋芹(céleri en branche)、胡蘿蔔、紅皮
白蘿蔔(radis)、根芹(céleri-rave)。蘑
菇、白花椰菜(chou-fleur)或燙煮過的綠
花椰菜(brocoli)。

以冷水沖洗胡蘿蔔。切成圓形薄片。

將番茄浸入沸水中1分鐘。放入1盆冷水中降溫。剝皮並切成4塊。去掉中心硬的
部分、籽和多餘的果汁。

將胡蘿蔔和番茄先後放入離心機中榨汁。

將胡蘿蔔和番茄汁倒入大碗中。加入糖和檸檬汁。用攪拌器攪拌。以鹽和胡椒調味。
蓋上保鮮膜，冷藏保存2小時。

在每個玻璃杯中加入冰塊，立即享用。可用剪成細碎的芹菜葉進行裝飾。

★ **讓成品更特別的小細節**
在材料中加入一些切成極碎的西洋芹，然後用電動攪拌器攪打。在每個玻璃杯中用細
碎的帕馬森乾酪(parmesan)刨花進行裝飾。

小荳蔻柳橙胡蘿蔔汁
JUS DE CAROTTE ET ORANGE À LA CARDAMOME

準備時間：15分鐘

製作1公升新鮮果汁的材料：
胡蘿蔔800克，即果汁500毫升
柳橙6顆，即果汁500毫升
砂糖(sucre semoule)20克
小荳蔻粉1刀尖
檸檬汁1顆

美味加倍的搭配法
搭配上罌粟籽(pavot)、芝麻(sésame)的
千層棒(bâtonnet feuilleté)，或甚至是
加入孔德乳酪(comté)享用。

以冷水沖洗胡蘿蔔。切成圓形薄片。放入離心機中榨汁。

將柳橙榨汁。

將胡蘿蔔汁、柳橙汁和檸檬汁、糖和小荳蔻粉倒入大碗中。用攪拌器攪拌。
蓋上保鮮膜，冷藏保存2小時。

在每個玻璃杯中加入冰塊，立即享用。

★ **讓成品更特別的小細節**
加入1/4顆柳橙的皮，可用肉桂或胡椒取代小荳蔻，用剝皮的番茄取代柳橙，挖去
番茄的中心部分和籽。用電動攪拌器將材料打碎。

薄荷青豆奶昔
JUS CRÉMEUX DE PETITS POIS À LA MENTHE

第1天
以冷水沖洗薄荷葉，用布擦乾。
將鮮奶油和牛乳倒入平底深鍋中。煮至微滾。
加入薄荷葉，浸泡5分鐘
將浸泡液過濾並將材料倒入大碗中。
蓋上保鮮膜，冷藏保存1個晚上。

第2天
將青豆倒入不鏽鋼平底深鍋中。用鹽水淹過並加以煮沸。持續烹煮至青豆變軟。
將平底鍋離火並放涼。
將青豆和用薄荷調味的鮮奶油與牛奶倒入大碗中。
用電動攪拌器將材料攪打至細碎。以鹽和胡椒調味。
蓋上保鮮膜，冷藏保存2小時。
在每個玻璃杯中加入冰塊，立即享用。

★ 讓成品更特別的小細節
若您覺得這道果汁過於濃稠，請再加水或牛乳，並用電動攪拌器攪打，亦可用百里香或蒔蘿來取代薄荷。

第1天
準備時間：5分鐘
烹煮時間：直到食材微滾
靜置時間：1個晚上

第2天
準備時間：10分鐘
烹煮時間：燉煮青豆約15分鐘

製作1.7公升新鮮果汁的材料：
青豌豆(petits pois)500克
水600毫升＋鹽1克
液狀鮮奶油250毫升
全脂牛乳350毫升
新鮮薄荷葉20片＋裝飾用薄荷葉幾片
研磨罐裝鹽和胡椒(sel et poivre au moulin)

美味加倍的搭配法
塗上奶油烘烤的麵包條(*bâtonnet de pain de mie*)。

蒔蘿小黃瓜奶昔
JUS CRÉMEUX DE CONCOMBRE À L'ANETH

以冷水沖洗小黃瓜。從長邊切成2半，用湯匙挖去籽，接著切成小塊。
將小黃瓜塊、鮮奶油和檸檬汁倒入大碗中。用湯匙輕輕攪拌。
用電動攪拌器將材料攪打至細碎。以鹽和胡椒調味，加入幾株蒔蘿。
蓋上保鮮膜，冷藏保存2小時。
在每個玻璃杯中加入冰塊，立即享用。

★ 讓成品更特別的小細節
加入1瓣切成細碎的大蒜、切碎的平葉巴西利(*persil*)和剪碎的細香蔥(*ciboulette*)，便可製作用草本植物提味，較為辛辣的果汁。

準備時間：10分鐘

製作1.3公升新鮮果汁的材料：
小黃瓜(concombre)1.1公斤
液狀鮮奶油200克
蒔蘿幾株
檸檬汁1顆
研磨罐裝鹽和胡椒(sel et poivre au moulin)

美味加倍的搭配法
搭配包有帕馬(*Parme*)火腿的義式麵包棒(*gressins*)，作為開胃菜享用。

coulis, jus de fruits et sirops

草莓糖漿
SIROP DE FRAISE

第1天
準備時間：5分鐘
烹煮時間：直到食材微滾
靜置時間：1個晚上

第2天
準備時間：5分鐘
烹煮時間：糖漿煮沸後再煮5分鐘

製作1.6公升糖漿的材料
草莓1.1公斤，即淨重1公斤
水650毫升
結晶糖(sucre cristallisé)900克
小顆檸檬的檸檬汁1顆

美味加倍的搭配法
瑪斯卡邦乳酪奶油醬(crème mascarpone)，
再混入切成薄片的草莓。或是以碎冰冰
鎮的牛乳；或是一小球的香草冰淇淋。

第1天
以冷水快速沖洗草莓。用布擦乾，去梗，切成2半。
將草莓、水、糖和檸檬汁倒入大型不鏽鋼平底深鍋中。煮至微滾並輕輕攪拌。放涼。
將食材倒入精細的漏斗型網篩，並用漏勺輕輕按壓，用大碗收集糖漿。
大碗蓋上烤盤紙，於陰涼處保存1個晚上。

第2天
再用極精細的漏斗型網篩將糖漿過濾第2次，接著倒入平底鍋中。
煮沸並持續以文火煮5分鐘。仔細撈去浮沫。
將瓶子浸入1盆沸水中殺菌；在填入糖漿之前，讓水持續留在瓶中。
將糖漿填入瓶子至距離瓶口1公分處。
用螺旋式的瓶塞封好，並將瓶子倒扣，讓瓶子成為密封狀態。

★ **讓成品更特別的小細節**
在第一次烹煮時，請加入20片薄荷葉或接骨木花，以製作芳香的草莓糖漿。
若要製作具水果香氣的極濃縮糖漿，請將1.3公斤的草莓放入離心機中，以獲得1公升
的果汁，請加入800克的糖和1顆小檸檬的檸檬汁。煮沸5分鐘，撈去浮沫後裝罐。
草莓所含果膠極少，這道糖漿不會膠化。

接骨木花糖漿
SIROP DE FLEUR DE SUREAU

第1天
準備時間：20分鐘
烹煮時間：直到水煮沸
靜置時間：1個晚上

第2天
準備時間：5分鐘
烹煮時間：糖漿煮沸後再煮15分鐘

製作1.5公升糖漿的材料
接骨木花150克
水1公升
結晶糖(sucre cristallisé)800克
小顆檸檬的檸檬汁1顆

美味加倍的搭配法
搭配不甜的白酒(*vin blanc sec*)或氣泡酒(*crémant*)作為開胃菜；或是搭配微甜的大黃冰沙；或是用來為草莓和覆盆子甜湯調味。

第1天
將水倒入大型的不鏽鋼平底深鍋中，加以煮沸。加入接骨木花，輕輕攪拌。接骨木花必須浸入水中。
將平底鍋離火並加蓋。
放涼，於陰涼處保存24小時。

第2天
用漏勺取出接骨木花。
用咖啡濾紙(filtre à café en papier)過濾接骨木花浸泡液，以獲得完全清澈的湯汁。
將浸泡液、糖和檸檬汁倒入平底鍋中。用攪拌器攪拌。煮沸並持續以文火煮15分鐘。撈去浮沫。
將瓶子浸入1盆沸水中殺菌；在填入糖漿之前，讓水持續留在瓶中。
將糖漿填入瓶子至距離瓶口1公分處。用螺旋式的瓶塞封好，並將瓶子倒扣，讓瓶子成為密封狀態。

★ 讓成品更特別的小細節
在製作糖漿當天採收接骨木花。請選擇芳香且盛開的傘狀花束。用手或剪刀將花束拆開。

準備時間：10分鐘

烹煮時間：10分鐘，讓漿果裂開
糖漿煮沸後再煮5分鐘

製作1.5公升糖漿的材料
成串的接骨木漿果1.4公斤，
即漿果淨重1公斤
水300毫升
結晶糖(sucre cristallisé)800克
小顆檸檬的檸檬汁1顆

美味加倍的搭配法
搭配蜜李湯，或用來去漬(*déglacer*)香煎肥肝片或小牛肝的湯汁。

接骨木漿果糖漿
SIROP DE BAIE DE SUREAU

以冷水沖洗成串的接骨木漿果，瀝乾後將果粒摘下。
將接骨木漿果和水倒入大型的不鏽鋼平底深鍋中，加以煮沸。將平底鍋加蓋，以文火煮10分鐘，讓漿果裂開。
將上述材料倒入極精細的漏斗型網篩，並用漏勺仔細按壓漿果，用大碗收集果汁。
將接骨木漿果汁(1公升)、糖和檸檬汁倒入平底鍋中。用攪拌器攪拌。煮沸並持續以文火煮5分鐘。仔細撈去浮沫。
將瓶子浸入1盆沸水中殺菌；在填入糖漿之前，讓水持續留在瓶中。
將糖漿填入瓶子至距離瓶口1公分處。用螺旋式的瓶塞封好，並將瓶子倒扣，讓瓶子成為密封狀態。

★ 讓成品更特別的小細節
將接骨木冷凍：較容易將漿果從果串上取下。

金合歡糖漿
SIROP DE FLEUR D'ACACIA

第1天
準備時間：30分鐘
烹煮時間：直到水煮沸
靜置時間：1個晚上

第2天
準備時間：5分鐘
烹煮時間：糖漿煮沸後再煮15分鐘

製作1.6公升糖漿的材料
金合歡(fleur d'acacia)200克
水1公升
結晶糖(sucre cristallisé)800克
小顆檸檬的檸檬汁1顆

美味加倍的搭配法
鋪上打發鮮奶油的可麗餅或煎餅(pan-cake)享用。

第1天
準備金合歡花，只保留雌蕊和花瓣的部分。
將水倒入大型的不鏽鋼平底深鍋中煮沸。加入金合歡花，輕輕攪拌。金合歡花必須浸入水中。
將平底鍋離火並加蓋。
放涼，於陰涼處保存24小時。

第2天
用漏勺將金合歡花取出。
用咖啡濾紙過濾金合歡浸泡液，以獲得完全清澈的湯汁。
將浸泡液、糖和檸檬汁倒入平底鍋中。用攪拌器攪拌。煮沸並持續以文火煮15分鐘。仔細撈去浮沫。
將瓶子浸入1盆沸水中殺菌；在填入糖漿之前，讓水持續留在瓶中。
將糖漿填入瓶子至距離瓶口1公分處。用螺旋式的瓶塞封好，並將瓶子倒扣，讓瓶子成為密封狀態。

★ 讓成品更特別的小細節
只須浸泡金合歡花的花瓣和雌蕊部分。浸泡花的莖和果柄部分會帶來丹寧的苦味。
在陽光普照的一天結束後，將正好開放的花摘下。其他更盛開的花已經過了最芬芳的時期。

coulis, jus de fruits et sirops

準備時間：10分鐘
烹煮時間：10分鐘，讓漿果裂開
糖漿煮沸後再煮5分鐘

製作1.6公升糖漿的材料
黑醋栗(cassis)1.1公斤，即漿果
淨重1公斤
水800毫升
結晶糖(sucre cristallisé)800克
小顆檸檬的檸檬汁1顆

美味加倍的搭配法

鮮奶油香醍(*crème Chantilly*)：混合黑醋栗糖漿和液狀鮮奶油，加以打發，製作黑醋栗香醍。可鋪在餅乾上、酥餅底部、搭配鬆餅 ... 等。

黑醋栗糖漿
SIROP DE CASSIS

以冷水沖洗黑醋栗，瀝乾後將果粒摘下。

將黑醋栗漿果和水倒入大型的不鏽鋼平底深鍋中煮沸。將平底鍋加蓋，以文火煮10分鐘，讓漿果裂開。

將上述材料倒入極精細的漏斗型網篩，並用漏勺仔細按壓漿果，用大碗收集果汁。

將黑醋栗汁(1公升)、糖和檸檬汁倒入平底鍋中。用攪拌器攪拌。煮沸並持續以文火煮5分鐘。仔細撈去浮沫。

將瓶子浸入1盆沸水中殺菌；在填入糖漿之前，讓水持續留在瓶中。

將糖漿填入瓶子至距離瓶口1公分處。用螺旋式的瓶塞封好，並將瓶子倒扣，讓瓶子成為密封狀態。

★ 讓成品更特別的小細節

可用黑莓(*mûre*)或藍莓(*myrtille*)來製作這道糖漿。用黑皮諾酒取代水，並加入1克的小荳蔻或八角粉，製作出辛辣的糖漿。

醋栗糖漿
SIROP DE GROSEILLE

準備時間：10分鐘
烹煮時間：10分鐘，讓漿果裂開
糖漿煮沸後再煮5分鐘

製作1.6公升糖漿的材料
醋栗(groseilles)1.1公斤，即漿果
淨重1公斤
水800毫升
結晶糖(sucre cristallisé)800克
小顆檸檬的檸檬汁1顆

美味加倍的搭配法

製作克拉芙蒂(*clafoutis*)或奶油布蕾(*crème brûlée*)：用醋栗糖漿取代糖。或是用來為桃子或紅果沙拉調味。

步驟同上述的黑醋栗糖漿食譜。

★ 讓成品更特別的小細節

請選擇水分飽滿且較不酸的極成熟醋栗。若要製作醋栗覆盆子糖漿，請秤500克的覆盆子和500克的醋栗。若要製作白醋栗或紅黑醋栗(*caseille*)糖漿，亦以同樣步驟進行。

歐洲酸櫻桃糖漿
SIROP DE GRIOTTE

第1天
準備時間：20分鐘
烹煮時間：直到食材微滾
靜置時間：1個晚上

第2天
準備時間：5分鐘
烹煮時間：糖漿煮沸後再煮5分鐘

製作1.6公升糖漿的材料
歐洲酸櫻桃（griottes）1.250公斤，
即淨重1公斤
水400毫升
結晶糖（sucre cristallisé）800克
小顆檸檬的檸檬汁1顆

美味加倍的搭配法
覆盆子果肉和些許碎冰：將所有材料混合，並以剪成細碎的新鮮薄荷葉調味。

第1天
以冷水沖洗歐洲酸櫻桃，用布擦乾。去梗。
將酸櫻桃、水、糖和檸檬汁倒入大型的不鏽鋼平底深鍋中。煮至微滾並輕輕攪拌。放涼。
將上述材料倒入精細的漏斗型網篩，並用漏勺仔細按壓酸櫻桃，用大碗收集果汁。
蓋上烤盤紙，於陰涼處保存1個晚上。

第2天
用極精細的漏斗型網篩將糖漿過濾第2次，接著倒入平底鍋中。煮沸並持續以文火煮5分鐘。
仔細撈去浮沫。
將瓶子浸入1盆沸水中殺菌；在填入糖漿之前，讓水持續留在瓶中。
將糖漿填入瓶子至距離瓶口1公分處。用螺旋式的瓶塞封好，並將瓶子倒扣，讓瓶子成為密封狀態。

★ **讓成品更特別的小細節**
遵循同樣的步驟來製作黑櫻桃糖漿，並用新鮮薄荷葉調味。如同草莓，請將水果放入離心機中，以製作香味更加濃郁的糖漿。為獲得1公升的歐洲酸櫻桃汁，請加入800克的糖和2顆小檸檬的果汁。

覆盆子糖漿
SIROP DE FRAMBOISE

準備時間：5分鐘
烹煮時間：10分鐘，讓漿果裂開
糖漿煮沸後再煮5分鐘

製作1.6公升糖漿的材料
覆盆子1公斤
水500毫升
結晶糖（sucre cristallisé）800克
小顆檸檬的檸檬汁1顆

美味加倍的搭配法
小瑞士（petits-suisses）或原味優格。加入芒果丁、柳橙果瓣和圓形香蕉薄片…真是可口！

若有必要，請揀選覆盆子。將覆盆子和水倒入大型的不鏽鋼平底深鍋中煮沸。將平底鍋加蓋，以文火煮10分鐘，讓覆盆子裂開。
將上述材料倒入極精細的漏斗型網篩，並用漏勺仔細按壓漿果，用大碗收集果汁。
將覆盆子汁（1公升）、糖和檸檬汁倒入平底鍋中。
用攪拌器輕輕攪拌。煮沸並持續以文火煮5分鐘。仔細撈去浮沫。
將瓶子浸入1盆沸水中殺菌；在填入糖漿之前，讓水持續留在瓶中。
將糖漿填入瓶子至距離瓶口1公分處。用螺旋式的瓶塞封好，並將瓶子倒扣，讓瓶子成為密封狀態。

★ **讓成品更特別的小細節**
製作糖漿，請選擇充分成熟且水分飽滿，不太酸的的覆盆子。因為糖漿無須膠化。

薰衣草杏桃糖漿
SIROP D'ABRICOT À LA LAVANDE

第1天
準備時間：10分鐘
烹煮時間：直到食材微滾
靜置時間：1個晚上

第2天
準備時間：5分鐘
烹煮時間：糖漿煮沸後再煮5分鐘

製作1.6公升糖漿的材料
杏桃1.150公斤，即淨重1公斤
水1公升
結晶糖(sucre cristallisé)1公斤
開花的薰衣草(lavande en fleur)
5株
小顆檸檬的檸檬汁2顆

美味加倍的搭配法
用煮至略帶焦糖的糖來香煎杏桃，並搭配小熱內亞蛋糕(pain de Gênes)品嚐。

第1天
用細布包覆開花的薰衣草並小心將開口繫緊。
以冷水沖洗杏桃。切成2半並去核。將杏桃、水、糖、檸檬汁和包著薰衣草的細布倒入大型的不鏽鋼平底深鍋中。
煮至微滾並輕輕攪拌。放涼。
將上述材料倒入精細的漏斗型網篩，並用漏勺仔細按壓水果，用大碗收集果汁。
蓋上烤盤紙，於陰涼處保存1個晚上。

第2天
用極精細的漏斗型網篩將糖漿過濾第2次，接著倒入平底鍋中。煮沸並持續以文火煮5分鐘。
撈去浮沫。將瓶子浸入1盆沸水中殺菌；在填入糖漿之前，讓水持續留在瓶中。
將糖漿填入瓶子至距離瓶口1公分處。用螺旋式的瓶塞封好，並將瓶子倒扣，讓瓶子成為密封狀態。

★ 讓成品更特別的小細節
當您將杏桃連皮放入離心機時，請讓杏桃汁流入檸檬汁中，以保持漂亮的橙色。1公斤的杏桃，您將可獲得750至800毫升的果汁，再用此果汁製作糖漿。

第1天
準備時間：15分鐘
烹煮時間：直到食材微滾
靜置時間：1個晚上

第2天：同上

製作1.6公升糖漿的材料
大黃1.8公斤，即淨重1.5公斤
水900毫升
結晶糖(sucre cristallisé)800克
小顆檸檬的檸檬汁1顆

美味加倍的搭配法
豬排(carré de porc)：用糖漿和香料包覆；在香煎後以白酒去漬(déglacez-le de vin blanc)。

大黃糖漿
SIROP DE RHUBARBE

第1天
以冷水沖洗大黃。切去莖的兩端，將莖從長邊剖成2半，接著裁成小丁。將大黃丁、水、糖和檸檬汁倒入大型的不鏽鋼平底深鍋中。煮至微滾並加以攪拌。放涼。
將上述材料倒入精細的漏斗型網篩，並用漏勺仔細按壓水果，用大碗收集果汁。
大碗蓋上烤盤紙，於陰涼處保存1個晚上。

第2天
步驟同上述的薰衣草杏桃糖漿。

★ 讓成品更特別的小細節
第2天，在烹煮糖漿時加入1根香草莢、接骨木花或1根肉桂棒。用大黃果肉和1克的小荳蔻製作辛香味的大黃果漬(compote)。

coulis, jus de fruits et sirops

第1天
準備時間：5分鐘
烹煮時間：直到水煮沸

第2天
準備時間：5分鐘
烹煮時間：糖漿煮沸後再煮15分鐘

製作1.5公升糖漿的材料
新鮮薄荷葉100克
水1公升
結晶糖（sucre cristallisé）800克
小顆檸檬的檸檬汁1顆

美味加倍的搭配法
冷牛乳和些許碎冰。或是用來為液狀鮮
奶油增添香味和甜味：打發後搭配奶油
小酥餅（petits sablés au beurre）來品嚐
這道薄荷打發鮮奶油。

第1天
準備時間：5分鐘
靜置時間：24小時

第2天
同上述食譜

製作1.5公升糖漿的材料
玫瑰花瓣300克
水1公升
結晶糖（sucre cristallisé）800克
小顆檸檬的檸檬汁1顆

美味加倍的搭配法
無糖奶酪（panacotta）、楓丹白露（fon-
tainebleau）或當天做好的飛司勒乳酪
（faisselle），佐以香草奶油酥餅（sablés
au beurre vanillés）。

薄荷糖漿
SIROP DE MENTHE

第1天
將水倒入大型的不鏽鋼平底深鍋中煮沸。加入薄荷葉，輕輕攪拌。薄荷葉必須浸入
水中。
將平底鍋離火並加蓋。放涼，於陰涼處保存1個晚上。

第2天
用漏勺取出薄荷葉。用咖啡濾紙過濾薄荷液，以獲得完全清澈的湯汁。將浸泡液、
糖和檸檬汁倒入平底鍋中。用攪拌器攪拌。煮沸並持續以文火煮15分鐘。撈去浮沫。
將瓶子浸入1盆沸水中殺菌；在填入糖漿之前，讓水持續留在瓶中。
將糖漿填入瓶子至距離瓶口1公分處。用螺旋式的瓶塞封好，並將瓶子倒扣，讓瓶子
成為密封狀態。

★ 讓成品更特別的小細節
可用檸檬馬鞭草、肉桂、毛蕊花（bouillon blanc）、百里香、鼠尾草和迷迭香（romarin）
來製作這道糖漿。您也能將草本植物或香料植物以不加熱的方式浸泡在碎冰中來製作
糖漿。於陰涼處浸泡2天，隔天將浸泡液、糖和檸檬汁煮沸。無論如何都要選擇極芳
香的嫩芽：不加熱的浸泡液會散發出精緻的香味，而且不會苦澀。

玫瑰花瓣糖漿
SIROP DE PÉTALE DE ROSE

第1天
將水倒入大碗中。加入玫瑰花瓣並輕輕攪拌。玫瑰花瓣必須浸入水中。
蓋上烤盤紙，於陰涼處保存24小時。

第2天
步驟同上述的薄荷糖漿食譜。

★ 讓成品更特別的小細節
請選擇深紅色的玫瑰花瓣，因為這種玫瑰花極為芳芳。將玫瑰花瓣的白色部分切去，
因為這個部分會在浸泡時散發出澀味。

橙花蜜榲桲糖漿
SIROP DE COING AU MIEL DE FLEURS D'ORANGER

第1天
準備時間：20分鐘
烹煮時間：1小時
靜置時間：1個晚上

第2天
準備時間：10分鐘
烹煮時間：糖漿煮沸後再煮5分鐘

製作1.5公升糖漿的材料
蘋果形或梨形榲桲（coings-
pommes ou poires）1.5公斤
橙花蜜（miel de fleurs d'oranger）
400克
水2.5公升
結晶糖（sucre cristallisé）400克
檸檬汁1顆

美味加倍的搭配法
檸檬或柳橙冰粒（granité），搭配杏仁或
榛果費南雪（financier aux amandes ou
aux noisettes）。

第1天
用布擦拭榲桲，去除覆蓋的細絨毛，接著以冷水沖洗。去掉仍保有花的梗及堅硬部分，
切成4塊。
將榲桲塊和水倒入不鏽鋼平底深鍋中。煮沸並將平底鍋加蓋。持續以文火煮1小時，
並用木杓不時攪拌。
將食材倒入極精細的漏斗型網篩，以漏勺輕輕按壓，用大碗收集榲桲果汁。
蓋上烤盤紙，於陰涼處保存1個晚上。

第2天
將榲桲汁（1公升）、糖、花蜜和檸檬汁倒入平底鍋中。
用攪拌器輕輕攪拌。煮沸並持續以文火煮5分鐘。
仔細撈去浮沫。
將瓶子浸入1盆沸水中殺菌；在填入糖漿之前，讓水持續留在瓶中。
將糖漿填入瓶子至距離瓶口1公分處。用螺旋式的瓶塞封好，並將瓶子倒扣，讓瓶子
成為密封狀態。

★ 讓成品更特別的小細節
用咖啡濾紙（filtre à café）過濾榲桲汁，以得到清澈的榲桲果汁。在冷藏靜置1個晚上
後，若有必要的話，請傾析果汁，以獲得上層明亮的汁液。可用檸檬或柳橙皮，或甚
至是香料讓這道糖漿更具風味。

CHUTNEYS,CONFITS ET AIGRES-DOUX

果菜酸甜醬，糖漬水果與酸甜醬

辛香果乾酸甜醬
CHUTNEY AUX FRUITS SECS ET AUX ÉPICES

準備時間：30分鐘
烹煮時間：45分鐘

220克的罐子5-6個
無花果乾(figues séchées)100克
杏桃乾(abricots séchés)100克
黑李乾(pruneaux séchés)100克
蘋果450克，即淨重300克
白洋蔥(oignons blancs)300克，
即淨重200克
白酒醋(vinaigre de vin blanc)
500毫升
鹽3克
二砂糖(sucre cassonade)
100克
高山蜜(miel de montagne)100克
切成厚2公釐薄片的糖漬薑
(gingembre confit)50克
史密爾那葡萄乾(raisins sec de
Smyrne)50克
松子(pignons de pin)50克
辣椒粉(piment)1刀尖
香料麵包香料3克

美味加倍的搭配法
用鵝油或鴨油油封(confit)的肉，或是填入烤蘋果，用來搭配野味和家禽肉。

編註
香料麵包的香料是指 --- 混合了丁香、肉荳蔻、肉桂、薑四種香料而成。

將無花果、杏桃乾和黑李乾切成2公釐的薄片。
將蘋果削皮，去梗，切成2半，挖去果核後切成小丁。
將洋蔥剝皮，切成薄片。
將無花果、杏桃和黑李乾薄片、蘋果丁、洋蔥、醋和鹽倒入厚底的不鏽鋼平底深鍋。
煮沸並輕輕攪拌。持續以文火煮10分鐘，一邊攪拌至蔬果變軟。
加入糖、蜂蜜、糖漬薑和史密爾那葡萄乾，加以混合。
持續以文火煮約25分鐘，湯汁將蒸發，果菜酸甜醬會變得濃稠。
經常攪拌果菜酸甜醬，以免平底鍋底部形成焦糖。
加入辣椒、香料麵包香料和松子，再續煮約10分鐘。
將平底鍋離火。裝罐並加蓋。

★ **讓成品更特別的小細節**
可用新鮮生薑來取代糖漬薑，請秤3克的薑，並於烹煮初期加入。可用洋梨取代蘋果。
結合香料麵包香料，再加入1克的肉桂、1克的小荳蔻、1克的八角茴香、1克的丁香、1克的黑胡椒、1刀尖切成細碎的乾燥檸檬皮和柳橙皮；將這些香料磨碎；您亦可用磨豆機(moulin à café)將香料磨成粉，或是在一開始就混合這些香料粉。

迷迭香黃香李酸甜醬
CHUTNEY DE MIRABELLES AU ROMARIN

準備時間：30分鐘
烹煮時間：45分鐘

220克的罐子5-6個
黃香李(mirabelles)720克，
即淨重600克
白洋蔥(oignons blancs)600克，
即淨重400克
切成厚1公釐薄片的大蒜5瓣
蘋果酒醋(vinaigre de cidre)
400毫升
鹽5克
二砂糖(sucre cassonade)
300克
切成薄片(2公釐)的糖漬薑50克
史密爾那葡萄乾(raisins sec de
Smyrne)50克
新鮮迷迭香(romarin)1小株
磨碎的白胡椒(poivre blanc)10粒

美味加倍的搭配法
燉煮家禽肉，或是如嘉普隆(*gaperon*)或
蘭格(*langres*)等乳酪。

用冷水沖洗黃香李。用布擦乾，剖成2半以去核。
將洋蔥剝皮，切成薄片。
將黃香李、洋蔥、大蒜、醋和鹽倒入厚底的不鏽鋼平底深鍋中。
煮沸並輕輕攪拌。
持續以文火煮10分鐘，一邊攪拌，直到蔬果變軟。
加入二砂糖、糖漬薑和葡萄乾，加以混合。
持續以文火煮約25分鐘：湯汁將蒸發，果菜酸甜醬變得濃稠。
經常攪拌果菜酸甜醬，以免平底鍋底部形成焦糖。
加入迷迭香和胡椒，再續煮約10分鐘。
將平底鍋離火。取出迷迭香。裝罐並加蓋。

★ 讓成品更特別的小細節
可用克羅蒂皇后李(*reines-claudes*)或蜜李來取代黃香李。請小心地在黃香李中加入
檸檬汁，再用電動攪拌器攪打，以減緩果肉變黑的狀況。

薑漬藍莓酸甜醬
CHUTNEY DE MYRTILLES AU GINGEMBRE

準備時間：30分鐘
烹煮時間：45分鐘

220克的罐子5-6個
野生藍莓(myrtilles des bois)
600克
紅洋蔥(oignons rouges)600克，
即淨重400克
紅酒醋400毫升
鹽5克
二砂糖(sucre cassonade)
400克
切成2公釐薄片的糖漬薑50克
新鮮生薑碎末3克
約略磨碎的黑胡椒10粒
卡宴辣椒粉(piment Cayenne)
1刀尖
肉荳蔻粉(noix de muscade
moulue)1克

美味加倍的搭配法
不太熟成的曼斯特乾酪(munster peu
affiné)、冷肉或煙燻肉，或是豬肉食品。

用冷水沖洗藍莓，但請勿浸泡。

將洋蔥剝皮，切成薄片。

將藍莓、洋蔥、醋和鹽倒入厚底的不鏽鋼平底深鍋中。

煮沸並輕輕攪拌。持續以文火煮10分鐘，一邊攪拌，直到蔬果變軟。

加入二砂糖、糖漬薑和新鮮生薑，加以混合。

持續以文火煮約25分鐘：湯汁將蒸發，果菜酸甜醬變得濃稠。

經常攪拌果菜酸甜醬，以免平底鍋底部形成焦糖。

加入黑胡椒、辣椒粉和肉荳蔻粉，再續煮約10分鐘。

將平底鍋離火。裝罐並加蓋。

★ 讓成品更特別的小細節
若要製作黑色的果菜酸甜醬，請以黑莓、黑醋栗(cassis)、黑櫻桃、覆盆子來取代藍莓。

請用百里香和迷迭香調味，並在加香料的同一時間加入。

香草紅茄胡蘿蔔酸甜醬
CHUTNEY DE TOMATES ROUGES ET CAROTTES À LA VANILLE

準備時間：30分鐘
烹煮時間：50分鐘

220克的罐子5-6個
番茄1公斤，即淨重500克
胡蘿蔔700克，即淨重500克
白洋蔥(oignons blancs)200克，
即淨重150克
切成厚1公釐薄片的大蒜5瓣
蘋果酒醋(vinaigre de cidre)
500毫升
鹽5克
二砂糖(sucre cassonade)
300克
切成厚2公釐薄片的糖漬薑50克
香草莢1根
杏仁片50克
約略磨碎的黑胡椒5粒
小荳蔻粉1克

將番茄浸入沸水中1分鐘。用冷水降溫後剝皮，切成4塊，挖去中心略硬的部分，並去掉籽和多餘的汁。

用冷水沖洗胡蘿蔔，切去莖葉。將胡蘿蔔削皮，將靠近莖葉的綠色堅硬部分去掉。用細網目將胡蘿蔔刨成絲。將洋蔥剝皮，切成薄片。

將番茄塊、胡蘿蔔絲、洋蔥片、大蒜片、醋和鹽倒入厚底的不鏽鋼平底深鍋中。

煮沸並輕輕攪拌。持續以文火煮15分鐘，一邊攪拌，直到蔬果變軟。

加入二砂糖、糖漬薑、從長邊剖開成2半的香草莢，加以混合。

持續以文火煮約25分鐘：湯汁將蒸發，而果菜酸甜醬變濃稠。

經常攪拌果菜酸甜醬，以免平底鍋底部形成焦糖。

加入杏仁片、胡椒和小荳蔻，再續煮約10分鐘。

將平底鍋離火。裝罐並加蓋。

★ 讓成品更特別的小細節
只用番茄來製作這道果菜酸甜醬，並用普羅旺斯香料(herbes de Provence)來調味。

將一些香草番茄酸甜醬混入切碎的牛肉中。油煎這些食材，加入些許番茄醬(tomate sauce)，並搭配新鮮義大利麵享用。

若要製作其他的果菜酸甜醬，可用綠番茄來取代紅番茄，用洋梨來取代胡蘿蔔，並加入1克的肉桂和1克的八角粉。

美味加倍的搭配法
用草本植物提味的紅肉、串燒(brochettes de viande)、烤香腸(saucisses grillées)、烤甜椒，或是鋪在塗有奶油的烤鄉村麵包上。

274

蜜李無花果酸甜醬
CHUTNEY DE QUETSCHES ET FIGUES

準備時間：30分鐘
烹煮時間：45分鐘

220克的罐子5-6個
新鮮蜜李(quetsches fraîche)
500克，即淨重450克
波傑森無花果(figues
bourjasotte)500克
紅洋蔥(oignons rouges)200克，
即淨重150克
鹽5克
紅酒醋(vinaigre de vin rouge)
400毫升
二砂糖(sucre cassonade)
300克
百里香花10株
白芥末籽(graine de moutarde
blanche)3克
匈牙利紅椒粉(Paprika)1克
切成小塊的紅辣椒(petit piment
rouge)1根
丁香(clous de girofle)5粒

用冷水沖洗蜜李，用布擦乾，剖開以去核。
用冷水沖洗無花果，用布擦乾。去梗並將水果切成薄片。
將洋蔥剝皮，切成薄片。
將蜜李、無花果、洋蔥、醋和鹽倒入厚底的不鏽鋼平底深鍋中。
煮沸並輕輕攪拌。持續以文火煮10分鐘，一邊攪拌，直到蔬果變軟。
加入二砂糖並加以攪拌。
持續以文火煮約25分鐘：湯汁將蒸發，果菜酸甜醬變得濃稠。
經常攪拌果菜酸甜醬，以免平底鍋底部形成焦糖。
加入百里香花、白芥末籽、匈牙利紅椒粉和紅辣椒、丁香，再續煮約10分鐘。
將平底鍋離火。裝罐並加蓋。

★ 讓成品更特別的小細節
在倒入二砂糖時，加入200克切成薄片的無花果乾、300毫升的格烏茲塔明那酒
(gewurztraminer)和1顆未經加工處理，刨成碎末的小顆柳橙皮。

美味加倍的搭配法
蔬菜燉肉鍋(pot-au-feu)、小牛頭肉(tête
de veau)；或未成熟的夏烏斯(chaource)、
布亞沙瓦杭(brillat-savarin)等乳酪。

大黃蘋果香蕉酸甜醬
CHUTNEY DE RHUBARBE, POMMES ET BANANES

準備時間：20分鐘
烹煮時間：45分鐘

220克的罐子5-6個
大黃350克，即淨重250克
蘋果450克，即淨重300克
香蕉400克，，即淨重300克
白洋蔥(oignons blancs)300克，
即淨重200克
蜂蜜醋(vinaigre de miel)400毫升
鹽5克
二砂糖(sucre cassonade)
400克
切成2公釐薄片的糖漬薑50克
史密爾那葡萄乾(raisins de
Smyrne)50克
新鮮現磨胡椒(poivre fraîchement
concassés)10粒
肉桂1克

美味加倍的搭配法
煨家禽肉、烤白肉；或是搭配如洛克福
(roquefort)、昂 貝 爾 的 圓 柱 形 乳 酪
(fourmes d'Ambert)、史地頓(Stilton)等
藍紋乳酪。

用冷水沖洗大黃。切去莖的兩端，從長邊剖開成2半，接著切成小丁。

將蘋果削皮，去梗，切成2半，挖去果核後切成小丁。

將香蕉剝皮，切成厚3公釐的圓形薄片。

將洋蔥剝皮，切成薄片。

將大黃和蘋果丁、香蕉片、洋蔥片、醋和鹽倒入厚底的不鏽鋼平底深鍋中。

煮沸並輕輕攪拌。持續以文火煮10分鐘，一邊攪拌，直到蔬果變軟。

加入二砂糖、糖漬薑和葡萄乾並加以攪拌。

持續以文火煮約25分鐘：湯汁將蒸發，果菜酸甜醬變得濃稠。

經常攪拌果菜酸甜醬，以免在平底鍋底部形成焦糖。

加入胡椒和肉桂，再續煮約10分鐘。

將平底鍋離火。裝罐並加蓋。

★ **讓成品更特別的小細節**
可用洋梨取代蘋果，用鳳梨取代大黃。在烹煮的最後加入1束的新鮮迷迭香和1根
香草莢。

糖栗南瓜酸甜醬
CHUTNEY DE POTIRON AUX MARRONS GLACÉS

準備時間：30分鐘
烹煮時間：50分鐘

220克的罐子5-6個
南瓜(potiron)1050克，即淨重
750克
洋梨350克，即淨重250克
蘋果酒醋(vinaigre de cidre)
600毫升
鹽5克
二砂糖(sucre cassonade)
250克
糖漬栗子(marrons glacés)300克
切成2公釐薄片的糖漬薑50克
新鮮生薑3克
未經加工處理，刨成細碎的柳橙皮
半顆
未經加工處理，刨成細碎的檸檬皮
半顆
約略磨碎的黑胡椒10粒

美味加倍的搭配法
如魯布洛遜(reblochon)、聖・耐克泰爾
(saint-nectaire)、托姆(tommes)等乳酪；
或是鋪在焗烤蔬菜底部，例如：燉煮番
茄、栗子南瓜(potimarrons)和胡蘿蔔。

將南瓜切成2半，然後再切成8塊；去掉籽和纖維；削去南瓜塊的皮，將果肉切成小丁。
將洋梨削皮，去梗，切成2半，挖去果核後切成小丁。
將南瓜和洋梨丁、醋和鹽倒入厚底的不鏽鋼平底深鍋中。
煮沸並輕輕攪拌。
持續以文火煮15分鐘，一邊攪拌至蔬果變軟。
加入二砂糖、糖栗和糖漬薑並加以攪拌。
持續以文火煮約30分鐘：湯汁將蒸發，果菜酸甜醬變得濃稠。
經常攪拌果菜酸甜醬，以免在平底鍋底部形成焦糖。
加入新鮮生薑、柳橙和檸檬皮、黑胡椒，再續煮約5分鐘。
將平底鍋離火。裝罐並加蓋。

★ 讓成品更特別的小細節
請選擇栗子南瓜，可用蘋果或極香的麝香葡萄(*muscat*)來取代洋梨，再加入250克切成薄片的甜洋蔥(*oignons doux*)。

春季果菜酸甜醬
CHUTNEY DU PRINTEMPS

準備時間：30分鐘
烹煮時間：50分鐘

220克的罐子6-7個
大黃(rhubarbe)560克，即淨重
400克
芒果700克，即淨重400克
白洋蔥300克，即淨重200克
蘋果酒醋(vinaigre de cidre)
400毫升
鹽5克
二砂糖(sucre cassonade)
400克
未經加工處理的青檸檬汁和刨成
細碎的青檸檬皮1顆
史密爾那葡萄乾(raisins sec de
Smyrne)50克
約略磨碎的黑胡椒10粒
磨碎的香菜籽(coriandre)10克
小荳蔻粉1克
薄荷葉20片

用冷水沖洗大黃。將莖的兩端切去。從長邊從莖剖開成2半，接著切成小丁。

將芒果削皮。從果核上將果肉取下，然後切成小丁。

將洋蔥剝皮並切成薄片。

將大黃和芒果丁、洋蔥片、醋和鹽倒入厚底的不鏽鋼平底深鍋中。

煮沸並輕輕攪拌。

持續以文火煮10分鐘，一邊攪拌至蔬果變軟。

加入二砂糖、青檸檬皮、青檸檬汁、葡萄乾並加以攪拌。

持續以文火煮約30分鐘：湯汁將蒸發，果菜酸甜醬變得濃稠。

經常攪拌果菜酸甜醬，以免在平底鍋底部形成焦糖。

加入胡椒、香菜籽、小荳蔻、薄荷葉，再續煮約10分鐘。

將平底鍋離火。裝罐並加蓋。

★ 讓成品更特別的小細節

可用鳳梨取代大黃：這時請在這道食譜中加入2根從長邊剖開的香草莢。

用磨豆機攪打香料，或僅是用研杵(pilon)將香料在碗中搗碎，可散發出更濃烈的香味。

美味加倍的搭配法

新鮮蔬菜凍派(terrines)、醃漬鯡魚
(harengs)或鯖魚(maquereaux)、烤新
鮮沙丁魚(sardines)。

夏季果菜酸甜醬
CHUTNEY DE L'ÉTÉ

準備時間：30分鐘
烹煮時間：50分鐘

220克的罐子5-6個
黃桃(pêches jaunes)或
白桃(pêches blanches)650克，
即淨重500克
杏桃350克，即淨重300克
塞文山脈(Cévennes)甜洋蔥
300克，即淨重200克
切成2公釐薄片的杏桃乾100克
蜂蜜醋(vinaigre de miel)400毫升
鹽5克
二砂糖(sucre cassonade)
300克
丁香18粒
罌粟籽(graines de pavot)5克
小荳蔻粉1克
新鮮生薑3克
磨碎的黑胡椒5粒

美味加倍的搭配法
串燒烤家禽(*brochettes de volaille grillées*)、
烤豬胸肉片(*tranches de poitrine de porc
au gril*)、烤豬肋排或小牛排(*côtes de
porc ou de veau grillées*)。

將桃子浸入沸水中1分鐘。放入冷水中降溫，剝皮，去核後切成2半，接著切成厚5公釐的薄片。

用冷水沖洗杏桃。切成2半，去核，接著將每半顆杏桃切成2半。

杏桃乾切成條狀。

將洋蔥剝皮並切成薄片。

將桃子片、新鮮杏桃片、洋蔥片、條狀杏桃乾、醋和鹽倒入厚底的不鏽鋼平底深鍋中。煮沸並輕輕攪拌。持續以文火煮10分鐘，一邊攪拌至蔬果變軟。

加入二砂糖並加以攪拌。

持續以文火煮約30分鐘：湯汁將蒸發，果菜酸甜醬變得濃稠。

經常攪拌果菜酸甜醬，以免在平底鍋底部形成焦糖。

加入丁香、罌粟籽、小荳蔻、薑和胡椒，再續煮約10分鐘。

將平底鍋離火。裝罐並加蓋。

★ 讓成品更特別的小細節
可用李子來取代這道食譜中的新鮮水果：黃香李、蜜李、克羅蒂皇后李(*reines-claudes*)，用新鮮無花果來取代杏桃乾。若要製作另一種果菜酸甜醬，只要採用紅水蜜桃和新鮮無花果，不用甜洋蔥，並加入切成薄片的紅蔥頭(*échalotes*)或紅洋蔥。

秋季果菜酸甜醬
CHUTNEY DE L'AUTOMNE

準備時間：30分鐘
烹煮時間：50分鐘

220克的罐子5-6個
蘋果350克，即淨重250克
洋梨350克，即淨重250克
白洋蔥600克，即淨重400克
蘋果形或梨形榲桲(coings-pommes ou poires)500克，
即淨重300克
蘋果酒醋(vinaigre de cidre)
400毫升
鹽5克
二砂糖(sucre cassonade)
400克
史密爾那葡萄乾(raisins sec de Smyrne)50克
未經加工處理的柳橙汁和刨成細碎的柳橙皮1顆
小荳蔻粉1克
肉桂粉1克
磨碎的黑胡椒5粒
丁香粉1克
約略切碎的核桃仁(cerneaux de noix)50克

美味加倍的搭配法
肉醬(pâtés)和凍派(terrines)、蔬菜燉肉鍋凍派(terrine de pot-au-feu)、烤新鮮五花肉(lard frais grillé)或煨小牛腿肉(jarret de veau braisé)。

將蘋果和洋梨削皮，去梗，切成2半，挖去果核後切成小丁。
將洋蔥剝皮並切成薄片。
用布擦拭榲桲，去除覆蓋的細絨毛。以冷水沖洗。去掉仍保有花的梗及堅硬部分。
將榲桲切成4塊，剝皮，去核並去籽；將榲桲塊切成厚2公釐的薄片。
將蘋果和洋梨丁、榲桲片、洋蔥片、醋和鹽倒入厚底的不鏽鋼平底深鍋中。
煮沸並輕輕攪拌。持續以文火煮10分鐘，一邊攪拌至蔬果變軟。
加入二砂糖、史密爾那葡萄乾、柳橙皮及汁並加以攪拌。
持續以文火煮約30分鐘：湯汁將蒸發，果菜酸甜醬變得濃稠。
經常攪拌果菜酸甜醬，以免在平底鍋底部形成焦糖。
加入小荳蔻、肉桂、丁香、胡椒和切碎的核桃仁，再續煮約10分鐘。
將平底鍋離火。裝罐並加蓋。

★ 讓成品更特別的小細節
可用榛果、開心果或松子來取代核桃。
請選擇塞文山脈(Cévennes)的甜洋蔥(oignons doux)，因其品質優良且味道較甜。
可用綠番茄來取代蘋果，切成極薄的薄片，並搭配串燒肉或烤香腸來享用這道果菜酸甜醬。

冬季果菜酸甜醬
CHUTNEY DE L'HIVER

準備時間：30分鐘

烹煮時間：50分鐘

220克的罐子6-7個

芒果425克，即淨重250克

鳳梨500克，即淨重250克

百香果15顆，即帶籽果汁300毫升

白洋蔥300克，即淨重250克

蘋果醋（vinaigre de cidre）

400毫升

鹽5克

二砂糖（sucre cassonade）

400克

切成2公釐薄片的糖漬薑50克

史密爾那葡萄乾（raisins sec de
Smyrne）50克

磨碎的香菜籽3克

磨成細碎的胡椒10粒

小荳蔻粉3克

美味加倍的搭配法

刷上蜂蜜和香料麵包的香料，再經過
火烤，並均勻淋上格烏茲塔明那酒
（*gewurztraminer*）的肉塊。

將芒果削皮，從果核上取下果肉，然後切成小丁。

去掉鳳梨的厚皮。從長邊切成4塊，去掉中心的木質部分，接著將每1/4塊切成厚
3公釐的薄片。

將百香果切成2半，保留果汁和籽。

將洋蔥剝皮並切成薄片。

將芒果丁、鳳梨片、帶籽的百香果汁、洋蔥片、醋和鹽倒入厚底的不鏽鋼平底深鍋中。
煮沸並輕輕攪拌。持續以文火煮10分鐘，一邊攪拌至蔬果變軟。

加入二砂糖、糖漬薑並葡萄乾並加以攪拌。

持續以文火煮約30分鐘：湯汁將蒸發，果菜酸甜醬變得濃稠。

經常攪拌果菜酸甜醬，以免在平底鍋底部形成焦糖。

加入香菜籽、胡椒和小荳蔻，再續煮約10分鐘。

將平底鍋離火。裝罐並加蓋。

★ **讓成品更特別的小細節**

在製作初期加入柳橙皮和檸檬皮，或是厚2公釐的柳橙或金桔的圓形薄片。這時，
這道果菜酸甜醬可搭配燉鴨肉或羔羊肉品嚐。

陳年葡萄酒醋漬酸甜小洋蔥
CONFIT AIGRE-DOUX DE PETITS OIGNONS AU VINAIGRE BALSAMIQUE

準備時間：30分鐘

烹煮時間：約10分鐘，讓洋蔥變成金黃色

糖漬水果煮沸後再煮30至40分鐘

220克的罐子5個

小顆鈴鐺洋蔥(petits oignons grelots)1.4公斤

紅椒(poivron rouge)1個

大蒜6瓣

橄欖油50毫升

雪莉酒醋(vinaigre de xérès)150毫升

麗絲玲(riesling)白酒300毫升

結晶糖(sucre cristallisé)100克

花蜜125克

陳年葡萄酒醋(vinaigre de balsamique)50毫升

研磨罐裝鹽和胡椒

請選擇大小一致的小顆鈴鐺洋蔥。

浸入1鍋沸水中1分鐘，接著用漏勺取出。剝皮。

用冷水沖洗紅椒，用布擦乾，切成4塊並挖去中心部分。

以烤爐(en positon gril)(熱度7-8)，烘烤紅椒幾分鐘，切面朝下。當紅椒皮變皺時，去皮，然後切成極小的小丁。

將大蒜剝皮，切成薄片。

在鑄鐵燉鍋(cocotte en fonte)中加熱橄欖油。加入切碎的大蒜和紅椒丁，以旺火翻炒一會兒，接著倒入小洋蔥，撒上鹽及胡椒，加入糖，將洋蔥炒至金黃色，一邊輕輕攪拌。

這時加入醋、酒和花蜜。煮沸並輕輕攪拌。

持續以文火煮約30至40分鐘，不時攪拌。將酸甜的湯汁收乾。當小洋蔥完成糖醋漬後，倒入陳年葡萄酒醋。再煮沸1次，以鹽和胡椒調整一下味道。

將燉鍋離火。

將酸甜小洋蔥裝罐並加蓋。

放涼至隔天，並將糖漬物冷藏保存。

★ 讓成品更特別的小細節

以紅蔥頭(échalote)來製作這道食譜，在倒入醋和酒時加入剝皮的番茄丁和茄子丁，在您的小型填餡料理(petit farci)中填入這道醋漬酸甜紅蔥頭和碎肉。

美味加倍的搭配法

搭配一片塗有奶油並擦上1瓣大蒜的烤鄉村麵包，來品味這道陳年葡萄酒醋漬酸甜小洋蔥。搭配豬肉食品或家禽肝製成的凍派也同樣美味。

chutneys, confits et aigres-doux

麗絲玲白酒漬酸甜白洋蔥
CONFIT AIGRE-DOUX D'OIGNON BLANC
AU RIESLING

準備時間：20分鐘
烹煮時間：15分鐘，讓洋蔥融化
糖漬水果煮沸後再煮30至40分鐘

200克的罐子4-5個
白洋蔥(oignons blancs)1公斤，
即淨重600克
鹽3克
麗絲玲(riesling)白酒300毫升
花蜜100克
未經加工處理，切成細碎的3刀尖
的果皮，並榨汁的柳橙1顆
結晶糖(sucre cristallisé)100克
白酒醋(vinaigre de vin blanc)
100毫升
蘋果酒醋(vinaigre de cidre)
100毫升
陳年葡萄酒醋(vinaigre de
balsamique)50毫升
史密爾那葡萄乾(raisins sec de
Smyrne)100克
磨碎的胡椒5粒

將洋蔥剝皮並切成薄片。
將洋蔥、鹽、麗絲玲白酒、花蜜、柳橙汁和柳橙皮倒入厚底的不鏽鋼平底深鍋中。
煮沸並輕輕攪拌。
持續以文火煮15分鐘，不時攪拌。
加入糖、白酒醋、蘋果酒醋、陳年葡萄酒醋、葡萄乾和胡椒。煮沸並輕輕攪拌。
持續以文火煮約30至40分鐘，不時攪拌。
將酸甜湯汁收乾即完成。
調整一下味道。將鍋子離火。將酸甜白洋蔥裝罐並加蓋。
放涼至隔天，將酸甜白洋蔥冷藏保存。

★ 讓成品更特別的小細節
在您倒入醋和糖時，請加入200克切成薄片的鳳梨和1根從長邊剖開的香草莢。請搭配
辛香串燒家禽肉(brochettes de volaille épicées)享用。

美味加倍的搭配法
香煎小牛肝或家禽肝。用酸甜洋蔥和100
毫升的水或不甜的白酒(vin blanc sec)
來去漬(déglacez)，並讓湯汁微滾3分
鐘。加鹽和胡椒，立即享用。搭配家禽
肝凍派或莫城(Meaux)的布里(brie)、
卡門貝爾(camembert)或主教橋pont-
l'évêque)乳酪也同樣美味。

番紅花酸甜洋蔥與芒果
CONFIT AIGRE-DOUX D'OIGNON ET MANGUE AU SAFRAN

準備時間：20分鐘

烹煮時間：15分鐘，讓洋蔥融化

糖漬水果煮沸後再煮30至40分鐘

200克的罐子4-5個

白洋蔥(oignons blancs)500克，
即淨重300克

鹽3克

麗絲玲(riesling)白酒300毫升

花蜜100克

未經加工處理，刨成細碎的果皮
3刀尖，並榨汁的柳橙1顆

芒果500克，即淨重300克

白酒醋(vinaigre de vin blanc)
100毫升

蘋果酒醋(vinaigre de cidre)
100毫升

陳年葡萄酒醋(vinaigre de
balsamique)50毫升

史密爾那葡萄乾(raisins sec de
Smyrne)100克

結晶糖(sucre cristallisé)100克

磨碎的胡椒5粒

番紅花雌蕊(pistil de safran)25根

美味加倍的搭配法

魚肉凍派(*terrine*)、鱒魚脊肉(*filets de truite*)或煙燻鯖魚(*maquereaux fumés*)、烤沙丁魚或紅鯔魚(*rougets*)。

將洋蔥剝皮並切成薄片。

將洋蔥片、鹽、麗絲玲白酒、花蜜、柳橙汁和柳橙皮倒入厚底的不鏽鋼平底深鍋中。煮沸並輕輕攪拌。

持續以文火煮15分鐘，不時攪拌。

將芒果削皮，從果核上取下果肉，然後切成小丁。

加入芒果丁、白酒醋、蘋果醋、陳年葡萄酒醋、葡萄乾、糖、胡椒和番紅花。煮沸並輕輕攪拌。

持續以文火煮約30至40分鐘，不時攪拌。

將酸甜的湯汁收乾即完成。

調整味道。將果醬鍋離火。將酸甜洋蔥與芒果裝罐並加蓋。

放涼至隔天，冷藏保存。

★ **讓成品更特別的小細節**

可用切成薄片並以格烏茲塔明那酒浸漬的白桃或杏桃乾來取代芒果。這時請搭配使用新鮮百里香，及月桂葉提味的凍派(*terrines*)來享用這道酸甜醬。

雪莉醋漬酸甜紅洋蔥
CONFIT AIGRE-DOUX D'OIGNON ROUGE AU VINAIGRE DE XÉRÈS

準備時間：20分鐘
烹煮時間：15分鐘，讓洋蔥融化
糖漬水果煮沸後再煮30至40分鐘

200克的罐子4-5個
紅洋蔥(oignons rouges)1公斤，
即淨重600克
鹽3克
黑皮諾300毫升
花蜜100克
紅酒醋(vinaigre de vin rouge)
100毫升
雪莉酒醋(vinaigre de xérès)
100毫升
陳年葡萄酒醋(vinaigre de
balsamique)50毫升
結晶糖(sucre cristallisé)100克
藍莓(myrtilles)100克
新鮮生薑碎末3克
磨碎的胡椒5粒

美味加倍的搭配法
搭配香煎鴨胸(magret de canard poêlé)、
烤豬肉、蔬菜燉肉鍋(pot-au-feu)或血
腸(boudin)。搭配克崙米爾(coulo-
mmiers)乳酪也同樣美味。

將紅洋蔥剝皮並切成薄片。
將紅洋蔥片、鹽、黑皮諾和花蜜倒入厚底的不鏽鋼平底深鍋中。
煮沸並輕輕攪拌。
持續以文火煮15分鐘，不時攪拌。
加入紅酒醋、雪莉酒醋、陳年葡萄酒醋、糖、藍莓、薑和胡椒。煮沸並輕輕攪拌。
持續以文火煮約30至40分鐘，不時攪拌。
將酸甜的湯汁收乾，洋蔥將完成糖漬。
調整味道。
將鍋子離火。
將酸甜紅洋蔥裝罐並加蓋。
放涼至隔天，將酸甜紅洋蔥冷藏保存。

★ 讓成品更特別的小細節
您可用黑醋栗(cassis)、黑醋栗或覆盆子香甜酒來取代藍莓。

酸甜糖漬杏仁杏桃
CONFIT AIGRE-DOUX D'ABRICOT AUX AMANDES

準備時間：20分鐘
浸漬時間：1小時
烹煮時間：約10分鐘，
將酸甜湯汁收乾；
糖漬水果煮沸後再煮20分鐘

200克的罐子4-5個
充分成熟的貝杰宏杏桃(abricots bergeron)1.150公斤，即淨重1公斤
結晶糖(sucre cristallisé)200克
檸檬汁1顆
蘋果酒醋300毫升
栗樹蜜(miel de châtaignier)200克
磨碎的胡椒3粒
杏仁片50克

美味加倍的搭配法
搭配飛司勒乳酪(faisselle)、白乳酪或濃鮮奶油(crème épaisse)。
搭配新鮮山羊乳酪或牛乳酪、布希于(brocciu)；或貝哈羊乳酪(Pérail de brebis)。

用冷水沖洗杏桃，用布擦乾。切成2半，去核並去籽，接著將每半顆杏桃切成4塊。
將杏桃的果核敲碎，取出杏仁。將這些杏桃仁泡在1鍋沸水中，去皮。預留備用。
在大碗中混合杏桃塊、糖和檸檬汁。
蓋上烤盤紙，浸漬1小時。
在厚底的不鏽鋼的平底深鍋中倒入醋和花蜜，煮沸，將湯汁收乾一半。
將這酸甜糖漿倒入果醬鍋中。
加入浸漬的杏桃塊、胡椒、杏仁片和杏桃仁。煮沸並輕輕攪拌。若有浮沫的話，請撈去浮沫。
持續以文火煮約20分鐘，不停攪拌。
將呈現果漬／糖煮水果(compotés)的質地。
將果醬鍋離火。
將糖漬水果裝罐並加蓋。
放涼至隔天，並將糖漬水果冷藏保存。

★ 讓成品更特別的小細節
可用核桃鉗(casse-noix)來幫助您將杏桃的果核敲碎。也可用白桃來製作這道糖漬水果。以鼠尾草(sauge)葉來增添芳香。

酸甜糖漬新鮮與乾燥無花果
CONFIT AIGRE-DOUX DE FIGUES FRAÎCHES ET SÈCHES

準備時間：20分鐘

浸漬時間：1小時

烹煮時間：約10分鐘，

將酸甜湯汁收乾；

糖漬水果煮沸後再煮20分鐘

200克的罐子4-5個

切成厚2公釐條狀的無花果乾

350克

格烏茲塔明那酒

(gewurztraminer)300毫升

波傑森黑無花果(figues noirs

bourjasotte)650克，即淨重

350克

結晶糖(sucre cristallisé)100克

檸檬汁1/2顆

白酒醋(vinaigre de vin blanc)

200毫升

森林蜜(miel de forêt)100克

磨碎的胡椒5粒

肉桂粉2刀尖

未經加工處理，刨成細碎的柳橙皮

2刀尖

美味加倍的搭配法

搭配熟鵝肉醬(rillettes d'oie)、鴨醬(caneton en pâte)、填餡鵝頸(cou d'oie farci)、油封鵝(confit d'oie)或甚至是肥肝(foie gras)品嚐。這些無花果搭配如阿列日的卡布(Cabri ariégeois)等山羊乳酪也同樣美味。

將無花果乾和格烏茲塔明那酒倒入大碗中，攪拌後浸漬1小時。

請選擇成熟柔軟的新鮮無花果。沖洗後用布擦乾。去梗，將水果切成8塊。

在另1個大碗中混合新鮮無花果、糖和檸檬汁。

大碗蓋上烤盤紙，浸漬1小時。

在厚底的不鏽鋼平底深鍋中倒入醋和花蜜，煮沸，將湯汁收乾一半。

將這酸甜糖漿倒入果醬鍋中。

加入浸漬的無花果乾和新鮮無花果塊、胡椒、肉桂和柳橙皮。

煮沸並輕輕攪拌。若有浮沫的話，請撈去浮沫。

持續以文火煮約20分鐘，不停攪拌。

將呈現果漬／糖煮水果(compotés)的質地。

將果醬鍋離火。

將糖漬水果裝罐並加蓋。

放涼至隔天，並將糖漬水果冷藏保存。

★ 讓成品更特別的小細節

可用切成厚2公釐條狀的杏桃乾來取代無花果乾，在烹煮的最後加入50克切碎的核桃仁或松子。

chutneys, confits et aigres-doux

準備時間：15分鐘
浸漬時間：30分鐘
烹煮時間：約10分鐘，
將酸甜湯汁收乾；
糖漬水果煮沸後再煮20分鐘

200克的罐子4-5個
成熟但仍堅硬的威廉洋梨
1.350公斤，即淨重950克
二砂糖(sucre cassonade)200克
檸檬汁1/2顆
磨碎的胡椒3粒
覆盆子醋(vinaigre de
framboises)200毫升
黑皮諾100毫升
金合歡花蜜200克
烤過的白芝麻(sésame grillé)50克

美味加倍的搭配法
香煎鵝肝或油封鴨肝；或如卡門貝爾
(camembert)、布里(brie)、埃普瓦斯
(époisses)、孔德(comté)等乳酪。

準備、浸漬和烹煮時間：同上

200克的罐子3-4個
愛達紅蘋果(pommes idared)
900克，即淨重650克
蘋果酒醋(vinaigre de cidre)
100毫升
格烏茲塔明那酒
(gewurztraminer)100毫升
結晶糖(sucre cristallisé)200克
冷杉蜜(miel de sapin)100克
檸檬汁1/2顆
磨碎的胡椒3粒
松子50克

美味加倍的搭配法
烤白肉、圓柱形乳酪(Fourme)；或未成
熟的奧弗涅(Auvergne)藍乳酪、洛克福
乾酪(roquefort)。

酸甜糖漬烤芝麻洋梨
CONFIT AIGRE-DOUX DE POIRE ET SÉSAME GRILLÉ

將洋梨削皮，切成2半，去核並去籽。切成小丁。
在大碗中混合洋梨丁、糖、檸檬汁和胡椒。
大碗蓋上烤盤紙，浸漬30分鐘。
在厚底的不鏽鋼平底深鍋中倒入醋、酒和花蜜。
煮沸，將湯汁收乾一半。將這酸甜糖漿倒入果醬鍋中。
加入浸漬的水果和烤過的白芝麻。煮沸並輕輕攪拌。若有浮沫的話，請將浮沫撈去。
持續以文火煮約20分鐘，不停攪拌。
將呈現果漬／糖煮水果(compotés)的質地。
將果醬鍋離火。
將糖漬水果裝罐並加蓋。
放涼至隔天，並將糖漬水果冷藏保存。

★ 讓成品更特別的小細節
若要製作較辛辣的果漬／糖煮水果(compotés)，請加入10克的糖漬薑、1克的肉桂粉、
1刀尖未經加工處理，刨成碎末的柳橙皮和檸檬皮。

糖漬松子蘋果
CONFIT DE POMME AUX PIGNONS DE PIN

將蘋果削皮，切成4塊，去核並去籽。裁成小丁。
在大碗中混合蘋果丁、糖、檸檬汁和胡椒。
大碗蓋上烤盤紙，浸漬30分鐘。
在厚底的不鏽鋼平底深鍋中倒入醋、酒和花蜜。
煮沸，將湯汁收乾一半，接著將這酸甜糖漿倒入果醬鍋中。
加入浸漬的水果和松子。
煮沸並輕輕攪拌。持續以文火煮約20分鐘，不停攪拌。
將呈現果漬／糖煮水果(compotés)的質地。
將糖漬水果裝罐並加蓋。
放涼至隔天，並將糖漬水果冷藏保存。

★ 讓成品更特別的小細節
將這道食譜換成350克的蘋果和300克的李子相結合：蜜李、克羅蒂皇后李(reines-
claudes)或黃香李都可以。這道糖漬水果(confit)也能搭配成熟的曼斯特乾酪(munster
affiné)享用。

酸甜糖漬肉荳蔻核桃大黃蘋果
CONFIT AIGRE-DOUX DE RHUBARBE, POMME, NOIX ET MUSCADE

準備時間：20分鐘
浸漬時間：1小時
烹煮時間：酸甜湯汁收乾約10分
鐘：糖漬水果煮沸後再煮20分鐘

200克的罐子3-4個
大黃425克，即淨重350克
蘋果500克，即淨重350克
結晶糖(sucre cristallisé)200克
檸檬汁1/2顆
蘋果酒醋(vinaigre de cidre)
200毫升
花蜜200克
磨碎的胡椒3粒
肉荳蔻粉1刀尖
壓碎的核桃仁50克

美味加倍的搭配法
搭配新鮮牛乳酪、飛司勒乳酪(fai-sselle)、濃鮮奶油(crème épaisse)；或小瑞士和脆酥餅(sablé croustillants)來享用這道糖漬水果。

用冷水沖洗大黃，切去莖的兩端。從長邊將莖剖成2半，然後切成小丁。

將蘋果削皮。切成2半，挖去果核，切成厚2公釐的薄片。

在大碗中混合大黃丁、蘋果片、糖和檸檬汁。蓋上烤盤紙，浸漬1小時。

將醋和花蜜倒入厚底的不鏽鋼平底深鍋中。煮沸，將湯汁收乾一半。

將這酸甜糖漿倒入果醬鍋中。加入浸漬的水果、胡椒、肉荳蔻和核桃。煮沸並輕輕攪拌。若有浮沫的話，請撈去浮沫。

持續以文火煮約20分鐘，不停攪拌。

仔細撈去浮沫並再度煮沸。

這道糖漬水果將呈現果漬／糖煮水果的質地。

將果醬鍋離火。

將糖漬水果裝罐並加蓋。

放涼至隔天，並將糖漬水果冷藏保存。

★ 讓成品更特別的小細節
可用八角茴香或香草(vanille)來取代肉荳蔻。乾燥核桃總是帶有些許澀味，請用一盆熱水燙煮，並在使用時去皮。平日冷藏或冷凍保存，以免產生油臭味。

酸甜糖漬蘋果與果乾
CONFIT AIGRE-DOUX DE QUARTIERS DE POMME ET FRUITS SECS

準備時間：20分鐘
浸漬時間：果乾3小時，蘋果1小時
烹煮時間：酸甜湯汁收乾約10分鐘；
糖漬水果煮沸後再煮20分鐘

200克的罐子3-4個
杏桃乾（abricots secs）50克
去核黑李乾（pruneaux）50克
無花果乾（figues séchées）50克
壓碎的新鮮核桃50克
切成小丁的糖漬橙皮50克
格烏茲塔明那酒
（gewurztraminer）500毫升
蘋果700克，即淨重500克
結晶糖（sucre cristallisé）110克
檸檬汁1/2顆
蘋果酒醋（vinaigre de cidre）
300毫升
花蜜150克
未經加工處理，切成細碎的柳橙皮
1刀尖
未經加工處理，切成細碎的檸檬皮
1刀尖
磨碎的黑胡椒5粒

美味加倍的搭配法
肥鴨肝肉醬（pâté au foie gras de canard）、榛果母鹿凍派（terrine de biche aux noisettes）或甚至是火烤豬胸肉（poitrine de porc rôtie au four）。亦能搭配奧弗涅（Auvergne）藍乳酪、未熟成的康塔勒（cantal）或瓦維切林起士（vacherin Mont d'Or）。

將果乾裁成厚2公釐的條狀。將這些果乾、糖漬橙皮和格烏茲塔明那酒倒入大碗中，浸漬3小時。

將蘋果削皮，切成2半，去核並去籽，接著將每半顆蘋果裁成8片。

在大碗中混合蘋果片、糖和檸檬汁。蓋上烤盤紙，浸漬1小時。

將醋和花蜜倒入厚底的不鏽鋼平底深鍋中。煮沸，將湯汁收乾一半，接著將這酸甜糖漿倒入果醬鍋中。

加入浸漬的蘋果和果乾、核桃、柑橘皮和胡椒。

煮沸並輕輕攪拌。若有浮沫的話，請撈去浮沫。

持續以文火煮約20分鐘，不停攪拌。

這道糖漬水果將呈現果漬／糖煮水果的質地。

將果醬鍋離火。

將糖漬水果裝罐並加蓋。

放涼至隔天，並將糖漬水果冷藏保存。

★ **讓成品更特別的小細節**
可用洋梨來取代蘋果，並在烹煮的最後加入陳年葡萄酒醋（vinaigre de balsamique）。

糖漬杏桃杏仁白洋蔥
CONFIT D'OIGNON BLANC ET PÊCHE AUX AMANDE

準備時間：20分鐘
烹煮時間：15分鐘，讓洋蔥融化
糖漬水果煮沸後再煮30至40分鐘

200克的罐子4-5個
白洋蔥500克，即淨重300克
桃子400克，即淨重300克
鹽3克
麗絲玲(riesling)白酒200毫升
花蜜100克
未經加工處理的柳橙汁，和果皮切
成細碎3刀尖的柳橙1顆
結晶糖(sucre cristallisé)100克
白酒醋(vinaigre de vin blanc)
100毫升
蘋果酒醋(vinaigre de cidre)
100毫升
陳年葡萄酒醋(vinaigre de
balsamique)50毫升
葡萄乾100克
杏仁片50克
磨碎的黑胡椒5粒

美味加倍的搭配法
烤白肉、家禽凍派或以鼠尾草(sauge)、
百里香或迷迭香調味的兔肉。

將洋蔥剝皮並切成薄片。
將桃子浸入沸水中1分鐘。以冷水降溫，剝皮，切成2半後去核，接著切成小塊。
將洋蔥、鹽、麗絲玲白酒、花蜜、柳橙汁和柳橙皮倒入厚底的不鏽鋼平底深鍋中。
煮沸並輕輕攪拌。
持續以文火煮15分鐘，不時攪拌。
加入桃子塊、糖、白酒醋、蘋果酒醋、陳年葡萄酒醋、葡萄乾、杏仁片和胡椒。煮沸
並輕輕攪拌。
持續以文火煮約30至40分鐘，不時攪拌。
將酸甜湯汁收乾，洋蔥和水果將完成糖漬。
調整味道。
將果醬鍋離火。將糖漬水果裝罐並加蓋。
放涼至隔天，並將糖漬水果冷藏保存。

★ **讓成品更特別的小細節**
與其使用多功能料理機(robot ménager)，不如親手用刀將洋蔥切成薄片。料理機的
刀身與這種器具的轉速相結合，會使洋蔥氧化，並帶出苦澀味；糖漬水果因而變得
不可口。

酸甜歐洲酸櫻桃蜜餞
CONSERVE AIGRE-DOUX DE GRIOTTES

準備時間：15分鐘
烹煮時間：直到酸甜糖漿煮沸；
直到酸糖甜漿再度煮沸

200克的罐子5個
歐洲酸櫻桃800克，即淨重700克
的去梗酸櫻桃
（每罐約36顆酸櫻桃）
酒醋(vinaigre d'alcool)150毫升
水150毫升
結晶糖(sucre cristallisé)150克
金合歡花蜜150克
黑胡椒40粒

將醋、水、糖和花蜜倒入厚底的不鏽鋼平底深鍋中，加以攪拌，煮沸，並撈去浮沫。
以冷水沖洗歐洲酸櫻桃，用布擦乾。去梗。
擺入罐中，撒上胡椒粒。
將酸甜糖漿再度煮沸，然後淋在酸櫻桃上。
將罐子加蓋，倒扣到隔天。
將這酸甜酸櫻桃冷藏保存3星期後再品嚐，或進行加熱殺菌(pasteurisez-les)。

★ 讓成品更特別的小細節
如同黑櫻桃，用針插入酸櫻桃：酸甜糖漿會更快滲入果肉中。可用甜味的葡萄酒(vin doux)取代水，酸櫻桃會變得不那麼酸。可用拿破崙(napoléon)櫻桃來取代歐洲酸櫻桃，並用覆盆子醋來取代醋，製作出另一種蜜餞。

美味加倍的搭配法
乾香腸(saucisson sec)、熟豬肉醬(rillettes de porc)、凍派(terrines)，作為開胃菜，或用來搭配瑞士烤起司(raclette)。

酸甜覆盆子蜜餞
CONSERVE AIGRE-DOUX DE FRAMBOISES

準備時間：15分鐘
烹煮時間：直到酸甜糖漿煮沸；
直到酸糖甜漿再度煮沸

200克的罐子4-5個
種植覆盆子(framboises des jardins)600克
覆盆子醋(vinaigre de framboises)150毫升
黑皮諾(pinot noir)150毫升
結晶糖(sucre cristallisé)150克
金合歡花蜜150克
黑胡椒40粒

將醋、黑皮諾酒、糖和花蜜倒入厚底的不鏽鋼平底深鍋中，攪拌，煮沸，並撈去浮沫。
若有必要的話，請揀選覆盆子。避免沖洗以保存其香氣。
將覆盆子擺入罐中，後續的步驟同上述的酸甜酸櫻桃蜜餞食譜。

★ 讓成品更特別的小細節
在酸甜糖漿中加入1刀尖的小荳蔻或八角茴香。請選擇堅硬的覆盆子，在乾燥的天氣採收，否則覆盆子會在罐中被壓爛。可用藍莓(myrtilles)或黑醋栗(cassis)漿果來取代部份的覆盆子。
您也能搭配香煎肥鵝肝來品嚐這道蜜餞。用酸甜湯汁和100毫升的水來去漬(déglacez)香煎的湯汁，並用核桃大小的奶油讓醬汁變得濃稠。將覆盆子和醬汁淋在香煎肥肝上。即刻享用。

美味加倍的搭配法
雉雞(faisan)、鵝或鴨的熟肉醬(rillettes)。

Les Aigres _ Doux
de
Christine Ferber
Griottes d'Alsace
au miel et au laurier

Les Aigres _ Doux
de
Christine Ferber
Figues au gewurztraminer

Doux
Ferber
ur Alsace
a cardamome

chutneys, confits et aigres-doux

酸甜黑櫻桃蜜餞
CONSERVE AIGRE-DOUX DE CERISES NOIRES

準備時間：15分鐘
烹煮時間：直到酸甜糖漿煮沸；
直到酸糖甜漿再度煮沸

200克的罐子5個
黑櫻桃800克，即淨重700克的
去梗櫻桃
（每罐約32顆櫻桃）
紅酒醋（vinaigre de vin rouge）
150毫升
黑皮諾（pinot noir）150毫升
結晶糖（sucre cristallisé）150克
金合歡花蜜150克
黑胡椒40粒

請選擇充分成熟但仍堅硬的小顆黑櫻桃。
將醋、黑皮諾、糖和花蜜倒入厚底的不鏽鋼平底深鍋中，攪拌，煮沸，並撈去浮沫。
以冷水沖洗黑櫻桃，用布擦乾。
去梗。擺入罐中，接著撒上胡椒粒。
將酸甜糖漿再度煮沸，然後淋在櫻桃上。
將罐子加蓋，倒扣至隔天。
將這些酸甜櫻桃冷藏保存3星期後再品嚐，或進行加熱殺菌（pasteurisez-les）。

美味加倍的搭配法
作為開胃菜或搭配香草烤肉，或如布希
于（brocciu）或微愛（Brin d'amour）等
乳酪。

★ 讓成品更特別的小細節
用針刺每顆櫻桃數次：酸甜糖漿會更快滲入水果內部。
用10株新鮮百里香花或幾株迷迭香來為酸甜糖漿增添芳香。

酸甜蜜李蜜餞
CONSERVE AIGRE-DOUX DE QUETSCHES

準備時間：15分鐘
烹煮時間：直到酸甜糖漿煮沸；
直到酸糖甜漿再度煮沸

200克的罐子4-5個
成熟但仍堅硬的小顆亞爾薩斯蜜李
（quetsches d'Alsace）50顆
白酒醋（vinaigre de vin blanc）
150毫升
水150毫升
結晶糖（sucre cristallisé）150克
花蜜150克
黑胡椒40粒

將醋、水、糖和花蜜倒入厚底的不鏽鋼平底深鍋中；攪拌，煮沸，並撈去浮沫。
以冷水沖洗蜜李，用布擦乾。從長邊剖開去核。
擺入罐中，接著撒上胡椒粒。
將酸甜糖漿再度煮沸，然後淋在蜜李上。
將罐子加蓋，倒扣至隔天。
將這些酸甜蜜李冷藏保存3星期後再品嚐，或進行加熱殺菌（pasteurisez-les）。

美味加倍的搭配法
搭配餡餅（paté en croûte）、烤黑血腸；
或蔬菜燉肉鍋（pot-au-feu）；瑞士烤起司
（raclette）；或蘭格（Langres）乳酪享用。

★ 讓成品更特別的小細節
請選擇果肉金黃且帶焦糖味的成熟亞爾薩斯蜜李。亦能用黃香李來製作這道酸甜蜜餞。
若要製作不同風味的酸甜蜜李，請在製作酸甜蜜餞的過程中加入一刀尖的肉桂粉，
並用黑皮諾酒來取代水。

酸甜橙皮大黃蜜餞
CONSERVE AIGRE-DOUX DE RHUBARBE
AUX ZESTES D'ORANGE

準備時間：15分鐘

烹煮時間：直到酸甜糖漿煮沸；

煮沸後再煮2分鐘以燉煮大黃；

煮沸後再煮10分鐘，將酸甜糖漿
收乾

200克的罐子5個

大黃850克，即淨重700克

蘋果酒醋200毫升

格烏茲塔明那酒

(gewurztraminer)200毫升

結晶糖(sucre cristallisé)150克

金合歡花蜜150克

黑胡椒20粒

未經加工處理，刨成細碎的柳橙皮
3刀尖

美味加倍的搭配法

搭配醃鮭魚(saumon mariné)、煙燻魚
或洛克福新鮮香草沙拉(salade d'herbes
fraîches au roquefort)享用。

用冷水沖洗大黃。將莖的兩端切去，從長邊剖開，接著切成8公分的條狀。

將醋、格烏茲塔明那酒、糖、花蜜、胡椒和柳橙皮倒入厚底的不鏽鋼平底深鍋中；攪拌，煮沸，並撈去浮沫。

將大黃條放入酸甜糖漿中。煮沸後再以文火微滾2分鐘。

用漏勺取出大黃，擺在盤上冷卻。

將大黃條筆直擺入罐中，撒上胡椒粒。

將酸甜糖漿再度煮沸，持續以旺火煮10分鐘，讓湯汁收乾。仔細撈去浮沫並淋在大黃條上。

將罐子加蓋，倒扣至隔天。

將這道酸甜大黃冷藏保存3星期後再品嚐，或進行加熱殺菌(pasteurisez-les)。

★ 讓成品更特別的小細節

以這道食譜為基礎(食材與方法皆同)，製作另一種酸甜蜜餞。請購買1.5公斤的鳳梨，以製作約750克的切塊鳳梨蜜餞。

chutneys, confits et aigres-doux

準備時間：15分鐘
烹煮時間：直到酸甜糖漿煮沸；
直到酸糖甜漿再度煮沸

200克的罐子5個
芒果1.2公斤，即淨重700克
白酒醋150毫升
格烏茲塔明那酒
(gewurztraminer)200毫升
結晶糖(sucre cristallisé)100克
金合歡花蜜200克
黑胡椒15粒

美味加倍的搭配法
微溫，搭配比目魚(sole)和江鱈(lotte)
的凍派，或是烤肉。

準備時間：15分鐘
烹煮時間：直到酸甜糖漿煮沸；
直到酸糖甜漿再度煮沸

200克的罐子5個
貝杰宏杏桃(abricots bergeron)
18顆
白酒醋150毫升
水150毫升
結晶糖(sucre cristallisé)150克
金合歡花蜜150克
未經加工處理，刨成細碎的柳橙皮
3刀尖
黑胡椒20粒

美味加倍的搭配法
搭配咖哩雞(poulet au curry)。或作為
甜點：用平底煎鍋(poéle)將湯汁收乾。
當湯汁變為糖漿狀時，加入杏桃塊，煮
至微滾，在微溫時享用，並搭配香草
(vanille)或焦糖冰淇淋。

酸甜芒果蜜餞
CONSERVE AIGRE-DOUX DE MANGUES

將醋、格烏茲塔明那酒、糖和花蜜倒入厚底的不鏽鋼平底深鍋中；攪拌，煮沸，
並撈去浮沫。
將芒果削皮。從果核上取下果肉，切成小丁。
將芒果丁擺入罐中，撒上胡椒粒。
將酸甜糖漿再度煮沸，然後淋在芒果上。
將罐子加蓋，倒扣至隔天。
將這酸甜芒果冷藏保存3星期後再品嚐，或進行加熱殺菌(pasteurisez-les)。

★ **讓成品更特別的小細節**
可用咖哩或番紅花為這些芒果調味，再搭配烤江鱈片品嚐。這時可用酸甜湯汁和100
毫升的水來去漬(déglacez)香煎的湯汁，讓湯汁收乾一會兒，並用一塊核桃大小的奶
油讓醬汁變得濃稠。加鹽、胡椒，加入芒果丁。煮至微滾，將芒果丁和醬汁淋在魚上，
即刻享用。

酸甜杏桃蜜餞
CONSERVE AIGRE-DOUX D'ABRICOTS

請選擇一般大小的杏桃，成熟但仍堅硬。
將醋、水、糖、花蜜和柳橙皮倒入厚底的不鏽鋼平底深鍋中，煮沸，並撈去浮沫。
用冷水沖洗杏桃，用布擦乾。
切成2半，去核，接著將每半顆杏桃切成2塊。
將杏桃塊擺入罐中，撒上胡椒粒。
將酸甜糖漿再度煮沸，然後淋在杏桃上。
將罐子加蓋，倒扣至隔天。
將這酸甜杏桃冷藏保存3星期後再品嚐，或進行加熱殺菌(pasteurisez-les)。

★ **讓成品更特別的小細節**
在製備酸甜糖漿時，請加入2根從長邊剖開的香草莢，浸泡後在每個罐中放入半根香
草莢。可用格烏茲塔明那酒或麝香葡萄酒來取代水。

酸甜野生蘆筍蜜餞
CONSERVE AIGRE-DOUX D'ASPERGES SAUVAGES

準備時間：20分鐘
烹煮時間：直到酸甜糖漿煮沸，
煮沸後再煮5分鐘，以燉煮蘆筍；
直到酸甜糖漿再度煮沸

200克的罐子5個
野生蘆筍(asperges sauvages)
5束，1束約100克
酒醋150毫升
水150毫升
結晶糖(sucre cristallisé)150克
金合歡花蜜150克
黑胡椒20粒

美味加倍的搭配法
魚肉凍派(terrine de poisson)或新鮮香草與蔬菜凍派。

將醋、水、糖和花蜜倒入厚底的不鏽鋼平底深鍋中。攪拌，煮沸，並撈去浮沫。
用冷水沖洗蘆筍，用布輕輕擦乾。
將蘆筍倒入酸甜湯汁中，煮沸後以文火微滾5分鐘。用漏勺取出蘆筍，擺在盤上冷卻。
將蘆筍擺入罐中，撒上胡椒粒。
將酸甜糖漿再度煮沸。
仔細撈去浮沫，然後淋在蘆筍上。
將罐子加蓋，倒扣至隔天。
將這酸甜蘆筍冷藏保存3星期後再品嚐，或進行加熱殺菌(pasteurisez-les)。

★ 讓成品更特別的小細節
在將蘆筍擺入罐中時，加入一些剪成細碎的時蘿(aneth)，也可以用如格烏茲塔明那酒等白酒來取代水。

酸甜香草無花果蜜餞
CONSERVE AIGRE-DOUX DE FIGUES À LA VANILLE

準備時間：15分鐘
烹煮時間：直到酸甜糖漿煮沸；
直到酸糖甜漿再度煮沸

200克的罐子5個
波傑森黑無花果(figues
bourjasotte noires)20顆
白酒醋150毫升
格烏茲塔明那酒200毫升
結晶糖(sucre cristallisé)100克
花蜜200克
黑胡椒20粒
香草莢1根

美味加倍的搭配法
搭配肥肝小牛餡餅(pâté de veau au foie gras)、帕馬(Parme)火腿或甚至是含乳成分高的聖費利西安乳酪(saint-félicien)享用。

請選擇一般大小的無花果，成熟但仍堅硬。
在厚底的不鏽鋼平底深鍋中倒入醋、格烏茲塔明那酒、糖、花蜜和從長邊剖開的香草莢；攪拌，煮沸，並撈去浮沫。
用冷水沖洗無花果，用布擦乾。去梗後將水果切成4或6塊。
將無花果塊擺入罐中，將香草莢切段，接著在每個罐中撒上胡椒粒和香草段。
將酸甜糖漿再度煮沸，然後淋在無花果上。
將罐子加蓋，倒扣至隔天。
將這酸甜無花果冷藏保存3星期後再品嚐，或進行加熱殺菌(pasteurisez-les)。

★ 讓成品更特別的小細節
可用黑皮諾酒來取代格烏茲塔明那酒，用紅糖(sucre roux)或金黃焦糖(sucre caramel doré)來取代結晶糖。在這種情況下，請讓糖融解為明亮的焦糖，接著倒入酒、醋、花蜜，然後將這些材料煮沸。

酸甜辛香洋梨蜜餞
CONSERVE AIGRE-DOUX DE POIRES AUX ÉPICES

準備時間：20分鐘
烹煮時間：直到酸甜糖漿煮沸；
糖漿煮沸後再煮3分鐘以燉煮洋梨；
煮沸後再煮10分鐘，將酸甜糖漿
收乾

200克的罐子5個
威廉洋梨900克，即淨重650克
（約10個小洋梨）
蘋果酒醋300毫升
黑皮諾(pinot noir)500毫升
結晶糖(sucre cristallisé)150克
金合歡花蜜150克
未經加工處理，刨成細碎的柳橙皮
3刀尖
肉桂棒3根
香草莢1根
黑胡椒20粒
糖漬橙皮10條

美味加倍的搭配法

榛果鹿肉凍派(terrine de chevreuil aux noisettes)或煙燻肉。您也能搭配大量的乳酪、諾曼地(Normandie)的濃鮮奶油(crème épaisse)或瑞士烤起司(raclette)來品味。

將醋、黑皮諾、糖、花蜜、柳橙皮、肉桂和從長邊剖開的香草莢倒入厚底的不鏽鋼平底深鍋中；攪拌，煮沸，並撈去浮沫。

將洋梨削皮，去梗，切成2半，挖去果核後將每半顆洋梨切成6塊。

將洋梨塊倒入酸甜糖漿中。煮沸後以文火微滾3分鐘。

用漏勺將洋梨取出，擺在盤上冷卻。將洋梨塊擺入罐中。在每個罐中撒上胡椒粒、切成小段的香草莢和2條柳橙皮。將酸甜糖漿再度煮沸，以旺火持續煮10分鐘，將湯汁收乾。仔細撈去浮沫，然後淋在洋梨上。

將罐子加蓋，倒扣至隔天。

將這酸甜洋梨冷藏保存3星期後再品嚐，或進行加熱殺菌(pasteurisez-les)。

★ 讓成品更特別的小細節

最好選擇小顆的威廉洋梨，成熟但仍堅硬。可用充分成熟的帕斯卡桑梨(passe-crassane)、愛達紅(idared)蘋果或蘋果形榅桲(coing-pommes)來取代威廉洋梨。

當我要將酸甜蜜餞冷藏保存時，我會將水果和酸甜糖漿填滿至罐子邊緣。
當我希望將蜜餞保存在不受光照的溫暖房間時，必須將蜜餞殺菌：將水果和酸甜湯汁填滿至螺旋蓋的第一圈螺紋。

烤箱殺菌法：烤箱預熱至65/70℃（熱度2.5）。將這些裝滿且封好的罐子擺在烤盤上。烘烤1小時30分鐘後取出，再將罐蓋旋緊一次，以控管密封度，然後倒扣至冷卻。
當您搭配凍派(terrine)；或肉醬和綜合生菜(mesclun)來享用這道蜜餞時，請用酸甜糖漿來代替醋。

酸甜蒔蘿番茄蜜餞
CONSERVE AIGRE-DOUX DE TOMATES À L'ANETH

準備時間：30分鐘
烹煮時間：直到酸甜糖漿煮沸；
直到酸甜糖漿再度煮沸

200克的罐子5個
中型番茄25顆
酒醋150毫升
水150毫升
結晶糖（sucre cristallisé）150克
金合歡花蜜150克
蒔蘿（aneth）1小束
黑胡椒20粒

美味加倍的搭配法
一盤牡蠣或醃生鮭魚（saumon cru mar-iné）、鮭魚熟肉醬（rillettes de saumon）或烤比目魚（sole grillée）。

將醋、水、糖和花蜜倒入厚底的不鏽鋼平底深鍋中；攪拌，煮沸，並撈去浮沫。
將番茄浸入1大鍋沸水中1分鐘。
放入冷水中降溫。剝皮後切成4塊。
將中心硬的部分挖去，並去掉籽和多餘的湯汁。
用冷水沖洗蒔蘿，瀝乾，將番茄塊和整束的蒔蘿擺入罐中，均勻地撒上胡椒粒。
將酸甜糖漿再度煮沸，淋在番茄上。
將罐子加蓋，倒扣至隔天。
將這酸甜洋梨冷藏保存3星期後再品嚐，或進行加熱殺菌（pasteurisez-les）。

★ **讓成品更特別的小細節**
請選擇味道豐富的番茄，可用新鮮香菜來取代蒔蘿。若要製作綠番茄蜜餞，請用煮沸的鹽水燉煮番茄塊，直到番茄變軟。

酸甜焦糖小洋蔥蜜餞
CONSERVE AIGRE-DOUX DE PETITS OIGNONS AU CARAMEL

準備時間：30分鐘
烹煮時間：直到酸甜糖漿煮沸；
煮沸後再煮3分鐘以燉煮洋蔥
直到酸甜糖漿再度煮沸

200克的罐子5個
小顆鈴鐺洋蔥（petits oignons grelots）125顆
結晶糖（sucre cristallisé）150克
熱水150毫升
酒醋150毫升
花蜜150克
月桂葉10片
黑胡椒20粒

美味加倍的搭配法
鄉村凍派（terrine de campagne）、冷豬肉或蔬菜燉肉鍋（pot-au-feu）。

將鈴鐺洋蔥浸入1大鍋沸水中2分鐘。用漏勺取出，接著剝皮。
在不鏽鋼平底深鍋中，讓糖慢慢融化，一邊用木杓攪拌，煮至金黃焦糖階段，接著將150毫升的熱水淋在焦糖上以中止烹煮。這時加入醋、花蜜；煮沸，並撈去浮沫。
將鈴鐺小洋蔥倒入這焦糖的酸甜糖漿中。
煮沸後以文火微滾3分鐘，用漏勺將洋蔥取出，擺在盤上冷卻。
在每個罐中垂直擺入2片月桂葉，擺入洋蔥，並均勻撒上胡椒粒。
將酸甜糖漿再度煮沸。仔細撈去浮沫並淋在鈴鐺洋蔥上。
將罐子加蓋，倒扣至隔天。將這些酸甜小洋蔥冷藏保存3星期後再品嚐，或進行加熱殺菌（pasteurisez-les）。

★ **讓成品更特別的小細節**
請選擇小顆的鈴鐺洋蔥或是小的紅蔥頭（échalote）製作。
若您用新的小洋蔥（petits oignons nouveaux）品種完成這道食譜，請在罐中均勻撒上20顆杜松子（baie de genièvre）搭配洋蔥圈狀薄片。

TABLE DES RECETTES 食譜目錄